Das Große Buch für Selbstversorger

W. R. von Rhamm

Das Große Buch für **SELBSTVERSORGER**

Gesunde Ernährung durch natürlichen Anbau

Orac Pietsch

Schutzumschlag: Bronislaw Zelek

Bildquellen: Autopress: Zeichnungen (1); Firma Krieger, Gewächshäuser: Fotos (4); Firma Carl Sperling, Saatzucht: Fotos (15); Lehrmeister-Bücherei, Philler-Verlag: Fotos (9), Zeichnungen (12); Heinz Werner: Fotos (6), Zeichnungen (3); Firma Holder (Einachsschlepper): Fotos (4); IMA: Zeichnungen (19); Burkhard Winsmann: Fotos (7); Firma MEZ: Fotos (2); Waerland-Verlag: Zeichnungen (2); Verlag Orac-Pietsch: Zeichnungen (1); Firma Weck (Einkochtöpfe): Fotos (1), Zeichnungen (1); Firma P. Bakker, Hillegom, Holland: Fotos (8).

Die Abbildungen auf den Seiten 53, 56 und 133 wurden mit Genehmigung des List-Verlages dem Buch „Gesunder Garten mit Mischkultur“ von Gertrud Franck entnommen.

ISBN 3-87943-809-9

1. Auflage 1981

Satz und Druck: Druckhaus Schwaben, 7100 Heilbronn
Bindung: Verlagsbuchbinderei Karl Dieringer, 7000 Stuttgart
Printed in Germany

Inhaltsverzeichnis

1. Vorwort

Vor Jahren schon habe ich ein Taschenbuch zum Thema „Ernährung durch Selbstversorgung" geschrieben. Mittlerweile haben Bücher zu diesem Problemkreis großen Erfolg, den sie oft jedoch der Tatsache verdanken, daß sie bei vielen ihrer Leser eine Saite zum Klingen bringen, die mit dem vorliegenden Buch bewußt nicht angeschlagen wurde. Ich habe mich bemüht, nicht passiven Träumern die Reize des Landlebens wirklichkeitsfremd in leuchtenden Farben zu schildern, sondern vielmehr Realisten anzusprechen, die ihre Absicht verwirklichen wollen, ganz oder teilweise ihre Lebensmittel selbst zu erzeugen. Das Interesse am naturnahen Landleben ist zweifellos gewachsen, wie z. B. mehr als 13 Millionen Gartenbesitzer beweisen. Dieses Interesse ist nicht nur mit nostalgischer Schwärmerei oder als Flucht aus Konkurrenzdruck, Streß und ähnlichen Begleiterscheinungen einer Konsumgesellschaft zu erklären. Es setzt sich allmählich die Erkenntnis durch, daß „unser täglich Brot" auch nicht mehr das ist, was es einmal war, und daß es künftig keineswegs mehr selbstverständlich sein muß, jederzeit beliebig darüber verfügen zu können. Im Jahre 2000 werden, selbst wenn man einen Rückgang der Geburtenrate annimmt, mehr als sechs Milliarden Menschen die Erde bevölkern – daran kann es keinen Zweifel mehr geben. Bereits heute gelten rund 600 Millionen Menschen als unterernährt; wir essen in Westeuropa etwa 100 Gramm Eiweiß täglich, davon ist die Hälfte tierischen Ursprungs, während etwa in Afrika pro Kopf nur 53 Gramm Eiweiß verfügbar sind, davon ganze zehn Gramm tierischen Ursprungs. In nicht einmal zwei Jahrzehnten wird die Hälfte der Erdbevölkerung hungern!
Mehr als die Hälfte eines dichtbesiedelten Landes wie beispielsweise die Bundesrepublik wird landwirtschaftlich genutzt, nämlich 13 Millionen Hektar. Rein rechnerisch reicht diese Fläche nur aus, um 45 Millio-

nen Menschen zu ernähren. Es müssen also die Anbau-Produkte von vier Millionen Hektar importiert werden, obwohl sie an anderer Stelle noch dringender benötigt würden. In Westeuropa nämlich hat der Versuch, durch Subvention bestimmter landwirtschaftlicher Produkte aus politischen Gründen ein Mindestmaß an nationaler Selbstversorgung zu erhalten, zu teilweise grotesken Verzerrungen geführt, wie Milchpulver-, Butter- und andere Überschuß-„Berge“ beweisen.
Deutschland, aber auch Österreich und die Schweiz sind arm an Rohstoffen; der Wohlstand, der uns auch die Bezahlung unserer importierten Lebensmittel ermöglicht, beruht auf der industriellen Verarbeitung. Die Rohstoffe dafür werden importiert, die Fertigprodukte exportiert. Da nun einerseits viele Rohstoffe immer knapper und teurer werden, andererseits die Preise der Fertigprodukte wegen der wachsenden Konkurrenz durch Länder mit niedrigeren Produktionskosten nicht ohne weiteres angepaßt werden können, wird uns die Bezahlung importierter Lebensmittel selbst dann immer schwerer fallen, wenn sie auch weiterhin uneingeschränkt verfügbar wären.
Im Jahre 1960 mußte fast die Hälfte eines durchschnittlichen Arbeitnehmereinkommens für Nahrungs- und Genuß-Mittel ausgegeben werden, zwanzig Jahre später nur noch gut ein Viertel, obwohl die Ansprüche gestiegen waren. Das wurde ermöglicht durch eine mechanisierte und immer stärker mit Chemikalien arbeitende, preisgünstig produzierende Landwirtschaft. Die Herstellung der Chemikalien für Düngung und Pflanzenschutz ist aber nicht nur energieaufwendig und basiert auf importierten Rohstoffen, sondern deren Anwendung im heute üblichen Maßstab ist auch nicht immer gesundheitlich unbedenklich. Dem Thema „Gesunde Ernährung“ ist in diesem Buch ein eigenes Kapitel gewidmet, so daß hier die Feststellung genügen mag, daß neben diesen gesundheitlichen Argumenten in absehbarer Zeit auch Verfügbarkeit und Kosten für eine zumindest teilweise Ernährung durch Selbstversorgung sprechen.
Dieses Buch soll den Weg dazu zeigen. Es ist kein Rezeptbuch und auch kein Gartenbuch. Viele Teilbereiche der komplexen Materie konnten nur gestreift werden und sollten vor der Verwirklichung theoretisch und praktisch vertieft werden.

W. R. von Rhamm

2. Vom Nutzen der Selbstversorgung

Wir leben in einer Zeit, in der bei praktisch jeder Tätigkeit zunächst einmal nach dem Nutzen gefragt wird, und unter Nutzen versteht man ganz automatisch und wie selbstverständlich einen materiellen Vorteil. Selbst Sport und Spiel, die ja ursprünglich das direkte Gegenteil einer auf materiellen Gewinn ausgerichteten Arbeit sein sollten und die wir eigentlich nur als Freizeitbeschäftigung betreiben, wurden längst kommerzialisiert. Ob Fußball, Tennis oder Schach, sobald ein Spieler tatsächlich oder vermeintlich besser als der Durchschnitt ist, strebt er vom „nur" ideellen zum materiellen Nutzen und wird Profi.
Nun wohl, setzen wir uns also zunächst einmal mit dem materiellen Nutzen der Selbstversorgung auseinander. Es erscheint ja logisch, daß man Geld spart, wenn man Lebensmittel, die man sonst für viel Geld im Geschäft kaufen muß, selbst erzeugt, und für manchen sparsamen Gartenbesitzer mag das tatsächlich der Grund sein, einen Teil der Rasenfläche umzubrechen, um Kohlköpfe oder Erdbeeren zu ziehen. Früher war ein kleiner Nutzgarten für fast jeden Haushalt eine Selbstverständlichkeit, und dennoch mußte damals die Durchschnittsfamilie mehr als die Hälfte ihres Einkommens aufwenden, um sich zu ernähren. Dabei war diese Ernährung viel einfacher als heute; man verputzte z. B. vor 50 Jahren doppelt so viele Kartoffeln, aber nicht einmal halb so viel Fleisch. Bei Familien, deren Einkommen unterhalb dem der Durchschnittsfamilie lag, gab es Fleisch allenfalls am Sonntag. Das war noch zu Zeiten unserer Großeltern, also nicht irgendwann in grauer Vorzeit. Heute geben wir durchschnittlich rund 25 Prozent unseres Einkommens für Nahrungsmittel aus, davon wiederum mehr als die Hälfte für tierische Produkte, also für Fleisch, Eier oder Molkereiprodukte. Es liegt auf der Hand, daß wir demnach als Selbstversorger relativ zum Durchschnittseinkommen viel weniger einsparen können als unsere Groß-

eltern. Immerhin aber sind Einsparungen in Höhe eines Viertels unseres Einkommens ja gewiß auch nicht zu verachten! Leicht könnten wir uns davon einen schönen Auslandsurlaub, ein neues Auto oder gar ein Eigenheim finanzieren. Freuen Sie sich aber bitte nicht zu früh!
Zunächst einmal wird es aus praktischen Gründen, über die noch in einem späteren Kapitel einiges zu sagen sein wird, nur wenigen Familien möglich sein, eine vollständige oder doch zumindest eine weitgehende Selbstversorgung anzustreben. Die weitaus überwiegende Mehrzahl will oder muß sich auf eine geringe oder teilweise Selbstversorgung beschränken, die irgendwo zwischen einer Tomatenstaude auf der Fensterbank und einem mittleren Hobby-Nutzgarten liegt. Insbesondere eine konsequente Tierhaltung für die Eigenversorgung mit Fleisch, Eiern und Molkereiprodukten wird nur selten möglich sein. Wer nicht als Vegetarier lebt, kann also nur einen Teil jener 25 Prozent des Einkommens, die uns die Ernährung kostet, einsparen, dann nämlich, wenn er wirklich alle pflanzlichen Nahrungsmittel (Vegetabilien) selbst erzeugt. Auch das aber ist so einfach nicht. Nur sehr ernsthafte Selbstversorger werden beispielsweise ihr eigenes Brotgetreide anbauen, und käufliche Südfrüchte sind im Winter eine willkommene Vitaminquelle, um nur zwei Beispiele zu nennen.
Damit aber nicht genug. Auch selbst erzeugte Nahrungsmittel kosten uns Geld: für die Pacht des Gartens etwa, für Arbeitsgeräte, für Sämereien, Pflanzen, Dünger und Pflanzenschutz, eventuell sogar Fahrtkosten, wenn der Garten nur mit öffentlichen Verkehrsmitteln oder dem Auto erreichbar ist. Tatsächlich zeigt sich für kritische Rechner bald, daß es schon eine beachtliche Leistung ist und erhebliche Arbeit erfordert, um durch Selbstversorgung zehn Prozent des Familieneinkommens einzusparen!
Nun sind zehn Prozent ja auch schon eine ganze Menge, keine Frage. Eine Lohnerhöhung um zehn Prozent wäre ein sehr stolzes Ergebnis, und das wäre dann eine Brutto-Erhöhung, während es sich bei der Einsparung durch Selbstversorgung ja um eine echte Netto-Einsparung handelt. Wer ohne eine Lohnerhöhung sein Einkommen um zehn Prozent steigern möchte, müßte zehn Prozent mehr Arbeit in Form von Überstunden ableisten, wobei die dafür etwas höhere Bezahlung ein Ausgleich für die Abzüge sein mag. Das wären also rund vier Stunden in der Woche.
Um hingegen zehn Prozent des Durchschnittseinkommens durch Selbstversorgung einzusparen, ist ein ungleich höherer Arbeitsaufwand erforderlich. Genaue Angaben können dazu nicht gemacht werden, weil sehr viele Faktoren eine Rolle dabei spielen und der Arbeits-

anfall auch jahreszeitlich sehr unterschiedlich ist. Jedenfalls aber kann man getrost einen willkürlich angesetzten, durchschnittlichen Aufwand von zehn Wochenstunden als Kalkulationsgrundlage akzeptieren*). Auch wenn diese Arbeit nicht vom Familienvater allein erbracht werden muß, sondern die Hausfrau oder auch die Kinder in freien Stunden sich hier beschäftigen können, bleibt ein erhebliches Mißverhältnis zwischen den Einsparungen durch Selbstversorgung und dem Geld, das man in der gleichen Zeit im Beruf verdienen kann.

Besser sieht die Rechnung nur dann aus, wenn man entweder auch die tierischen Produkte selbst erzeugt, oder wenn man auf sie verzichtet, also zum Vegetarier wird. Als Vegetarier kann man ohne allzu viel Mehrarbeit etwa doppelt so viel Geld einsparen wie als „normaler Gemischtköstler". Das sind beachtliche 20 Prozent des durchschnittlichen Nettoeinkommens und entspricht einem – wertbezogenen – Selbstversorgungsgrad von 80 Prozent. Der quantitative Anteil der selbst erzeugten Nahrung wäre dann sogar noch höher, denn nicht selbst erzeugbare vegetarische Produkte sind überproportional teuer.

Ein Vegetarier, der auch noch auf teure, käufliche Vegetabilien weitgehend verzichtet, lebt nicht nur viel billiger als der „normale Gemischtköstler", sondern er ist auch zumindest ebenso gesund und leistungsfähig, keine Frage. Wie im nächsten Kapitel ausführlich begründet wird, leben wir heute alles andere als gesund; eine der Ursachen ist eine zu hohe Komponente an Nahrungsmitteln tierischen Ursprungs. Es ist also durchaus eine Überlegung wert, zum Vegetarier zu werden. Andererseits würde das nicht nur einen radikalen Bruch mit den Ernährungsgewohnheiten des überwiegenden Teils der Menschheit bedeuten, sondern es ist von der Natur auch nicht vorgesehen. Wir Menschen haben nun einmal die Kau- und Verdauungsorgane eines Gemischtköstlers, der Nahrung sowohl pflanzlichen als auch tierischen Ursprungs verwerten kann, und es ist nicht recht einzusehen, warum wir auf die tierische Komponente unserer Nahrung völlig verzichten sollen. Zweifellos aber ist es unserer Gesundheit – und unserem Geldbeutel – zuträglich, wenn wir den Vegetabilien wieder einen höheren Anteil an unserer Ernährung einräumen.

Ohne den Ausführungen im nächsten Kapitel vorgreifen zu wollen, sei an dieser Stelle kurz festgestellt, daß nicht nur die Zusammensetzung unserer heutigen Ernährung falsch ist, sondern auch die meisten Nahrungsmittel selbst durch chemische Einwirkungen unterschiedlichster Art für unsere Gesundheit nicht unbedenklich sind. Aus Gründen, die

*) ohne Tierhaltung: ca. 125 St. für Gemüse/Kartoffeln im Jahr, 150 St. für Obst im Jahr.

noch erklärt werden, ist physiologisch unbedenkliche Nahrung aber teurer, so daß selbst erzeugte, einwandfreie und unbehandelte Nahrungsmittel eine entsprechend höhere Einsparung ermöglichen. Ganz abgesehen davon verlieren Nahrungsmittel ohnehin durch Lagerung und Transport an Geschmack und an Wirkstoffen, so daß frische Nahrungsmittel aus der eigenen Erzeugung nur schwer vergleichbar sind. Wer organisch wirtschaftet, spart überdies das Geld für Kunstdünger sowie die diversen Pflanzenschutzmittel auf chemischer Basis, muß allerdings auch einen höheren Arbeitsaufwand erbringen. Dieser Arbeitsaufwand muß indes nicht unbedingt nur als Nachteil gesehen werden, denn gerade in Verbindung mit unserer Gesundheit ist die körperliche Arbeit an der frischen Luft einer aus diesen Gründen als Selbstzweck betriebenen sportlichen Aktivität durchaus gleichzusetzen.

Die Feststellung, daß der materielle Nutzen der Selbstversorgung zumindest im Verhältnis zur aufzuwendenden Arbeit und im Vergleich zur Bezahlung einer vergleichbaren Arbeitszeit im Berufsleben gering ist, führt zu der naheliegenden Frage, warum das so ist.

Um diese Frage zu beantworten, müssen wir recht weit ausholen und buchstäblich bei Adam und Eva anfangen. Zu Beginn der Menschwerdung lebten unsere Vorfahren in einem lockeren Sippenverband. Es handelte sich um eine reine Zweckgemeinschaft: gemeinsam konnte man sich besser verteidigen, besser Beute machen. Allmählich übernahmen einige Sippenmitglieder ganz bestimmte Aufgaben, für die sie besonders geeignet waren. Der wohl älteste „Beruf" ist der des Schamanen, des Zauberers, Priesters und auch Arztes der Sippe. Für die Beschwörung der Geister, Naturgewalten oder Krankheiten war er von der üblichen Tätigkeit des Jagens und Sammelns befreit und wurde von den übrigen Sippenmitgliedern mit Nahrungsmitteln oder anderen Naturalien „bezahlt". So begann die Spezialisierung.

Mit jeder neuen Zivilisationsstufe entstanden neue Berufe, entwickelte sich die Spezialisierung immer weiter. Tatsächlich kann man sogar ohne Übertreibung behaupten, daß eine weitgehende Spezialisierung geradezu eine Voraussetzung für eine fortgeschrittene Zivilisationsstufe ist. Ein Einstein etwa hätte kaum die Zeit dazu gehabt, seine Relativitätstheorie mit allen ihren weitreichenden Konsequenzen zu entwikkeln, wenn er gezwungen gewesen wäre, mühsam seine Lebensnotwendigkeiten selbst zu erzeugen.

Obwohl der Spezialisierungsprozeß offenbar noch immer nicht abgeschlossen ist, üben doch zumindest in unserem Zivilisationskreis praktisch alle Menschen bereits eine eng umgrenzte Tätigkeit aus, für die

sie von den anderen Mitgliedern der menschlichen Gemeinschaft bezahlt werden – nicht mehr mit Naturalien freilich, sondern mit Geld. Am Prinzip hat sich damit aber nichts geändert: noch immer tauschen wir indirekt unsere spezialisierte Arbeitsleistung gegen die Leistungen oder Produkte anderer Spezialisten.
Es ist logisch, daß ein Spezialist durch Neigung, Ausbildung, Begabung, Übung und Ausrüstung auf seinem Fachgebiet eine weitaus bessere Leistung erbringt als ein normaler Mensch, der sich auf diesem Fachgebiet nur gelegentlich betätigt. Ein Töpfer etwa wird schon früher für seine Töpfe mehr Naturalien erhalten haben, als er in der gleichen Zeit selbst hätte erzeugen können; heute bekommt der Spezialist mehr Geld für seine Arbeit, als wenn er einer unspezialisierten, vielseitigeren Tätigkeit nachgeht. Damit wäre die Frage beantwortet, warum der materielle Nutzen der sehr vielseitigen Tätigkeit „Selbstversorgung" geringer ist, als wenn man in einem spezialisierten Beruf arbeitet.
Wie gesagt: ohne Spezialisierung keine hochstehende Zivilisation, und eine wirklich konsequente Selbstversorgung in allen Lebensbereichen wäre ein Rückfall, der kaum erstrebenswert ist. Leider müssen wir aber einen hohen Preis für den durch die Spezialisierung erreichten Wohlstand zahlen: den Preis der totalen Abhängigkeit!
Schon die ersten Ansätze eines Tauschhandels verringerten einst die Unabhängigkeit. Sobald Naturvölker, die bis dahin mehr oder weniger gut völlig autark aus dem Lande gelebt hatten, Kontakt zu einer Zivilisation bekamen, wurden sie rasch von deren Produkten abhängig. Nachdem die uns aus vielen spannenden Geschichten vertrauten Indianer erst einmal Messer, Äxte, Wolldecken, Nähnadeln, eiserne Kochtöpfe und dergleichen kennengelernt hatten, war es mit der ungebundenen und unabhängigen Lebensweise als Jäger und Sammler vorbei.
Vorbei war es allerdings auch mit ihrer selbstgenügsamen Zufriedenheit. Ihr Leben änderte sich von Grund auf. Sie hatten die Errungenschaften der Zivilisation kennengelernt, strebten mit aller Macht nach deren Besitz und waren damit dem ausgesetzt, was wir heute „Konsumterror" nennen. Um sich die begehrten Waren, zu denen bekanntlich auch „Feuerwasser" und Glasperlen gehörten, zu beschaffen, mußten die Krieger Pelztiere erbeuten. Aus dem für den Eigenbedarf jagenden „Selbstversorger" war ein spezialisierter „Profi-Jäger" geworden. Mit wachsender Nachfrage stiegen natürlich auch die Preise für die Produkte der Zivilisation: Anfang des 18. Jahrhunderts gab es für ein Biberfell noch acht Messer oder zwei Äxte, hundert Jahre später nur noch ein Messer; die Axt kostete drei Felle. Dementsprechend viel Zeit mußte jetzt natürlich für die Pelztierjagd aufgewendet werden.

Bei den Indianern ebenso wie bei uns Zivilisationsmenschen gibt es elementare Lebensnotwendigkeiten, die sich seit grauer Vorzeit nicht verändert haben: Schutz vor der Witterung durch eine Behausung und durch Kleidung, ausreichendes Essen, die Gemeinschaft im Familien- oder Sippen-Verband. Daneben aber gibt es mittlerweile eine unendliche Vielzahl vermeintlicher Notwendigkeiten, die teilweise das Leben tatsächlich erleichtern, teilweise aber nur dem Vergnügen dienen oder als Statussymbole unser Sozialprestige heben.
Wir leben in einem pausenlosen, hektischen Streß, um uns unsere tatsächlichen oder vermeintlichen Bedürfnisse zu erfüllen, und noch bevor wir einen Wunsch verwirklicht haben, stecken wir uns bereits ein neues Ziel. Durch Gewöhnung und Übersättigung schal gewordene Genüsse müssen durch immer neue Reize gesteigert werden, um überhaupt noch eine (vorübergehende) Befriedigung zu verschaffen.
Vielleicht scheint Ihnen diese Feststellung übertrieben zu sein. Es gibt aber einen untrüglichen Beweis dafür, daß Glück und Zufriedenheit mit wachsendem Wohlstand als Folge unserer raffinierten Zivilisation praktisch in gleichem Verhältnis abnehmen: die Zahl der Selbstmorde. Längst hat sich die Wissenschaft mit den Motiven befaßt, die einen Menschen veranlassen, aus einem vergleichsweise doch recht angenehmen Leben freiwillig zu scheiden. Sie hat dabei bestimmte Gesetzmäßigkeiten entdeckt. So ist bezeichnenderweise die Zahl der Selbstmorde in Zeiten der Not, da es harter Anstrengungen bedarf, um das Überleben zu sichern, weitaus geringer als in Zeiten des Wohlstandes! In „reichen" Ländern gibt es weit mehr Selbstmorde als in „armen" Ländern; bei Gebildeten ist die Zahl höher als bei Ungebildeten, auf dem Land ist Selbstmord viel seltener als in der Stadt!
Fast zwangsläufig drängt sich bei etwas kritischer Überlegung die Frage auf, was denn nun der eigentliche Lebenszweck, der anzustrebende Sinn unseres Lebens ist. Heute zwingt uns der Konsumterror, dem wir uns unterwerfen, zu einem Leben unter permanentem Leistungsdruck, zum atemlosen Jagen nach der Erfüllung immer neuer, künstlicher Bedürfnisse, und als Folge davon häufig zu den typischen Zivilisationskrankheiten, wie Krebs und Herzinfarkt. Vergessen und verloren sind die Werte von einst, sind beschauliche Gelassenheit, Zufriedenheit, ruhiges Selbstvertrauen: verloren ist unsere Unabhängigkeit, verloren auch unsere Beziehung zur natürlichen Umwelt, und das ist mehr als eine leere Phrase wirklichkeitsfremder (Um-)Weltverbesserer.
Wer sich heute zur Selbstversorgung entschließt, hat sich damit auch in aller Regel für das entschieden, was umfassend als „alternatives" Leben bezeichnet wird, nämlich eine Rückbesinnung auf die eigentlichen

Werte unseres Lebens. Wer „alternativ" lebt, gilt heute noch bei vielen Menschen, die sich ganz wohl bei ihrem Leben fühlen, als Anhänger einer verschrobenen, nostalgisch-modischen Heilslehre, oder schlicht als Spinner. Tatsächlich kann nicht bestritten werden, daß manche Menschen ihre persönliche Alternative darin sehen, im ungepflegten Gammellook herumzuhocken, wenn sie nicht gerade protestieren oder demonstrieren, aber durchaus die Fürsorgeeinrichtungen der von ihnen lautstark abgelehnten Lebensform beanspruchen. Das ist gewiß nicht das alternative Leben, um das es hier geht und als dessen typischer Ausdruck das Streben nach Selbstversorgung gelten mag. Unsere Form des alternativen Lebens ist, und das sollten wir nicht vergessen, die ursprüngliche, die „natürliche" Lebensweise, so daß eigentlich die heute (noch?) übliche Existenzform als „alternativ" zu bezeichnen wäre . . .

Nichts gegen Fortschritt, aber Fortschritt um jeden Preis, das ist eine andere Sache. Blinde Fortschrittsgläubigkeit führt dazu, daß wir unsere Umwelt, von der wir ja ein Teil sind, zerstören. Bereits jetzt müssen ungeheure Summen aufgewendet werden, um die Umweltbelastung in erträglichen Grenzen zu halten. Allein zur Lärmminderung beispielsweise müssen in der Bundesrepublik 20 Jahre lang jährlich eine runde Milliarde Mark investiert werden! Eine Umweltverschmutzung gilt noch immer als ein Kavaliersdelikt, teilweise sind die als Folge des Fortschritts entstandenen Schäden bereits irreparabel. Nein, der Preis für einen unaufhörlichen, uneingeschränkten Fortschritt kann irgendwann einmal einfach zu hoch sein – und viele meinen, er sei bereits heute zu hoch!

Natürlich müssen wir nun nicht gleich in das andere Extrem verfallen, jeden Fortschritt negieren und leben wie unsere Vorfahren vor vielen Jahrhunderten: im permanenten Existenzkampf. Wir wollen uns des Fortschritts sinnvoll bedienen, nicht zu seinen Sklaven werden, und ein Rückfall in die Vergangenheit wäre nur eine andere Form der Sklaverei. Natürlich bedienen wir uns der Elektrizität und sind krankenversichert, haben auch mechanische Geräte zur Arbeitserleichterung und nehmen dafür lieber die damit verbundene, geringe Abhängigkeit mit in Kauf. Lassen Sie sich versichern, daß in diesem Buch die Selbstversorgung keineswegs mit missionarischem Eifer als allein seligmachend gepredigt werden soll. Ganz im Gegenteil wollen wir die Ernährung durch Selbstversorgung mit heiterer Gelassenheit betreiben, ohne jede Verbissenheit. Jeder soll individuell, je nach Lust und Möglichkeiten, einen eigenen Weg suchen; jeder potentielle Selbstversorger muß einen Kompromiß finden zwischen dem Grad der Selbstversorgung einerseits und seinen Möglichkeiten andererseits, wie der verfügbaren Zeit, der vorhandenen Anbaufläche, und so weiter. Es kommt auch gar nicht so sehr auf den Grad der Selbstversorgung an, wenn es gilt, die Frage nach dem Nutzen der Selbstversorgung zu beantworten. Das mag erstaunlich klingen, läßt sich aber recht einfach erklären. Wie wir gesehen haben, ist der materielle Nutzen der Selbstversorgung im Verhältnis zur Arbeitsleistung ohnehin gering. Allerdings läßt sich die Frage nach dem Nutzen der Selbstversorgung auch anders verstehen, und es ist bezeichnend für unsere Leistungsgesellschaft, wenn ausschließlich in materiellen Dimensionen gedacht wird.

Aus der Selbstversorgung erwächst uns ein außerordentlicher ideeller Nutzen. Wir empfinden eine tiefe, elementare Befriedigung, wenn wir selbst erzeugte und zubereitete Nahrungsmittel essen, die so ursprünglich ist und längst vergessene Saiten zum Klingen bringt, daß es wenig Vergleichbares gibt. Vergessen Sie bitte nicht, daß über ungezählte Generationen hinweg bis in die jüngere Vergangenheit das Überleben davon abhing, ausreichend Nahrungsmittel zu erzeugen und Wintervorräte anzulegen. Daraus ist schließlich ein tief im Instinktbereich verwurzelter Trieb geworden, dessen Befriedigung uns beglückt.

Mit der Selbstversorgung wächst unsere Unabhängigkeit, und damit auch unser Stolz und unser Selbstvertrauen. Gerade die totale Abhängigkeit von unkontrollierbaren äußeren Einflüssen ist ja einer der größten Nachteile des Systems, in dem wir leben. Die Älteren unter uns erinnern sich noch gut an die Probleme der Kriegs- und Nachkriegszeit, als nur Selbstversorger wirklich ausreichend und gut mit Nahrung versorgt waren. Wird uns der Ölhahn zugedreht, bricht unser gesamtes Wirtschaftssystem zusammen. Wenn es zu einer Inflation kommen sollte, zu einer Wirtschaftskrise größeren Ausmaßes, oder gar zu einem Krieg, oder wenn – im persönlichen Bereich – der Arbeitsplatz verloren geht, dann wird unsere Abhängigkeit offensichtlich, und wir können nur hoffen, daß das Netz der sozialen Sicherheit auch wirklich hält! In Notzeiten muß das System der kollektiven Versorgung ganz oder teilweise versagen, und hilflos sind wir dann den Folgen unserer Abhängigkeit ausgesetzt.

Selbst wenn wir optimistisch hoffen, daß uns der Staat mit seinen Fürsorgeeinrichtungen vor dem Ärgsten bewahren wird und aus dem vielfach für unvermeidlich gehaltenen wirtschaftlichen Absturz noch eine weiche Landung wird: allein das Bewußtsein, sich in einer solchen Notlage aus eigener Kraft helfen zu können, vermag uns mit tiefer Befriedigung zu erfüllen. Dabei ist es zunächst von untergeordneter Bedeu-

tung, ob diese Befriedigung von einem abstrakt-objektiven Standpunkt aus berechtigt ist oder nicht. Entscheidend ist vor allem das damit verbundene subjektive Glücksempfinden.
Mit oder durch die Selbstversorgung kommen wir zu einem ganz neuen und beglückenden Lebensgefühl, selbst dann, wenn wir durch den Zwang der Umstände nur einen sehr niedrigeren Grad der Selbstversorgung verwirklichen können. Wenn die richtige Einstellung zur Selbstversorgung vorhanden ist, können schon ein paar auf der Fensterbank in Blumentöpfen gezogene Salatköpfe den Weg zu diesem neuen Lebensgefühl vermitteln!
Salatköpfe auf der Fensterbank – das mag Ihnen übertrieben vorkommen, ist aber nicht nur symbolisch gemeint. Wir müssen uns einmal von dem Gedanken freimachen, daß alles, was nützlich ist, nicht auch gleichzeitig eine Zierde sein kann. Denken Sie nur an die Obstblüte, die unzählige Besucher in die Anbaugebiete lockt. Es stellt sich also keineswegs die Alternative „Ziergarten" oder „Nutzgarten", sondern ein Nutzgarten kann durchaus eine Zierde sein, und eine Tomatenstaude, im Blumentopf auf der Fensterbank gezogen, ist mit ihren filigranartigen Blättern und den roten Früchten sogar ausgesprochen dekorativ.
Und noch etwas sollten wir uns überlegen, wenn wir über den Nutzen der Selbstversorgung sprechen. Eine Tätigkeit kann in sich selbst ihre Rechtfertigung finden, ohne einen Nutzen zu haben, zumindest ohne materiellen Nutzen. Denken wir an Sport und Spiel als Freizeitbeschäftigung, nicht als kommerzialisierte Show-Darbietung. Ähnlich wie nicht alles, was nützlich ist, damit automatisch als Gartenzierde entfällt, scheidet eine „nützliche" Tätigkeit nicht automatisch als angenehme Freizeitbeschäftigung aus, bei der niemand materiellen Nutzen erwartet.
Lohnt sich also eine Selbstversorgung, bringt sie uns Nutzen? Jawohl, ganz ohne Frage; wohl liegt der Nutzen weniger im materiellen als im ideellen Bereich, aber es ist ohnehin an der Zeit, ideellen Werten wieder einen höheren Stellenwert einzuräumen!

3. Gesunde Ernährung

Der Begriff „gesunde Ernährung“ löst bei vielen Menschen jene überlegen-herablassende Reaktion aus, die man engagierten Eiferern für eine vielleicht ganz gute, aber doch recht unbedeutende Sache entgegenzubringen pflegt; es ist die gleiche Reaktion, die oft den Selbstversorgern zuteil wird. Allenfalls die als Übergewicht offensichtlich werdenden Folgen allzu reichlicher Ernährung werden mit allerlei Diäten bekämpft, aber nicht etwa wegen der damit verbundenen gesundheitlichen Risiken, sondern nur aus Eitelkeit!

Natürlich ist es nicht so, daß sich die Menschen in unserem Zivilisationskreis absichtlich ungesund ernähren. Die meisten Menschen essen einfach, was ihnen schmeckt, wann es ihnen schmeckt und so lange es ihnen schmeckt, und verdrängen alle lästig mahnenden Stimmen. Wenn ein Kleinkind am liebsten ausschließlich Schokolade essen möchte, weil diese ihm nun einmal am besten schmeckt, dann sind wir Eltern (hoffentlich) so vernünftig, für eine etwas ausgeglichenere Ernährung zu sorgen. Von dieser Vernunft aber sind wir in aller Regel meilenweit entfernt, wenn es um die Befriedigung des eigenen Gaumenkitzels geht.

Warum dieser Widerspruch? Warum diese Gleichgültigkeit gegenüber der eigenen Gesundheit, die doch eigentlich unser höchstes Gut sein sollte? Zum Teil mag es an der mangelnden Information liegen, oder an der Beeinflussung durch die Nahrungsmittel-Industrie. Häufiger noch ist es wohl die Arbeitsvereinfachung durch industrielle Fertigprodukte oder einfach Freßlust – Gier nach besonders gut·schmeckenden, aber keineswegs unbedingt gesunden Nahrungsmitteln. Der Hauptgrund aber ist ganz einfach der, daß sich die Folgen einer falschen Ernährung nicht sofort, sondern erst später bemerkbar machen, und daß tief in der menschlichen Psyche die Überzeugung verankert ist, „so etwas kann mir nicht passieren, höchstens meinem Nachbarn"! Wenn – um ein makabres Beispiel zu geben – neun von zehn kriegsgefangenen Geiseln erschossen werden sollen, dann glaubt trotz aller verständlicher Angst jeder der zehn Kriegsgefangenen insgeheim und unbewußt gegen alle Regeln der Wahrscheinlichkeit, der eine Überlebende zu sein. Dieser Glaube an die eigene Unverletzlichkeit, nicht Mut, läßt uns auch manche vermeintliche Heldentat vollbringen. Ein Rennfahrer, von dessen Konkurrenten und Vorgängern mehrere hintereinander verunglückten, startet dennoch in seinem fragilen Rennwagen mit vollem Einsatz zum Spiel mit dem Tod, weil ein übersteigerter Glaube an die eigene Unverletzlichkeit geradezu eine Voraussetzung für seinen Erfolg ist.

Da wir gerade bei Rennfahrern und damit bei Autos sind: wird ein hochempfindlicher Rennmotor mit dem falschen Treibstoff versorgt, dann wird er erstens weniger leisten, und zweitens werden bald diverse Defekte auftreten. Ähnlich ist es auch bei uns Menschen: falscher „Treibstoff" führt zur Leistungsminderung und zu „Defekten", nämlich Krankheiten.

Zwei Sünden, man darf sogar getrost von „Todsünden" sprechen, sind verantwortlich für die ungesunde Ernährung:

- falsche Zusammensetzung
- minderwertige Beschaffenheit.

Es gibt eine Vielzahl von Büchern, die sich mit den wissenschaftlich abgesicherten Grundlagen einer gesunden Ernährung auseinandersetzen. Eines davon ist im gleichen Verlag unter dem Titel „Vernünftige Ernährung" erschienen. Es ist viel ausführlicher, als es dieses Kapitel sein kann, und beschränkt sich nicht auf Pauschalbehauptungen, sondern bringt auch hieb- und stichfeste Fakten. So wird etwa höchst beiläufig in einem Nachsatz erwähnt, daß die durchschnittliche Lebenserwartung in den letzten 130 Jahren trotz aller Fortschritte der Medizin um ganze drei Jahre zugenommen hat! Auch wird mit dem Irrglauben aufgeräumt, wir seien, um überhaupt eine höhere Lebenserwartung haben zu können, gesund. Besonders eindrucksvoll sind in diesem Zusammenhang einige statistische Angaben zur Gesundheit der amerikanischen Bevölkerung, die ja in der Ernährung noch etwas „fortschrittlicher" ist als wir.

Danach sind 54 Prozent aller Todesfälle auf Herz- und Kreislauf-Krankheiten zurückzuführen, sogar bei den 35 bis 40jährigen sind es noch 33 Prozent! 30 Prozent leiden in diesem Alter bereits an Arthritis, 49 Prozent der Gesamtbevölkerung, einschließlich der Kinder, sind chronisch krank; 77 Prozent von im Korea-Krieg gefallenen und obduzierten

amerikanischen Soldaten hatten bereits verkalkte Herzgefäße, obwohl die 22jährigen jungen Männer scheinbar völlig gesund waren!
In unserer Überflußgesellschaft ist aus der Nahrungsaufnahme, die ja ursprünglich nur den Zweck hatte, den Körper mit dem richtigen „Brennstoff" in ausreichender Menge zu versorgen, ein genußbefriedigender Selbstzweck geworden. Dagegen würde ja auch nichts sprechen, wenn sowohl in der Quantität und Qualität als auch in der Zusammensetzung den Bedürfnissen unseres Körpers Rechnung getragen würde. Trotz oder wegen des Überflusses an Nahrungsmitteln leiden wir an Mangelkrankheiten, weil ihre Qualität (auf die wir noch eingehen) nicht unbedenklich ist und weil wir einige für unser Wohlbefinden wichtige Elemente – Vitalstoffe – nicht oder nicht in ausreichender Menge zu uns nehmen. Krebs- und Kreislauf-Erkrankungen als die häufigsten Todesursachen sind typische Zivilisations- und Wohlstandskrankheiten. Der Einfluß der Ernährung auf diese Krankheiten ist heute zumindest grundsätzlich unbestritten.
Was nun machen wir falsch? Unsere Ernährungsgewohnheiten haben sich in den letzten 100 oder 150 Jahren grundlegend geändert. Von Natur aus gehören wir zu den relativ wenigen „Gemischtköstlern", die pflanzliche Nahrung ebenso wie tierische Nahrung verwerten können. Ganz offensichtlich haben unsere Vorfahren überwiegend von pflanzlicher Kost leben müssen, denn sie hatten weder die Kraft noch die Schnelligkeit, um unter normalen Umständen genügend Tiere zu erbeuten. Mit fortschreitender Zivilisation, mit besserer Bewaffnung und schließlich mit der Haltung von Schlachttieren wurde die Fleischversorgung allmählich besser, aber noch Anfang des 19. Jahrhunderts lag der durchschnittliche pro-Kopf-Verbrauch von Fleisch bei 14 kg im Jahr! Als sich Ende der fünfziger Jahre die Nachkriegslage wieder normalisiert hatte, waren es gut 50 kg, 1966 schon 62 kg, und nur zehn Jahre später fast 80 kg. Mittlerweile haben wir auch diese stolze Marke weit hinter uns gelassen.
Demgegenüber war der Verzehr von Kartoffeln und Getreideprodukten rückläufig. Nach dem Krieg verputzten wir beispielsweise im Durchschnitt 224 kg Kartoffeln im Jahr, aber sehr rasch ging deren Verbrauch dann so weit zurück, daß 1976/77 erstmals mehr Fleisch als Kartoffeln gegessen wurde.
Nahrungsmittel tierischen Ursprungs enthalten in der Regel weit mehr Fett als pflanzliche Nahrungsmittel, und während die beiden anderen Hauptnährstoffe, Kohlenhydrate und Eiweiß, 4,1 Kalorien (17,2 Joule) pro Gramm enthalten, sind es bei Fett 9,3 Kalorien (39,1 Joule). Durch den hohen Fleischanteil nehmen wir also meistens auch zu viele Kalo-

rien auf. In Abhängigkeit von der körperlichen Leistung liegt der Tagesbedarf eines erwachsenen Mannes zwischen 2000 und 4000 Kalorien (8365 bis 16730 Joule). In der Nachkriegszeit mußten wir sogar von 1200 Kalorien leben. Unsere heutige Nahrung enthält zwischen 40 und 45 Prozent Fett, empfohlen wird eine Fettkomponente von allenfalls 30 Prozent. Es zählen dabei natürlich nicht die sichtbaren Fette allein; Fleisch- und Wurstwaren, aber auch Nahrungsmittel wie Schokolade oder Kartoffelchips, bestehen etwa zu einem Drittel aus Fett, Käse hat meist mehr.

Zu allem Übel ist Fett nicht gleich Fett. Chemisch besteht Fett aus Glyzerin und Fettsäuren, und bei den Fettsäuren unterscheiden wir zwischen gesättigten, ungesättigten und hochungesättigten (bzw. mehrfach ungesättigten) Fettsäuren. Alle Fettsäuren sind wichtig, aber während der Körper gesättigte und ungesättigte Fettsäuren selbst aufbauen kann, müssen ihm die mehrfach ungesättigten Fettsäuren mit der Nahrung zugeführt werden. Tierische Fette sind reich an gesättigten Fettsäuren, während bei Fetten pflanzlichen Ursprungs meistens die ungesättigten bzw. hochungesättigten Fettsäuren überwiegen.

Mittlerweile hat man die Blutfette, insbesondere den berüchtigten Cholesterinspiegel, als Risikofaktor für Herz- und Kreislauf-Erkrankungen erkannt und festgestellt, daß eine Erhöhung über das Normalmaß hinaus auch das Krankheitsrisiko erhöht. Gesättigte Fettsäuren erhöhen den Cholesterinspiegel, ungesättigte bzw. mehrfach ungesättigte senken ihn, sofern sie nicht vorher durch Erhitzen (Braten und Kochen) zerstört wurden.

Angesichts dieser Tatsachen ist es vielleicht verständlich, wenn gesundheitsbewußte Menschen zu Vegetariern werden. Einen Kompromiß suchen die Anhänger der lacto-vegetabilen Ernährung, die neben den Vegetabilien auch Molkereiprodukte essen. Notwendig ist solche Enthaltsamkeit indes nicht. Wir müssen nur bestrebt sein, uns in bunter Mischung zu ernähren, und das bedeutet, daß mäßiger Fleischgenuß nichts schadet, wohl aber der heute üblicherweise viel zu hohe Anteil von tierischen Fetten in unserer Ernährung. Es ist bestimmt nicht die dümmste Idee, zwei oder drei fleischfreie Tage in der Woche einzulegen. Diese Idee dürfte aber auf wenig Gegenliebe stoßen!

Früher konnte man allenfalls mit Honig süßen. Mittlerweile wird aus Pflanzen raffinierter Zucker in beliebiger Menge und preiswert angeboten. Es scheint kaum glaublich, aber wir marschieren stramm auf einen statistischen pro-Kopf-Verbrauch von 40 Kilo Zucker zu. Das Problem dabei liegt nur teilweise darin, daß diese „Kohlehydrat-Bombe" bekanntlich rasch zur Fettleibigkeit führt. Vor allem aber kann Zucker nur unter Mitwirkung von Vitamin B abgebaut werden, insbesondere von B1 (Aneurin), das vorwiegend von Getreidekörnern stammt. Da in den heutigen Weiß- oder Graumehlen im Vergleich zum Vollkorn-Mehl nur noch etwa ein Siebtel des Vitamins B1 enthalten ist, kommt es durch den Zuckergenuß bald zu einer bedenklichen Vitamin B1-Unterversorgung. Nicht nur der Vitamin B1-Gehalt verliert sich übrigens bei Grau- oder Weißmehlen weitgehend, sondern auch andere wichtige Wirkstoffe und Vitamine, wie die nachstehende Tabelle*) beweist:

Wirkstoffe	Vollkornmehl 1 kg	Weißmehl 1 kg	Verlust in %
Vitamin B1	5,1 mg	0,7 mg	86%
Vitamin B2	1,3 mg	0,4 mg	69%
Vitamin B6	4,4 mg	2,2 mg	50%
Niacin	57 mg	7,7 mg	86%
Vitamin E	24 mg	0,0 mg	100%
Eisen	44 mg	7 mg	84%
Kupfer	6 mg	1,5 mg	75%
Magnesium	250 mg	120 mg	52%
Mangan	70 mg	20 mg	71%
Kalium	4730 mg	1150 mg	76%

Um uns gesund zu ernähren, müssen wir also zunächst einmal unsere Ernährungsgewohnheiten ändern. Grundsätzlich gilt:

- weniger Fleisch
- weniger Fett, insbesondere mit gesättigten Fettsäuren
- weniger Zucker
- weniger Backwaren aus Feinmehl, mehr Vollkorn-Mehl

Zum Mehl wäre noch zu ergänzen, daß es weder um die Farbe noch um die Feinkörnigkeit geht, wenn zwischen Feinmehl und Vollkornmehl unterschieden werden soll, sondern nur darum, ob das ganze Korn einschließlich der Randschichten und des Keims ausgemahlen wurde. So viel zur falschen Zusammensetzung unserer derzeitigen Ernährung. Um sie zu ändern, muß man nicht unbedingt Selbstversorgung betreiben, aber dieser kurze allgemeine Überblick über die Grundlagen der Ernährung schien zum besseren Verständnis erforderlich.
Einfluß nehmen können wir als Selbstversorger ganz erheblich auf die Qualität unserer Nahrungsmittel, und zwar nicht einmal so sehr auf deren Äußeres und den Geschmack als vielmehr auf ihre physiologische Unbedenklichkeit.

*) nach Dr. Anemueller („Iß dich gesund").

Zunächst einmal: die natürlichen Wirkstoffe werden auf dem Weg der Nahrungsmittel vom Erzeuger zum Verbraucher unweigerlich beeinträchtigt. Um zumindest die äußerlich sichtbare Beeinträchtigung gering zu halten, werden Vegetabilien oft unreif geerntet, künstlich nachgereift und durch Zusätze haltbarer gemacht, was aber gleichfalls den Wirkstoff-Gehalt vermindert. Ein Teil der noch immer vorhandenen Wirkstoffe fällt dann dem Zubereitungsprozeß zum Opfer. Das alles wäre ja vielleicht noch erträglich, wenn nicht bereits bei der Erzeugung im Interesse einer Massenproduktion und einer verkaufsgünstigen Aufmachung Mittel eingesetzt worden wären, die – vorsichtig ausgedrückt – unserer Gesundheit nicht zuträglich sind. Jawohl, es ist die Rede von synthetischen Düngern, von Mineralsalzen, Fungiziden, Herbiziden und Insektiziden, von Halmverkürzungsmitteln, Konservierungsmitteln und weiß der Teufel was noch. Einer Notiz im „Spiegel" zufolge waren es 1978 rund vier Millionen Tonnen chemisch erzeugter Nährstoffe, dazu 25000 Tonnen chemischer Pflanzenschutzmittel, die allein für die Erzeugung der in Deutschland hergestellten Nahrungsmittel eingesetzt wurden. Nun ist es ja unbestritten, daß alle Pflanzenschutz- oder Düngemittel vor ihrer Zulassung gewissenhaft überprüft werden. Unsere Wissenschaft kann aber natürlich nur vom heutigen Kenntnisstand ausgehen. Ein gutes Beispiel dafür ist das DDT, ein angeblich für den Menschen unschädliches Insektizid, das weltweit verwendet wurde, aber schließlich wegen seiner erst später erkannten Langzeitwirkung verboten werden mußte.

Ein weiteres Problem liegt darin, daß die für den menschlichen Organismus schädlichen Substanzen in den einzelnen Nahrungsmitteln weit unterhalb der Grenze bleiben mögen, die als schädlich gilt, sie sich aber im Körper zu einer Konzentration addieren, die längst nicht mehr ungefährlich ist! Das alles über viele Jahre hinweg, wohlverstanden. Manche Greifvögel, die früher weit verbreitet waren, sind heute trotz intensiver Bemühungen von Vogelfreunden unmittelbar vom Aussterben bedroht. Ihre Beutetiere nehmen mit ihrer Nahrung chemische Substanzen auf, die vom Körper nicht abgebaut werden können und sich anlagern – ohne zunächst trotz der Konzentration das Leben dieser Beutetiere zu gefährden. Der Greifvogel ernährt sich von zahllosen Beutetieren, und in seinem Körper kommt es allmählich zu einer Konzentration, die vielleicht noch immer nicht unmittelbar tödlich ist, aber z. B. die Eier unfruchtbar macht. Wir Menschen stehen wie die Greifvögel am Ende der Nahrungskette.

Damit aber noch nicht genug. Es besteht immer noch die Gefahr, daß Chemikalien, die für sich sogar in größerer Konzentration unschädlich sind, mit anderen, gleichfalls unschädlichen Substanzen in unserem Körper zusammenkommen und dort eine Verbindung eingehen, die keineswegs mehr ungefährlich ist. Man spricht dabei von Metabolitenbildung.

Paracelsus war es, der behauptet hat, es würde nur von der Dosierung abhängen, ob eine Substanz ein Gift sei oder nicht. Bei allen in der Landwirtschaft eingesetzten Chemikalien gibt es strenge Dosierungsvorschriften. Der zuvor erwähnten „Spiegel“-Notiz zufolge geben allerdings 13 Prozent der Landwirte ganz offen zu, diese Dosierung zu überschreiten. Die Dunkelziffer wird noch weitaus größer sein.

In der Mast von Rindern, Schweinen und Geflügel hat heute gleichfalls die Chemie eine beherrschende Rolle. Mehr als die Hälfte der chemisch erzeugten Antibiotika wird an unsere Schlachttiere verfüttert, da die Futterverwertung dadurch wesentlich verbessert wird. Von anderen Chemikalien im Futter sei dabei nicht einmal die Rede.

In dem bereits erwähnten Buch „Vernünftige Ernährung“ (siehe Literaturverzeichnis im Anhang) wird von einem 12jährigen Versuch der Deutschen Bundesanstalt für Qualitätsforschung pflanzlicher Erzeugnisse berichtet, bei dem „die Auswirkung der Düngung mit leichtlöslichen Mineralsalzen (Kunstdünger) und Stallmist bzw. Kompost miteinander verglichen wurde“.

Die Ergebnisse dieses Versuches sind so eindeutig, daß man sie nicht mehr übergehen kann. Für die Gesundheit negative Wirkstoffe (freie Aminosäuren, die vom Körper schwer aufgenommen werden, Nitrate und Nitrite, freie Oxalsäuren und Solanine) treten vermehrt bei mit leicht löslichen Mineralsalzen gedüngten Nahrungspflanzen auf.

Wertvolle Wirkstoffe für unsere Gesundheit (Aminosäuren, die dem Aufbau von hochwertigem Eiweiß dienen, Kohlehydrate, den Stoffwechsel regelnde organische Säuren, geschmackgebende ätherische Öle, die gleichzeitig gegen Viren aktiv sind, Vitamine, besonders Vitamin C und Provitamin A, krebshemmende Flavonoide, lebenswichtige Minerale und Spurenelemente) kommen deutlich vermehrt in organisch gedüngten Nahrungspflanzen vor.

Organisch gedüngte Pflanzen hatten einen um 23% höheren Gehalt an Trockensubstanz und damit einen höheren Nährwert, 18% mehr Eiweiß, 19% mehr Zucker, 23% mehr Eiweiß aufbauende Aminosäuren, 18% mehr Kalium, 10% mehr Kalzium, 13% mehr Phosphor, 17% mehr Eisen. Dafür hatten sie 42% weniger schwerverdauliche freie Aminosäuren, 93% weniger Nitrate, die im Darm zum giftigen Nitrit umgewandelt werden.

Leicht lösliche Mineralsalze beeinträchtigen und beeinflussen einseitig das Gleichgewicht zwischen unzähligen, wohl nur in geringen Mengen vorhandenen, aber unbedingt notwendigen Spurenelementen, Vitaminen und anderen Vitalstoffen. Insbesondere der für die derzeitigen Hektarerträge angeblich unverzichtbare, künstlich erzeugte Stickstoff unterdrückt Wirkstoffe wie Kupfer, Eisen, Zink, Mangan, Nickel und Molybdän, deren Mangel Gefäß- und Kreislauf-Erkrankungen, Stoffwechselstörungen und langfristig eventuell auch Krebs verursachen kann*).

"Da ist die Stelle, an der im letzten Herbst der LKW mit dem Kunstdünger umgestürzt ist."

Obwohl diese Dinge zumindest in Fachkreisen bekannt sind und nicht bestritten werden können, steigt der Chemikalieneinsatz auch weiterhin. Angeblich ist er unverzichtbar geworden, um die gleichfalls immer weiter steigende Zahl von Menschen auf dieser Erde zu ernähren. Als die Ägypter vor rund 5000 Jahren die Pyramiden bauten, lebten etwa 100 Millionen Menschen. Um 1900 herum waren es bereits 1,6 Milliarden, derzeit steuern wir aber die 5 Milliarden-Grenze an!
Kurz vor der Jahrhundertwende erntete man bei fast ausschließlicher Verwendung wirtschaftseigener Düngemittel etwa 25 Zentner Weizen

*) Die Angaben stammen aus dem Buch „Vernünftige Ernährung".

pro Hektar. Die Zeichen waren aber bereits an der Wand, denn Justus von Liebig hatte die Bedeutung der Mineraldüngung für das Pflanzenwachstum erkannt; das „Liebig'sche Gesetz des Minimums" besagt sinngemäß, daß eine Pflanze trotz überreichlicher Gaben an allen möglichen Nährstoffen kümmert, wenn nur ein wichtiger Stoff in zu geringer Menge vorhanden ist.

Aufbauend auf den Erkenntnissen von Justus von Liebig machte die Wissenschaft rasche Fortschritte. Zu einer gewaltigen Ertragssteigerung kam es, als durch die Haber-Bosch-Synthese um 1920 eine verstärkte Düngung mit mineralischem Stickstoff ermöglicht wurde; mehr als 40 Zentner lieferte jetzt der Hektar.

Nach dem Krieg ging es dann erst richtig los. Die Einführung der Unkrautbekämpfung durch Herbizide um 1950 brachte durchschnittliche Hektarerträge von mehr als 50 Zentnern; Mitte der sechziger Jahre kamen die Halmverstärkungsmittel und Hektarerträge um 70 Zentner. Als dann in den siebziger Jahren durch neue Pflanzenschutzmittel die Ertragseinbußen durch Pilzkrankheiten verringert wurden, waren die 90 Zentner Weizen pro Hektar überschritten, und heute sind 100 Zentner schon fast erreicht!

Diese Zahlen sprechen eine deutliche Sprache, und es ist verständlich, daß die Hersteller von Chemikalien für die Landwirtschaft damit alle mahnenden Stimmen zum Verstummen bringen. Allerdings ist es keineswegs so, daß wir nur der Chemie unsere heutigen Hektarerträge verdanken. Es ist im Gegenteil längst (durch Könemann u. a.) nachgewiesen, daß man mit organischer Düngung auch quantitativ die gleichen Erträge erreichen kann. Wenn sich seit dem letzten Krieg die Hektar-Erträge verdoppelt haben, dann liegt das unbestritten zu mehr als 50 Prozent an besseren Ackerbaumaßnahmen und vor allem an züchterischen Fortschritten.

Es trifft zu, daß der Welt-Durchschnittsertrag an Weizen auch heute noch bei weniger als 40 Zentnern pro Hektar liegt, bei uns also zweieinhalbmal so hoch ist. Aber weltweit wird auch heute noch nach teilweise altertümlichen Methoden der Boden bearbeitet, teilweise ist dieser Boden nach unseren Maßstäben für einen rationellen Anbau ungenügend, und teilweise werden längst überholte oder noch entwicklungsfähige Sorten angebaut. Wenn man nun auch noch berücksichtigt, daß weltweit 20 kg Mineraldünger pro Hektar gegeben werden, bei uns aber rund 250 kg, dann wirkt die Differenz im Hektarertrag garnicht mehr so groß!

Zu Zeiten unserer Großeltern – vor 50 Jahren – arbeiteten im Durchschnitt sechs Leute auf einem Bauernhof; 30 Prozent der Berufstätigen

arbeiteten in der Landwirtschaft; die Durchschnittsfamilie mußte damals mehr als die Hälfte ihres Einkommens aufwenden, um sich zu ernähren. Heute muß in aller Regel der Betriebsinhaber seinen Hof allein bewirtschaften; nur noch 7 Prozent der Erwerbstätigen arbeiten in der Landwirtschaft; Nahrungsmittel sind – bezogen auf das Durchschnittseinkommen – viel billiger als damals.
Hier liegt das eigentliche Problem des verstärkten Chemikalien-Einsatzes in der Landwirtschaft. Da Politik und Konkurrenzdruck billige Nahrungsmittel erzwingen, muß der Landwirt allein wirtschaften und sich meistens auch spezialisieren. Mist und Jauche als die klassischen organischen Dünger fallen in einem viehlosen Betrieb überhaupt nicht an, oder es handelt sich um Mist von nur einer Tierart. Pferde wurden durch Traktoren ersetzt, die Wolle der Schafe durch Baumwolle oder Kunstfasern; ihr Mist fehlt. Überdies ist es ja viel einfacher und zeitsparender, Mineraldünger zu streuen, als organisch zu wirtschaften. Pflanzenschutz in Handarbeit ist bei den heutigen Lohnkosten einerseits und den niedrigen Erzeugerpreisen andererseits nicht mehr möglich, sodaß Insekten oder Unkräuter einfach mit den entsprechenden Chemikalien totgespritzt werden müssen.
Es ist durchaus möglich, mit rein organischer Bewirtschaftung auf die gleichen Hektarerträge zu kommen wie mit Mineralsalzen und Pflanzenschutzmitteln, aber die solcherart erzeugten Nahrungsmittel wären dann deutlich teurer; das ist gewissermaßen die Kehrseite der Medaille. Weil die Durchschnittsfamilie heute nicht mehr bereit ist, wie früher mehr als die Hälfte ihres Einkommens für die Ernährung auszugeben, um sich mit dem solcherart ersparten Geld liebgewordenen Luxus leisten zu können, sind die Erzeugnisse der erwerbsorientierten Landwirtschaft qualitativ oft unbefriedigend und nicht immer gesundheitlich unbedenklich. Es genügt für eine wirklich konsquent gesunde Ernährung nicht, lediglich auf eine bedarfsgerechte Zusammensetzung der einzelnen Nahrungsmittel zu achten, sondern es kommt sehr wohl auch auf deren Qualität an!
Wer nicht in der glücklichen Lage ist, Nahrungsmittel direkt von einem organisch-biologisch arbeitenden Betrieb zu erwerben, kann sich qualitativ wirklich einwandfreie, hochwertige Nahrungsmittel kaum ohne Selbstversorgung verschaffen; selbst Reformhauskost ist durch Transport, Lagerung usw. nicht vergleichbar, außerdem nicht ganz billig.
Selbstverständlich ist auch bei der Selbstversorgung der Arbeitsaufwand, auf die bearbeitete Fläche bezogen, sehr hoch. Die für die Ernährung einer Familie erforderliche Anbaufläche ist aber ohne weiteres nach Feierabend und am Wochenende zu bewirtschaften, selbst wenn

eine sehr weitgehende Form der Selbstversorgung einschließlich der Haltung von Tieren betrieben wird. Die Tierhaltung hat den erheblichen Vorteil, daß wir nicht nur mit den direkt der Ernährung dienenden Produkten, also Fleisch, Milch oder Eiern, versorgt werden, sondern auch mit hervorragendem organischem Dünger, dem Mist. Man wird staunen, welche gewaltigen Mengen an organischem Dünger anfallen; ein Schaf erzeugt z. B. im Jahr volle 50 Zentner Mist*! Auf die richtige Düngung als Voraussetzung für eine in Qualität und Quantität befriedigende Ernte wird noch ausführlich eingegangen. Kann oder will man keine Haustiere halten und ist man darauf angewiesen, überwiegend mit Kompost zu düngen, wird man Mühe haben, ausreichende Mengen zu beschaffen.

Nach Ansicht des Autors ist ernsthaftes Streben nach Selbstversorgung nur in Verbindung mit einer organisch-biologischen Bewirtschaftung und der daraus resultierenden gesunden Ernährung wirklich sinnvoll. Es bereitet eine ganz andere Befriedigung, garantiert frisches Obst und Gemüse zu ernten und zu essen, von dem man genau weiß, daß es keinerlei chemische Substanzen und Gifte enthält, als wenn man sich lediglich ausrechnet, für den Salatkopf, die Kartoffeln und die Erdbeeren als Nachtisch pro Mahlzeit zwei Mark und 56 Pfennige gespart zu haben. Man kann sogar ohne weiteres aus der Möglichkeit zur gesünderen Ernährung die Rechtfertigung zur Selbstversorgung ableiten. Bezeichnenderweise gibt es viele Landwirte, die sich dem tatsächlichen oder vermeintlichen Zwang zur wirtschaftlichen Betriebsführung beugen und sich im Erwerbsanbau chemischer Wirkstoffe bedienen, in ihrem eigenen Hausgarten, der ihrer persönlichen Ernährung dient, jedoch nur mit organischen Hilfsmitteln arbeiten! Andere Landwirte schlachten nicht etwa eines ihrer mit Antibiotika und sonstigen Zusätzen gemästeten Schweine, sondern mästen für den Eigenbedarf ein Hausschlachtschwein nur mit Wirtschaftsfutter.

---

* Vergl. Werner „Das Schaf – Haltung im Kleinbetrieb“

4. Wie man Selbstversorger wird

Der Entschluß, zum Voll-Selbstversorger zu werden, ist rasch gefaßt, doch der Weg zur Verwirklichung dieser Absicht ist weit und schwer. Viele hochfliegende Pläne und gute Vorsätze werden angesichts der Schwierigkeiten wieder aufgegeben, nur wenige potentielle Selbstversorger verwirklichen ihren Entschluß und gehen den Weg bis zum Ziel. Vor allem fehlt es den meisten an Erfahrung, an praktischen Fertigkeiten und theoretischen Kenntnissen, ohne die auch bei gutem Willen, bei Hartnäckigkeit und unermüdlichem Einsatz der Erfolg beschieden sein wird. Die theoretischen Kenntnisse kann man sich aneignen – dieses Buch soll Ihnen dabei helfen. Praktische Erfahrungen und Fertigkeiten muß man erwerben, und dabei geht es kaum ohne Lehrgeld ab. Ständig müssen kleinere Entscheidungen getroffen werden, die sich erst irgendwann in ferner Zukunft auswirken, aber zunächst einmal mit Arbeit und Mühe verbunden sind. Da ist die Versuchung groß, einfach den bequemeren Weg zu gehen, die Dinge treiben zu lassen und zu hoffen, daß schon alles gut gehen wird.
Das muß warnend vorausgeschickt werden, damit der Entschluß zur Selbstversorgung wohl überlegt wird, bevor wir ihn verwirklichen, besser: bevor wir die praktischen Voraussetzungen zur Verwirklichung schaffen. Unabdingbare Voraussetzung für potentielle Selbstversorger ist nämlich ein zur Erzeugung von Nahrungsmitteln geeignetes Stück Land, dessen Erträge man entweder direkt essen oder als Futter für die verschiedenen Haustiere verwenden kann. Wer in der Stadt wohnt, wird einige Schwierigkeiten haben, überhaupt etwas Gartenland zu ergattern, das in erreichbarer Nähe liegt, und kann nicht sehr wählerisch sein. In den meisten Fällen wird er froh sein, nach längerer Wartezeit einen Kleingarten in einer Gartenkolonie am Stadtrand pachten zu können, denn die Nachfrage übersteigt bei weitem das Angebot. Diese

Gartenkolonien sind nach einem einheitlichen Schema angelegt, die einzelnen Parzellen haben eine bestimmte, für eine ernsthaftere Selbstversorgung meist viel zu geringe Größe, und oft ist auch noch die Art der Bebauung im Interesse einer einheitlichen Gestaltung vorgeschrieben, sodaß man die Fläche nicht nach eigenem Ermessen nutzen kann. Tiere dürfen nicht gehalten werden, die Entfernung von der Wohnung zur Kleingarten-Kolonie ist oft beträchtlich.

Eine solche Kleingarten-Parzelle hat also für potentielle Selbstversorger mit ernsthafteren Ambitionen eine ganze Reihe von Nachteilen und ist alles andere als ideal, aber immerhin hat sie gerade für Anfänger auch einige Vorzüge. Die relativ geringe Größe zwingt zu rationeller Planung und intensiver Nutzung, wenn ein nennenswerter Ertrag erzielt werden soll. Unter den zahlreichen Garten-Nachbarn gibt es gewiß auch einige, die sich nicht nur selbst für erfahrene Gärtner halten, sondern es auch tatsächlich sind, und die gern mit Rat helfen, vielleicht sogar tatkräftig. Die Pacht ist gering; man kann hier Erfahrungen sammeln und prüfen, ob das Interesse an ernsthafter Selbstversorgung stark genug ist, bevor man sich an das kostspielige Abenteuer einer konsequenteren Form der Selbstversorgung wagt.

Als „Erfinder" der Kleingarten-Bewegung gilt der Arzt Daniel Gottlob Moritz Schreber (1808–1861), der damit der rasch wachsenden Stadtbevölkerung einen gesunden Ausgleich geben wollte. Im ersten Weltkrieg und in den schlimmen Jahren danach nahm diese Bewegung ungeahnte Ausmaße an; oft waren die Kleingärten damals die Grundlage einer ausreichenden Ernährung der Familie.

Ideal ist natürlich ein direkt am Haus gelegener, größerer Garten. Wer eine Tierhaltung in seine Überlegungen einbezieht, wird sogar gezwungen sein, eine solche Einheit von Wohnung und Selbstversorgungs-Grundstück anzustreben. So etwas findet sich freilich kaum in der Stadt oder in Stadtnähe, denn dort sind die Bauland-Preise außerordentlich hoch, sodaß ein Hausgrundstück mit größerem Garten zum unbezahlbaren Luxus wird. Außerdem wäre in der Stadt selbst in einem größeren Garten eine Haustier-Haltung kaum erlaubt. In Notzeiten wurden Siedlungs-Projekte öffentlich gefördert, bei denen zu jedem Haus ein größeres Grundstück gehörte, dessen ausdrückliche Zweckbestimmung die Selbstversorgung der Bewohner war. Auch die Tierhaltung war nicht nur erlaubt, sondern durch den Deutschen Siedlerbund teilweise sogar ausdrücklich vorgeschrieben. Nach dem letzten Krieg haben zahlreiche Familien noch die öffentliche Förderung ausgenützt, um billig zu ihrem Eigenheim zu kommen, ohne das dazu gehöri-

ge Land jemals zweckentsprechend zu nutzen. So ändern sich die Zeiten, und es scheint, daß sie sich abermals ändern!
Mehrfach ist bereits der Begriff „ernsthafte Selbstversorgung" aufgetaucht. In diesem Buch soll von der Annahme ausgegangen werden, daß unsere Selbstversorger-Durchschnittsfamilie eine möglichst weitgehende Selbstversorgung einschließlich der Tierhaltung anstrebt. Sie besteht aus dem berufstätigen Vater, der Hausfrau und zwei schulpflichtigen Kindern; die Kinder sind also in einem Alter, in dem sie bei leichteren Arbeiten helfen können, aber noch keine volle Arbeitskraft ersetzen. Das wäre etwa ein Alter zwischen 6 und 14 Jahren. Vorher hat ihre Hilfe nur symbolischen Wert, danach können sie bereits als vollwertige Arbeitskraft gelten. Weiterhin sei angenommen, daß alle vier Familienmitglieder sämtliche Mahlzeiten zuhause einnehmen bzw. von zuhause mitnehmen, also nicht etwa in einer Werkskantine essen, und daß täglich rund 25000–30000 Joule benötigt werden. Von diesen Annahmen wollen wir also ausgehen; abweichende Verhältnisse lassen sich danach individuell ableiten, auf geringere Grade der Selbstversorgung wird im nächsten Kapitel eingegangen.
Bevor wir über die für eine solche Familie erforderliche, selbst zu erzeugende Nahrungsmenge den dafür notwendigen Flächenbedarf errechnen, sind einige grundsätzliche Bemerkungen über dieses zu bebauende Land angebracht.
Früher sagte man, Land sei „unvermehrbar, unzerstörbar". Nun, unvermehrbar ist Land auch heute noch, aber die fortschreitende Wissenschaft, insbesondere die Chemie, hat es ermöglicht, Land zumindest biologisch zu zerstören! Das, was wir als Erde bezeichnen, was den Pflanzenwuchs und damit alles Leben auf dieser Welt ermöglicht, ist ursprünglich totes Gestein gewesen. In einer unendlich erscheinenden Zeitspanne wurde es durch Witterungseinflüsse zersetzt. Kies und Sand sind Stationen auf diesem Weg. Auf reinem Sand kann man ebenso wenig anbauen wie auf Gestein, es fehlt noch das, was ihn zur Erde macht, nämlich organische Substanz und Nährstoffe. Der „Mutterboden" ist eine verhältnismäßig dünne Schicht von 25 bis 30 Zentimeter Stärke und besteht zu 93 Prozent aus mineralischen Substanzen, also aus Verwitterungsprodukten von Gestein.
Die verbleibenden sieben Prozent bestehen zum größten Teil, nämlich zu 85 Prozent, aus Humus; das Wort ist lateinisch und bedeutet „Erdboden, Erdreich". Zehn Prozent der organischen Substanz entfallen auf Wurzeln der darin wachsenden Pflanzen, und die letzten fünf Prozent wurden erstmals im Jahre 1910 von Francé als „Edaphon" bezeichnet – diese Bezeichnung hat sich gehalten und ist zum Begriff gewor-

den. Sie bezeichnet ganz allgemein das Bodenleben. Man schätzt, daß in der 15 Zentimeter starken Oberschicht eines mittleren Bodens das Edaphon pro Hektar 25 Tonnen wiegt! Es handelt sich um Bakterien, Algen, Pilze und andere Kleinstlebewesen, aber auch um Regenwürmer. Darwin (1809–1882) hat behauptet, das Gewicht der Regenwürmer unter der Erde sei bei gutem Weideland ebenso groß wie das der darauf grasenden Kühe. Als optimal gelten 300 bis 400 Regenwürmer pro Quadratmeter!

Noch eindrucksvoller ist vielleicht die Zahl der Bakterien, die in einem Gramm Erde leben, nämlich rund 10 Milliarden. In Wurzelnähe der Pflanzen können es sogar mehr als 100 Milliarden sein! Bakterien leben nur etwa eine halbe Stunde. Das Bodenleben verarbeitet organische Substanzen, zersetzt aber auch Mineralstoffe, sodaß sie von den Pflanzen aufgenommen werden können, und bindet Stickstoff aus der Luft.

Eine Pflanze entzieht dem Boden Nährstoffe, bis sie abstirbt und verrottet, wodurch dem Boden die Nährstoffe wieder zugeführt werden. Tiere fressen Pflanzen, nehmen also deren Nährstoffe auf, lassen aber einen Teil davon in Form ihrer Ausscheidungen zurück; ein weiterer Teil wird nach dem Tod durch die verrottenden Kadaver zurückgeführt. Der Kreislauf der Natur ist also geschlossen, solange nicht der Mensch ihn durchbricht, indem er Pflanzen erntet, ohne die entzogenen Nährstoffe zu ersetzen und die Bodenfruchtbarkeit zu erhalten. Auch bei organischem Anbau muß gedüngt werden; auf die entsprechenden Maßnahmen wird noch ausführlicher eingegangen.

Eine hohe Bodenfruchtbarkeit ist deswegen so wichtig, weil davon der mögliche Flächenertrag direkt abhängt. Mit anderen Worten: bei hoher Bodenfruchtbarkeit genügt eine weitaus kleinere Fläche, um die benötigten Nahrungsmittel anzubauen, als bei geringer Bodenfruchtbarkeit. Vernachlässigen wir den Boden, sodaß seine Ertragsqualität sinkt, wird unsere vorhandene Fläche auf einmal nicht mehr genug Nahrungsmittel produzieren. Verbessern wir hingegen die Bodenqualität, können wir auch auf einer ursprünglich zu kleinen Fläche einen ausreichenden Ertrag erzielen. In der Landwirtschaft spricht man von „Bodenpunkten", von „Bonität" und von der „Ertragsmeßzahl" und drückt damit die Bodenqualität in einer vergleichbaren Formel aus. Manche unserer anspruchsvollen Pflanzen gedeihen in minderwertigen Böden überhaupt nicht, bei anderen beträgt der Ertrag nur einen Bruchteil dessen, was auf guten Böden zu ernten ist.

Unterstellt man eine durchschnittliche Bodenqualität, hängt die benötigte Fläche zunächst einmal entscheidend vom Umfang der Tierhaltung ab, denn die „Veredlung" pflanzlicher Produkte über den Tiermagen ist sehr unwirtschaftlich. Wir benötigen zur Erzeugung von Fleisch, Eiern oder Molkereiprodukten die drei- bis achtfache Anbaufläche gegenüber von im Nährwert gleicher Nahrung pflanzlichen Ursprungs! Wer also den Anteil der tierischen Nahrungsmittel, reduziert, lebt, wie wir bereits gesehen haben, nicht nur gesünder und billiger, sondern er kommt auch mit einer wesentlich geringeren Anbaufläche aus. Dennoch soll von der ungünstigen Annahme ausgegangen werden, daß der Anteil der Nahrung tierischen Ursprungs dem statistischen Durchschnitt entspricht, also auf das Gewicht bezogen bei 35 Prozent unserer Ernährung, auf den Nährwert bezogen sogar deutlich höher liegt.

Wie in dem Kapitel über Tierhaltung noch ausführlicher begründet wird, ist auf der Basis des Durchschnittsverbrauchs für die vollständige Versorgung einer Musterfamilie mit Nahrungsmitteln tierischen Ursprungs eine Fläche von mindestens 3500 Quadratmetern bei mittlerer bis guter Bodenqualität zugrunde zu legen*. Wir werden sogleich sehen, daß das im Vergleich zur pflanzlichen Ernährung außerordentlich viel ist.

Auch bei den Nahrungsmitteln pflanzlichen Ursprungs gehen wir von dem – sehr niedrigen – statistischen Durchschnittsverbrauch aus. Er muß allerdings sinnvoll modifiziert werden, indem wir z. B. den Zuckerverbrauch reduzieren, allenfalls selbst herstellbaren unraffinierten Rohzucker verwenden und ansonsten mit Honig süßen; die Kalorien (bzw. Joule) des geringeren Zuckerverbrauchs müssen durch andere pflanzliche Nahrungsmittel ersetzt werden. Auch bei den tierischen Nahrungsmitteln erfolgt übrigens eine Modifikation insofern, als zum Beispiel das Rindfleisch durch Lammfleisch ersetzt wird – aber davon später mehr.

Die nachstehende Tabelle vereinfacht stark, um einerseits „runde“ Zahlen zu verwenden und andererseits die Schwankungen im Verbrauch, den individuellen Verzehrgewohnheiten und dem Flächenertrag unberücksichtigt lassen zu können. Sie liefert aber einen brauchbaren Anhaltswert für unsere Musterfamilie, deren Verbrauch an Vegetabilien und der zur Erzeugung erforderlichen Anbaufläche.

Auf das Gewicht bezogen sind etwa zwei Drittel unserer Nahrung pflanzlichen Ursprungs, ein Drittel ist tierischen Ursprungs – immer den statistischen Durchschnittsverbrauch zugrunde gelegt. Um das eine Drittel tierischer Nahrung zu erzeugen, benötigen wir aber die dreifache Anbaufläche gegenüber jener Fläche, auf der wir die pflanzliche Komponente ernten! Das bedeutet ein Verhältnis von rund 1 : 6!

---

*) drei Milchschafe, ein Schwein, Hühner

	Vier-Personen-Verbrauch/Jahr	Anbau-Fläche
Obst (ca. 1/3 Beeren-, 2/3 Stein- und Kern-Obst	400 kg	400 m²
Gemüse (1/2 Früh-, 1/2 Lager-Gemüse ohne Kartoffeln	400 kg	150 m²
Kartoffeln	400 kg	100 m²
Getreide	250 kg	550 m²
	1450 kg	1200 m²

Überschlägig enthalten sind Putz- und Lagerverluste, nicht jedoch Kompostflächen.

Unsere Durchschnittsfamilie würde nach dieser Rechnung ziemlich genau 5000 qm Anbaufläche benötigen, um sich ebenso zu ernähren wie der Durchschnitt der Bevölkerung. Vorausgesetzt wird überdurchschnittlicher Boden und Intensiv-Anbau; im Durchschnitt bei landwirtschaftlicher Produktion sind es fast 2500 Quadratmeter pro Person! Eine derart weitgehende Form der Ernährung durch Selbstversorgung erfordert aber neben einem erheblichen Arbeitsaufwand und dem Verzicht auf Urlaub auch eine möglichst konsequente Anpassung der Verzehrgewohnheiten an Jahreszeit und Ernte. Mit anderen Worten: die verschiedenen Gemüse und Obstsorten fallen nicht in bunter Folge das ganze Jahr über an, sondern es gibt jeweils bestimmte Zeiten des Überflusses, zu denen man sich weitgehend von der gerade erntereifen Sorte ernährt, bis sie einem, wie es so schön heißt, zu den Ohren herauskommt... Es hängt vom Können des Selbstversorgers ab, durch entsprechenden Anbau für Abwechslung zu sorgen und möglichst ganzjährig frisches Gemüse ernten zu können, sodaß entsprechend weniger konserviert werden muß, was ja immer mit Einbußen und Verlusten verbunden ist, Mühe macht und Platz kostet. Ähnliches gilt übrigens auch für die tierischen Nahrungsmittel: Kuh, Ziege oder Milchschaf stehen zeitweise trocken, Hühner legen keine Eier, geschlachtet wird vorzugsweise zu Beginn des Winters, um die Schlachttiere nicht während des Winters im Stall füttern zu müssen. Auch hier also abwechselnd Zeiten des Überflusses und Zeiten des Mangels, die durch Konservierung und Vorratshaltung überbrückt werden müssen und Zugeständnisse in den Verzehrgewohnheiten verlangen.

5000 Quadratmeter – das sind genau zwei Morgen; rechnet man nun die für Gebäude, Wege usw. benötigten Flächen hinzu, sind das noch einmal rund 500 Quadratmeter. Reichlich zwei Morgen groß sollte das Hofgrundstück eines Selbstversorgers sein, der eine konsequente Tierhaltung betreibt. Die Einheit von Wohnung und angegliederter

Nutzfläche ist bei einer solchen Tierhaltung praktisch unerläßlich; nur so können jederzeit die Tiere versorgt werden, und die Hausfrau oder die Kinder können zwischen anderen Tätigkeiten rasch einmal etwas im Garten erledigen. Die Tierhaltung bietet den zusätzlichen Vorteil, daß wirtschaftseigener, einwandfreier organischer Dünger in ausreichender Menge verfügbar ist, um die Ertragsqualität des Bodens kostenlos zu erhalten oder zu verbessern. Abgesehen davon, daß Kunstdünger ja gesundheitlich nicht unbedenklich ist, gehört er in der Landwirtschaft zu den größten Ausgabe-Posten.
Wer Tiere hält, benötigt natürlich einen geeigneten Stallraum sowie einen Lagerraum für die Futtermittel; oft wird das Futter auf dem Dachboden über dem Stall gelagert. Außerdem muß die Weidefläche sicher eingezäunt sein.
Das alles kostet natürlich Geld, viel Geld sogar, und es ist nur in ländlicher Gegend zu verwirklichen, wo keine Einwände gegen Tierhaltung bestehen und die Grundstückspreise noch erschwinglich sind. Wer sich ohnehin mit der Absicht trägt, ein Haus zu bauen, wird sein Vorhaben auf dem Land samt der rund zwei Morgen großen Anbaufläche und dem Stallgebäude mehr oder weniger für den gleichen Preis verwirklichen können, den er für das nackte Haus mit Mini-Grundstück in Stadtnähe bezahlen müßte. Voraussetzung für ein Wohnen auf dem Land ist allerdings ein Beruf, der eine solche Freizügigkeit erlaubt.
Nach dem letzten Krieg setzte eine Landflucht sondergleichen ein, die Zahl der landwirtschaftlichen Betriebe ging rapide zurück, immer mehr Höfe wurden aufgegeben, weil sie zu klein waren, um bei zunehmender Mechanisierung und wachsenden Kosten für Dünger und Pflanzenschutz noch gewinnbringend bewirtschaftet werden zu können. Das Land wurde verkauft oder verpachtet, Wohnhaus und Stallgebäude aber blieben zusammen mit etwas Umland als „Resthof" erhalten. Solche Resthöfe sind in stadtfernen Gebieten sehr günstig zu kaufen; wenn die Bausubstanz noch gut ist, finden potentielle Selbstversorger hier eine ebenso praktische wie preisgünstige Basis zur Verwirklichung ihrer Pläne. In Stadtnähe allerdings sind als Bauernkotten oder Resthöfe längst unbezahlbar geworden und insbesondere unter Reitern oder als Wochenendhäuser beliebt und begehrt.
Wenn sich unsere Muster-Familie wirklich konsequent zur Selbstversorgung bekennt, wird ihr die Finanzierung ihres Anwesens vergleichsweise leicht fallen. Die materielle Einsparung durch die selbst erzeugte Nahrung mag mit erheblicher Arbeit erkauft worden sein, schlägt aber dennoch zu Buche. Weiteres Geld wird durch den erzwungenen Urlaubsverzicht gespart, denn wer Tierhaltung betreibt, kann seinem

Anwesen nicht einmal einen Tag fernbleiben, wenn ihn niemand vertritt! Nicht nur indirekt, durch das für die selbst erzeugte Nahrung gesparte Geld, sondern auch direkt kann man als Selbstversorger verdienen, selbst wenn sich dieser Verdienst in sehr bescheidenen Grenzen halten wird und das nicht Sinn der Selbstversorgung ist. Sowohl die Ernteerträge als auch der Verbrauch unterliegen von Jahr zu Jahr gewissen Schwankungen. Da man als gewissenhafter Selbstversorger bei der Planung die ungünstigsten Verhältnisse zugrunde legt, wird normalerweise ein Überschuß produziert. Diese Überschüsse kann man den Tieren verfüttern, auch wenn das schade wäre, oder man kann sie verkaufen. Die verhältnismäßig geringen Mengen biologisch einwandfreier Nahrungsmittel sind leicht an gesundheitsbewußte Verbraucher direkt ab Hof zu verkaufen. Oft wird die Nachfrage bald so groß, daß man in Versuchung gerät, mehr anzubauen und sich auf diese Weise einen Nebenerwerb zu schaffen. Dagegen ist auch an sich nichts zu sagen, denn man verbessert dadurch über die Ernährung hinaus den Grad der Selbstversorgung und die Unabhängigkeit, weil man ohne Geld natürlich nicht auskommt. Man muß sich nur davor hüten, zugunsten besonders gefragter Verkaufsfrüchte den Anbau von selbst benötigtem Obst oder Gemüse einzuschränken und dieses dann vom verdienten Geld zu kaufen! Im Extremfall würde das dann so aussehen, daß ein „Selbstversorger" beispielsweise eine reine Obstplantage betreibt und deren Ertrag, der ja weit über den Eigenbedarf hinausgeht, verkauft, um von dem Erlös alle anderen Nahrungsmittel zu kaufen und sogar noch Geld übrig zu haben!

Merken Sie etwas? Aus dem Selbstversorger ist ein Spezialist geworden, mit allen damit verbundenen Nachteilen und Vorteilen. Der materielle Nutzen ist bei einer Monokultur wahrscheinlich größer als bei gemischter Bewirtschaftung, die Arbeit ist geringer, man kann sogar – zur rechten Zeit – in den Urlaub fahren. Gleichwohl könnte man argumentieren, Selbstversorger zu sein, weil man doch aus dem Erlös für das selbsterzeugte Obst alle anderen Nahrungsmittel beschaffen kann ...

Nein, das wäre dann kein Selbstversorger-, sondern ein reiner Nebenerwerbsbetrieb. Im Interesse der Gewinnmaximierung wird man wahrscheinlich bald bei Herbiziden und Insektiziden angelangt sein, um die für Schädlinge aller Art besonders empfindliche Monokultur zu schützen. Die gekauften Nahrungsmittel sind aus den bereits genannten Gründen nicht mit selbst erzeugten zu vergleichen. Auch die Unabhängigkeit als starkes Argument für die Selbstversorgung geht zurück, denn bei Monokulturen riskiert man immer eine Mißernte mit allen damit

verbundenen Folgen. Also: nichts gegen einen Verkauf der Überschußmengen oder gegen einen Nebenerwerb, aber alle Nahrungsmittel, die man selbst erzeugen kann, wird der engagierte Voll-Selbstversorger auch selbst erzeugen! Im nächsten Kapitel wird noch einmal auf die Möglichkeiten eines Nebenerwerbs eingegangen.
Das alles bedeutet nicht unbedingt, daß man nur selbst erzeugte Nahrung essen darf oder ausschließlich Futter aus eigenem Anbau für die Tiere benutzt. Das Beispiel der Zitrusfrüchte zur Winterszeit als Vitaminspender wurde bereits erwähnt, und es spricht auch nichts dagegen, etwa (ungespritztes) Rübenblatt, für das der viehlos wirtschaftende benachbarte Bauer keine Verwendung hat, als wertvolles Viehfutter zu silieren. Maßgebend aber sollte immer die Unabhängigkeit in der Nahrungsmittel-Versorgung sein. Anhänger einer wirklich konsequenten Selbstversorgung lehnen deshalb sogar eine Kooperation mehrerer Selbstversorger-Betriebe untereinander ab, bei der zum Beispiel ein Betrieb für alle anderen die Schweine züchtet, der zweite die gesamten Kartoffeln anbaut, usw. Wie konsequent man schließlich die Selbstversorger-Ideologie verwirklicht, kann wohl nur individuell entschieden werden.
Voll-Selbstversorger wird man nicht von heute auf morgen. Wenn unsere Musterfamilie bisher in der Stadt gelebt hat und nun zu der Erkenntnis gelangt ist, daß das wahre Glück nur in einem Selbstversorger-Dasein auf dem Lande zu finden ist, sollte sie unbedingt zwischen dem Entschluß und seiner endgültigen Verwirklichung eine mehrjährige Übergangszeit einplanen. Wer ohne sorgfältige Vorbereitung und Planung kurz entschlossen den „Sprung in das tiefe Wasser“ wagt, wird ertrinken! Haltung, Pflege, Fütterung und Zucht der zahlreichen Tiere überfordern jeden Anfänger, vom Anbau der zahlreichen Gemüse und dem Obst ganz zu schweigen.
In der ersten Phase der Übergangszeit wird man die Voraussetzungen sondieren: ist ein Landleben überhaupt mit dem Beruf des Vaters und dem Schulbesuch der Kinder vereinbar? Wieviel Geld steht zur Verfügung, wie hoch dürfen die monatlichen Belastungen sein? Auf welche lieb gewordenen Gewohnheiten oder Hobbies wird man künftig verzichten müssen? Gleichzeitig wird man bemüht sein, alle erreichbare Literatur systematisch durchzuarbeiten, um das theoretische Rüstzeug zu erwerben.
Während man sich in der zweiten Phase mit der Suche nach einem geeigneten Resthof oder einem entsprechenden Grundstück mit Baugenehmigung viel Zeit läßt, sollte man versuchen, möglichst die theoretischen Kenntnisse in der Praxis zu vertiefen. Man kann einen Kleingar-

ten bewirtschaften, Selbstversorger-Betriebe besuchen und dort seine kostenlose Hilfe anbieten, nach Anleitung die Herstellung von Butter und Käse ausprobieren, und was der schönen Dinge noch mehr sind. Oft enden in dieser zweiten Phase schon hochfliegende Selbstversorger-Pläne, denn es stellt sich heraus, daß die schönen Stunden eines Selbstversorger-Daseins wohl in manchen Büchern oder in der eigenen Phantasie in leuchtenden Farben gemalt sind, die Schwierigkeiten und Mühen aber bei weitem unterschätzt werden. Selbstversorgung ist, konsequent durchgeführt, nichts für wirklichkeitsfremde Träumer und unschuldige Idealisten, sondern bedeutet tatkräftige Arbeit für die ganze Familie. Überlegen Sie bitte einmal, daß vor Beginn des Maschinenzeitalters auf Kleinbauernhöfen oder Kätnerstellen kaum mehr als der Eigenbedarf erzeugt wurde, damit aber die gesamte Familie vom Morgengrauen bis in die Nacht hinein beschäftigt war! Dabei half bei schwerer Muskelarbeit meist noch ein Pferd, oder die Kuh wurde eingespannt. Heute haben wir es wohl in vielfacher Hinsicht einfacher, aber am Prinzip hat sich nur wenig geändert. Wer ohne Kunstdünger, ohne Herbizide oder Insektizide, vielleicht sogar unter Verzicht auf arbeitserleichternde Maschinen alle benötigten Nahrungsmittel selbst erzeugen will, muß dafür mehr arbeiten als bei einer spezialisierten beruflichen Tätigkeit. Die überaus vielseitige Arbeit eines Voll-Selbstversorgers ist unbestritten in unserem so überaus rationalisierten und spezialisierten Zeitalter ein Anachronismus, wenn mit dem heute so üblichen Maßstab „viel Geld für wenig Arbeit“ gemessen wird.
Einige Bücher gaukeln uns nicht nur eine heile Welt der Selbstversorgung vor und verschweigen uns, daß es ein ungetrübtes Paradies auf Erden nicht gibt, sondern geben leider auch praktische Anweisungen, die zum Fiasko führen müssen. In einem weit verbreiteten, sehr ansprechend aufgemachten Buch, das aus dem Englischen übersetzt wurde, wird der Anbau tropischer Vegetabilien wie Reis oder Sojabohnen ausführlich geschildert, obwohl sie bei uns nicht gedeihen können, oder es wird Winterhafer propagiert. Vor dem Anbau von Reis und dergleichen wird ein angehender Selbstversorger ja vielleicht noch zurückschrecken, aber wer Hafer anbauen will, muß einfach wissen, daß bei uns nur Sommerhafer gedeiht, Winterhafer hingegen nicht gedeihen kann!
Zurück zur Übergangszeit angehender Selbstversorger und damit zur Phase 3, in der die praktische Verwirklichung des Selbstversorger-Projekts beginnt. Ein Resthof oder ein anderes Grundstück wird gekauft bzw. bebaut, einige Gemüse- und Obstsorten werden angebaut, eventuell auch schon die ersten Tiere gehalten. Das Heil liegt zunächst in

der Selbstbeschränkung, besser: in der Konzentration auf wenige Arten oder Sorten. Erst wenn man diese beherrscht, kann man den Kreis erweitern und mehr Land bearbeiten bzw. mehr Sorten anbauen. Neben einigen Gemüsen und Salaten, eventuell auch Erdbeeren, sollten zunächst vor allem Kartoffeln angebaut werden. Nicht nur, weil sie nahrhaft, ertragreich und längere Zeit lagerbar sind, sondern auch und vor allem wegen ihrer bodenverbessernden Wirkung als Vorfrucht für zahlreiche anspruchsvollere Vegetabilien. Auch in der Tierhaltung wird man mit einer, höchstens zwei Arten beginnen, also etwa Milchschafe und Hühner halten. Keinesfalls soll man den zweiten Schritt vor dem ersten tun, sondern muß Schritt für Schritt vorangehen, um erst allmählich und mit wachsender Erfahrung zur Voll-Selbstversorgung zu gelangen. Diese dritte Phase dauert auf jeden Fall einige Jahre, manche Selbstversorger meinen sogar, sie würde nie enden . . .

In der vierten Phase schließlich sind wir am Ziel angelangt und Voll-Selbstversorger. Wir bauen jetzt alles benötigte Obst und Gemüse, alle Futterpflanzen selbst an; wir halten zahlreiche Tiere, wie Milchschafe oder Ziegen, Hühner, Gänse, Kaninchen, Schweine, Bienen, Tauben, Enten, eventuell auch eine Kuh oder gar ein Pony.

Wer eine solche Form der Voll-Selbstversorgung anstrebt, muß sich von der heute üblichen Hektik befreien und darf es nicht eilig haben, sein Ziel zu verwirklichen. „Für Eile haben wir keine Zeit", wie es so schön heißt. Wenn ein junges Paar sich z. B. zur Voll-Selbstversorgung entschließt und kein Startkapital oder ein geeignetes Gelände vorhanden ist, insbesondere aber auch bei beiden keine gründliche Erfahrung vorliegt, hat es mehr oder weniger einen Zehnjahres-Plan vor sich! Zunächst muß etwas Kapital zusammengebracht werden, um einen Hof zu kaufen, zu bauen oder notfalls zu pachten. Irgendwann werden auch Kinder geboren und wachsen heran; erst wenn sie im schulpflichtigen Alter sind, gelangen ihre Eltern allmählich zur vierten Phase und sind wirkliche Voll-Selbstversorger, die nun die Hilfe ihrer Kinder recht gut gebrauchen können.

Verstehen Sie jetzt, warum gleich im ersten Absatz dieses Kapitels von einem weiten und schweren Weg bei der konsequenten Verwirklichung einer Selbstversorgung die Rede war, warum nur wenige potentielle Selbstversorger durchhalten, den Weg bis zum Ende gehen und schließlich ihr Ziel erreichen? Vielleicht gehören Sie zu diesen wenigen?

5. Jeder kann zum Selbstversorger werden

Angesichts der Schwierigkeiten, die mit einer Verwirklichung der im letzten Kapitel beschriebenen *Voll-Selbstversorgung* verbunden sind, werden viele Leser dieses Buches vielleicht die Flinte ins Korn werfen und den Gedanken an eine Selbstversorgung fallen lassen. Das aber wäre falsch, denn Selbstversorger kann buchstäblich jeder werden. Die Voll-Selbstversorgung ist gewissermaßen der theoretische Idealfall, und wie alle Ideale ist sie in dieser konsequenten Form sehr selten. Allzu viele Voraussetzungen müssen zusammenkommen, um eine Voll-Selbstversorgung überhaupt erst einmal zu ermöglichen, ganz zu schweigen davon, daß nicht jeder potentielle Selbstversorger bereit ist, auf freie Zeit für andere Dinge weitgehend zu verzichten.
Eine Ernährung durch Selbstversorgung muß nicht unbedingt zum Hobby werden. Sie ist viel mehr, nämlich Ausdruck einer besonderen Lebenseinstellung, und sie ist von entsprechend großer Bedeutung für uns. Nicht alle Dinge aber, die wichtig, bedeutungsvoll oder gar notwendig sind, betreiben wir auch gern. Konsequente Selbstversorgung bedingt eine gewisse Ausschließlichkeit, die für (andere) Hobbies wenig Raum läßt. Insbesondere die feste Bindung an Haus und Hof, ohne die Möglichkeit, einmal für einen oder gar mehrere Tage zu verreisen, scheint vielen Menschen unzumutbar, die ansonsten der Selbstversorgung durchaus aufgeschlossen gegenüberstehen, sich ihr aber nicht gleich mit Haut und Haaren verschreiben wollen.
In aller Regel wird der Grad der Selbstversorgung deshalb in der Praxis wesentlich geringer sein als bei der Voll-Selbstversorgung mit (nahezu) 100 Prozent. Das andere Extrem wird wohl jene bereits erwähnte Tomatenpflanze auf der Fensterbank sein, die dort eine Doppelfunktion als Zier- und Nutzpflanze erfüllt. Natürlich dienen die Tomaten unserer Ernährung und sind selbst erzeugt, sodaß man durchaus von einer „Er-

nährung durch Selbstversorgung" sprechen kann (auch wenn zugegeben sei, daß das schon eine sehr mutige Bezeichnung ist angesichts des extrem niedrigen Selbstversorgungs-Grades).
Die Einschränkung der Selbstversorgung wird so gut wie immer mit einem Verzicht auf die Tierhaltung beginnen, und das gewiß nicht grundlos. Wer Vegetarier ist, kann ohnehin mit den Produkten der Tierhaltung wenig anfangen, aber Vegetarier ist nur eine Minderheit. Viel häufiger wird aus einem der folgenden Gründe darauf verzichtet:

- in reinen Wohngegenden ist Tierhaltung verboten
- sind die Eltern berufstätig und die Kinder noch klein, ist Tierhaltung zumindest schwierig, oft unmöglich
- oft fehlt ein Stall und ein Lagerraum für das Futter
- ohne Tiere kann man schon einmal für ein paar Tage verreisen
- die Erzeugung tierischer Nahrung ist im Vergleich zu pflanzlicher Nahrung sehr unwirtschaftlich
- die Anbaufläche ist nicht groß genug, um auch noch eine Tierhaltung zu ermöglichen
- viele Menschen, insbesondere aus der Stadt, empfinden Abscheu vor der Arbeit mit Mist und Jauche oder können kein Tier schlachten oder essen, das sie vorher aufgezogen haben.

An Gründen, die gegen eine Tierhaltung sprechen, fehlt es also nicht. Wer auf die Tierhaltung und damit auf die Selbstversorgung mit Nahrungsmitteln tierischen Ursprungs verzichtet, ohne Vegetarier zu sein, aber fast ausnahmslos alle Nahrungsmittel pflanzlichen Ursprungs selbst erzeugt, betreibt eine *„ausgeprägte Selbstversorgung"*, wie wir sie einmal nennen wollen. Meistens wird bei dieser Form der Selbstversorgung auch die pflanzliche Komponente vergrößert und der Anteil der tierischen Nahrungsmittel (die ja gekauft werden müssen) gegenüber dem statistischen Durchschnitt verringert. Über die benötigte Anbaufläche gibt die Tabelle auf Seite 34 einen Anhalt. Danach liegt der Flächenbedarf bei 1200 Quadratmetern für die vierköpfige Familie oder bei 300 Quadratmetern für eine Person.
Der Vollständigkeit halber sei festgestellt, daß es zwischen der üblichen Voll-Selbstversorgung und der ausgeprägten Selbstversorgung noch eine Sonderform gibt, die gleichzeitig einen Kompromiß zwischen der vegetarischen und der „normalen" Ernährung bildet: die bereits erwähnte lacto-vegetabile Ernährungsweise. Die Anhänger der lactovegetabilen Ernährung akzeptieren neben pflanzlicher Kost lediglich noch Milch und Molkereiprodukte; als Selbstversorger würden sie demnach Kuh, Ziege oder Milchschaf halten. Das sind allerdings auch diejenigen Haustiere, die mit Abstand die meiste Arbeit machen, da sie

täglich am frühen Morgen und am Abend gemolken werden müssen, von der Fütterung, dem Misten und anderen Arbeiten ganz zu schweigen. Die zusätzliche Arbeit durch weitere Tiere ist vergleichsweise gering, sodaß man nur dann darauf verzichten wird, wenn die Anbaufläche für Futter zu klein ist oder man eben als Anhänger der lacto-vegetabilen Ernährung keine anderen tierischen Produkte ißt.
Zurück zur ausgeprägten Selbstversorgung. Eine Anbaufläche von 1200 Quadratmeter für unsere vierköpfige Selbstversorger-Familie ist schon recht beachtlich. Es ist nicht leicht, eine solche Anbaufläche überhaupt zu bekommen. Sie beansprucht überdies so viel Arbeitszeit, daß sie möglichst am Hause oder dicht dabei liegen sollte, damit die Anfahrt entfällt und Mutter oder Kinder jederzeit rasch zwischen anderen Arbeiten etwas im Garten tun können.
Wer auch diese ausgeprägte Selbstversorgung nicht praktizieren kann oder will, findet vielleicht in der *„weitgehenden Selbstversorgung"* die ihm zusagende Form. Dabei erzeugt man praktisch alles Gemüse und alles Beerenobst selbst und verzichtet auf den Anbau von Brotgetreide, Kern- und Steinobst sowie von Kartoffeln. Das bedeutet eine wesentliche Verringerung der Arbeitszeit, vor allem aber der Anbaufläche.
Von den 1200 Quadratmetern Anbaufläche für die vierköpfige Familie gemäß der Tabelle auf Seite 34 entfallen 550 Quadratmeter auf Getreide, 100 Quadratmeter auf Kartoffeln und etwa 265 Quadratmeter (zwei Drittel von 400 Quadratmetern) auf Kern- und Steinobst. Was bleibt, ist der Flächenbedarf für die weitgehende Selbstversorgung, also 280 Quadratmeter*) für vier Personen. Das ist etwa jene Fläche, die bei der ausgeprägten Selbstversorgung der Badarfsdeckung einer einzigen Person dient! Nicht ganz so drastisch, aber doch erheblich ist die Verringerung der Arbeitszeit.
Die weitgehende Selbstversorgung kann vom Flächenbedarf und vom Arbeitsaufwand her auch von Mietern einer Stadtwohnung in einem mittleren Schrebergarten am Stadtrand praktiziert werden, zumal durch Intensivnutzung und besonders sorgfältige Pflege der Bodenfruchtbarkeit ein wesentlich höherer Flächenertrag erzielt werden kann, sodaß man mit einer kleineren Anbaufläche auszukommen vermag als den genannten 280 Quadratmetern*). Auf verschiedene Formen der Intensivnutzung wird noch eingegangen; an dieser Stelle sei lediglich erwähnt, daß es durchaus möglich ist, unter günstigen Umständen den gesamten Bedarf einer vierköpfigen Familie an Beerenobst, Rhabarber und Frischgemüse auf einer Anbaufläche von rund 200 Quadratmetern zu erzeugen!

*) Zuzügl. ca. 100 qm für Wege und Kompostflächen – siehe Kapitel 9

Natürlich handelt es sich bei diesem Anbau-Vorschlag nur um ein Beispiel; wer will, kann etwa auf das Beerenobst verzichten und statt dessen Kartoffeln anbauen, die einen weitaus höheren Flächenertrag bringen. Dafür sind sie aber im Vergleich zum Beerenobst so billig, daß diesem in unserem Beispiel der Vorzug gegeben wurde. Getreide ist gleichfalls relativ billig und hat ebenso wie Kern- und Steinobst einen hohen Flächenbedarf, oder – anders ausgedrückt – einen niedrigen Flächenertrag. Zudem ist die Getreidegewinnung nach unserer Väter Sitte, also mit Sense und Dreschflegel, außerordentlich mühsam, weniger ergiebig und witterungsabhängiger als die mechanisierte Ernte. Man sollte sich keinen Illusionen darüber hingeben, daß auch die weitgehende Selbstversorgung mit einem erheblichen Arbeitsaufwand verbunden ist, und wenn schon von der Voll-Selbstversorgung abgegangen wird, sollte man durchaus die einzusparende Arbeitszeit bei der Auswahl der anzubauenden Vegetabilien berücksichtigen. Selbstverständlich wird man bemüht sein, bei der vorgeschlagenen Form der weitgehenden Selbstversorgung Getreide, Kartoffeln und Kern- bzw. Steinobst aus biologisch unbedenklichem Anbau zu beziehen.

Wem die weitgehende Selbstversorgung noch zu viel ist, der wird sich wohl für die *„teilweise Selbstversorgung"* entscheiden. Hierbei sind noch viel mehr Varianten denkbar als bei der weitgehenden Selbstversorgung, wesentlich ist eigentlich nur der noch geringere Grad der Selbstversorgung. Wir wollen einmal annehmen, daß der weitgehend bedarfsdeckende Anbau von Beerenobst in den Vordergrund gestellt werden soll. Bei unserem Vier-Personen-Haushalt würden wir etwa 100 Quadratmeter für Johannisbeeren, Stachelbeeren, Brombeeren, Himbeeren und das Dauergemüse Rhabarber benötigen, also für Obst, das viele Jahre lang am gleichen Ort verbleibt. Für Erdbeeren genügen rund 25 Quadratmeter, aber Erdbeeren tragen nur zwei Jahre lang wirklich gut; sie beanspruchen den Boden derart stark, daß er rasch ausgelaugt ist und der Ertrag schlagartig zurückgeht. Mindestens fünf Jahre sollten vergehen, bevor Erdbeeren wieder an gleicher Stelle angebaut werden, damit der Boden ausreichend Zeit hat, sich zu erholen. Das bedeutet, daß wir für den Erdbeer-Anbau rund 100 Quadratmeter benötigen, von denen freilich jeweils nur 25 Quadratmeter gerade mit Erdbeeren bepflanzt sind, während sich 75 Quadratmeter regenerieren und mit anderen Vegetabilien bepflanzt werden können.

Auf den 75 Quadratmetern, die gerade nicht von den Erdbeeren beansprucht werden, kann praktisch das gesamte Frischgemüse angebaut werden, also die Salate, Möhren, Erbsen, Radieschen, usw. Gekauft werden muß demnach gegenüber der weitgehenden Selbstversor-

gung neben Getreide, Kartoffeln und Kern- bzw. Steinobst auch noch das Lager- und Wintergemüse, nämlich Bohnen, Kohl, Zwiebeln, Lauch usw.
Die Überschneidungen zwischen der weitgehenden und der teilweisen Selbstversorgung sind groß, die Unterschiede verwischen sich.
Das gilt offensichtlich auch für den Flächenbedarf. Wie bereits erwähnt, ist eine weitgehende Selbstversorgung unter besonders günstigen Umständen und bei Intensivnutzung schon für unsere vierköpfige Familie auf jenen 200 Quadratmetern möglich, die wir bei unserem Beispiel der teilweisen Selbstversorgung unter durchschnittlichen Verhältnissen zugrunde gelegt haben. Wer geringere Ansprüche an die Vielseitigkeit seiner Ernährung stellt und vorwiegend Vegetabilien mit hohem Flächenertrag anbaut, wie Kartoffeln, Rüben oder Weißkraut, erreicht mit wenig Anbaufläche einen hohen Selbstversorgungs-Grad.
Verallgemeinernd kann man annehmen, daß die weitgehende oder die teilweise Selbstversorgung in den meisten Fällen zu finden sein wird, oft auch in einer Zwischenform, während die ausgeprägte Selbstversorgung oder gar die Voll-Selbstversorgung verhältnismäßig seltene Ausnahmen bleiben.
Wenn man so will, kann man unterhalb der teilweisen Selbstversorgung noch eine *„geringe Selbstversorgung"* abgrenzen; denken Sie nur an die Tomatenpflanze auf der Fensterbank, das verschämt versteckte Gemüsebeet im Ziergarten, vielleicht auch an ein paar Kern- und Steinobst-Bäume im ansonsten grasbewachsenen Freizeitgarten. Der Möglichkeiten gibt es viele – immer dann, wenn man glaubt, noch nicht ernsthaft von einer „teilweisen" Selbstversorgung reden zu können, bietet sich die Bezeichnung „geringe Selbstversorgung" an, obwohl natürlich auch die geringe Selbstversorgung eine Teil-Selbstversorgung ist.
Was das „ernsthaft" anbelangt, so könnte man sogar noch weiter differenzieren nach der Ausnutzung der vorgegebenen Möglichkeiten. So ist ein Selbstversorger, der die Fensterbänke seiner Wohnung zur Produktion von Tomaten heranzieht, gewiß „ernsthafter" in seinen Bemühungen als sein Kollege, der das Glück hat, einen alten Obstgarten zu besitzen, ohne die damit verbundenen Möglichkeiten zur Selbstversorgung zu nutzen. Manche solcher Gartengrundstücke, von denen viele potentielle Selbstversorger nur träumen, dienen allenfalls als Freizeitgelände und werden ansonsten sich selbst überlassen.
Zur besseren Übersicht werden nachstehend die verschiedenen Formen der Selbstversorgung noch einmal in tabellarischer Form zusammengestellt, wobei daran erinnert wird, daß es sich um keine starre,

sondern um eine recht willkürliche Einteilung handelt und es zahlreiche Zwischenformen gibt.

	Voll-Selbstvers.	Lacto-veg. Selbstvers.	Ausgeprägte Selbstvers.	Weitgehende Selbstvers.	Teilw. Selbstvers.	Geringe Selbstvers.
Fleisch, Eier	●	–	–	–	–	–
Molkerei-Produkte	●	●	–	–	–	–
Brot-Getreide	●	●	●	–	–	–
Kartoffeln	●	●	●	–	–	–
Kern- und Steinobst	●	●	●	–	–	–
Winter- und Lager-Gemüse	●	●	●	●	–	–
Frisch-Gemüse	●	●	●	●	●	(●)
Beeren-Obst	●	●	●	●	●	(●)

Auch in der professionell betriebenen Landwirtschaft gibt es neben den eigentlichen Vollerwerbs-Betrieben Höfe, bei denen die Einnahmen aus der Landwirtschaft nicht die einzige Erwerbsquelle sind. Es wurde bereits erwähnt, daß die kostenintensive Mechanisierung und der Zwang zu rationellem Anbau viele der ehemaligen kleinen Familienbetriebe ihrer Existenzgrundlage beraubt haben. Früher, als noch die Muskelkraft von Mensch oder Tier ausreichen mußte und man nur wirtschaftseigene Dünger kannte, konnten auf einem solchen kleinen Hof nicht nur alle Nahrungsmittel für die Familie und vielleicht einen oder zwei Knechte oder Mägde – meist Verwandte – erzeugt werden, sondern es blieb auch aus dem Verkauf der landwirtschaftlichen Produkte genug Geld übrig, um einigermaßen angenehm leben zu können.
Theoretisch hat sich an diesem für Selbstversorger-Ideologen so erstrebenswerten Zustand wenig geändert; wohl sind die Preise für landwirtschaftliche Erzeugnisse als Folge der Mechanisierung und Rationalisierung und im Vergleich zu anderen Konsumartikeln stark zurückgegangen, aber noch immer kann auf einem solchen Hof alles erzeugt werden, was eine Familie zum Leben benötigt. Viel mehr allerdings auch nicht! Wenn dann noch Steuern, Versicherungen, Kommunalabgaben usw. berücksichtigt werden, bleibt kaum genug Geld übrig für gelegentlich nötigen Ersatzbedarf, von mancherlei uns allen selbst-

verständlich gewordenen Annehmlichkeiten des Lebens ganz zu schweigen.

Mittlerweile überwiegt die Zahl der landwirtschaftlichen Betriebe, die neben den Einnahmen aus der Landwirtschaft noch andere Erwerbsquellen haben, obwohl seit Ende des letzten Krieges rund die Hälfte der damaligen Vollerwerbs-Betriebe aufgegeben wurden! Der Konzentrationsprozeß ist noch immer nicht abgeschlossen, obwohl das Tempo zurückgeht.

Viele Kleinlandwirte konnten und können sich nicht dazu entschließen, ihren unrentablen Betrieb völlig aufzugeben und haben sich zunächst bemüht, eine zusätzliche Erwerbsquelle zu finden, etwa als Waldarbeiter im arbeitsarmen Winter. Wenn die Landwirtschaft weiterhin die Haupt-Einnahmequelle ist, spricht man von Zuerwerbs-Betrieben und faßt diese gemeinsam mit den echten Vollerwerbs-Betrieben zu den Haupterwerbs-Betrieben zusammen.

Wenn der Zuerwerb nicht mehr genügt, oder wenn die Doppelbelastung eines intensiv bewirtschafteten Betriebes und einer anderen Tätigkeit zu groß wird, weil vielleicht erwachsen gewordene Kinder den Hof verlassen, bietet sich der Übergang zu einem Nebenerwerbs-Betrieb an. Dabei stammt die Haupt-Einnahmequelle von einer nicht landwirtschaftlichen Tätigkeit; die Landwirtschaft ist eben nur noch ein Nebenerwerb. Insbesondere die sehr arbeitsintensive Viehhaltung wird meist spätestens beim Übergang vom Zuerwerbs- zum Nebenerwerbs-Betrieb aufgegeben.

Die Hoferben der Nebenerwerbs-Landwirte ergreifen natürlich einen anderen Beruf, und vielen wird irgendwann einmal die doppelte Arbeit zu viel. Wenn die Kollegen Feierabend haben oder sich auf ein arbeitsfreies Wochenende freuen, ist die Landwirtschaft zu versorgen, an Urlaub ist kaum zu denken, und viele Ehefrauen weigern sich strikt, derartige Unannehmlichkeiten auf sich zu nehmen. Kurzerhand wird dann der Nebenerwerbs-Betrieb, der viele Generationen ernährt hat, aufgegeben. Das Land wird verkauft oder verpachtet – an andere Landwirte, die durch eine solche Betriebsvergrößerung existenzfähig bleiben; oft wird auch gleich noch der Resthof verkauft und eine bequeme, pflegeleichte Stadtwohnung bezogen.

Nun wollen wir uns in diesem Buch ja nicht mit den Problemen der professionellen Landwirte befassen, sondern mit der Ernährung durch Selbstversorgung. Es sollte uns allerdings zu denken geben, daß viele Erben kleiner landwirtschaftlicher Betriebe ein bequemes Leben in der Stadt vorziehen, obwohl sie durch die vorhandenen Gebäude, das

Land und die einschlägigen Kenntnisse geradezu ideale Voraussetzungen für eine Voll-Selbstversorgung mitbringen.
Es ist eben eine Frage des Standpunktes, und dem Autor sind viele Landwirte persönlich bekannt, die leichtfertig, aber unwiderruflich ihren Betrieb aufgegeben haben und nach einigen Jahren in ihrem neuen Leben totunglücklich sind. Landwirte, die ihren Betrieb ganz nüchtern beurteilen und die Einnahmen dem investierten Kapital und der geleisteten Arbeitszeit gegenüberstellen, können sich der Erkenntnis nicht verschließen, daß eine bestimmte Mindest-Betriebsgröße für eine rationelle Bewirtschaftung unerläßlich ist. Vielleicht erzeugen sie sogar tatsächlich einen Teil ihrer Nahrungsmittel selbst, aber das ist im Zeitalter zunehmender Spezialisierung in der Landwirtschaft keineswegs sicher – es gibt Landwirte, die sämtliche benötigten Nahrungsmittel kaufen!
Damit ist auch schon der Unterschied zwischen einem Selbstversorger und einem Nebenerwerbs-Landwirt erklärt. Während es dem einen in erster Linie darum geht, seine Nahrungsmittel selbst zu erzeugen, interessiert den anderen vor allem ein möglichst hoher Verdienst aus der landwirtschaftlichen Arbeit. Erst in zweiter Linie interessiert es den Selbstversorger, ob er durch den Verkauf von Überschuß-Produkten etwas hinzuverdienen kann, und umgekehrt ist für den Nebenerwerbs-Landwirt meist die Eigenerzeugung von Nahrungsmitteln von untergeordneter Bedeutung.
Das soll nun keineswegs bedeuten, daß ein Nebenerwerbs-Landwirt der Ernährung durch Selbstversorgung gleichgültig gegenübersteht; meistens wird er sogar einen größeren Garten bewirtschaften und eine recht hohe Form der Selbstversorgung betreiben. Auch ist es keineswegs gesagt, daß ein Selbstversorger nicht versuchen darf, aus seiner Arbeit einen Nebenverdienst zu erwirtschaften – im Gegenteil.
Ernsthafte Selbstversorger müssen unter Umständen erhebliche finanzielle Einbußen in ihrem eigentlichen Beruf hinnehmen. Sie sind nicht mehr mobil, sondern, wie es so schön heißt, an die Scholle gebunden, können sich also nicht ohne weiteres Arbeitsmöglichkeiten mit dem höchstmöglichen Verdienst aussuchen. Ohnehin ist auf dem Land sowohl die Aufstiegschance in den meisten Berufen als auch der Verdienst oft geringer als in der Stadt; auf gut bezahlte Überstunden muß man verzichten, wenn es gilt, zuhause nach Feierabend einen Selbstversorger-Betrieb zu bewirtschaften. Es liegt also nahe, das zu versuchen, was bereits im letzten Kapitel kurz angeschnitten wurde, nämlich aus dem Selbstversorger-Betrieb über den Eigenbedarf hinaus einen Überschuß zu erwirtschaften, um die finanziellen Nachteile im

eigentlichen Beruf auszugleichen. Vielleicht ist es durch einen solchen Nebenverdienst überhaupt erst möglich, zum Selbstversorger zu werden.
Welche Möglichkeiten gibt es, um einen Nebenverdienst aus einem Selbstversorger-Betrieb zu erwirtschaften? In Anbetracht der begrenzten Fläche kommen natürlich vorwiegend solche Produkte in Frage, bei denen der flächenbezogene Verdienst hoch ist. Leider aber sind das meistens auch solche Produkte, die einen überdurchschnittlichen Arbeitseinsatz verlangen, und an Arbeitszeit fehlt es bei einem gleichzeitig ausgeübten Hauptberuf ja ohnehin.
Auch wenn man berücksichtigt, daß bei dem üblichen Verkauf „ab Hof“ für frisches, einwandfreies Obst oder Gemüse ein überdurchschnittlich hoher Preis zu erzielen ist und es auch keinen Zwischenhandel mit entsprechender Gewinnspanne gibt, bleiben die solcherart zu erzielenden Einnahmen gering.
Vielleicht besteht die Möglichkeit, Feriengäste aufzunehmen, wobei der Hinweis auf die nach biologischen Kriterien selbst erzeugten, einwandfreien Nahrungsmittel ein gewichtiges Argument sein mag. Die Betreuung von Feriengästen erfordert freilich viel Zeit, und es muß unbedingt vorher geklärt werden, ob die Gäste auch mit den Eigentümlichkeiten der Ernährung eines Selbstversorger-Haushalts einverstanden sind, also mit der überwiegenden Verwertung saisonal anfallender Produkte. Schließlich muß Platz vorhanden sein, und die Unterkunft muß den heutigen gehobenen Ansprüchen genügen. Die landwirtschaftlichen Beratungsstellen haben Informationsmaterial über die Voraussetzungen für „Ferien auf dem Bauernhof“ zusammengetragen, das alle erdenklichen Fragen erschöpfend beantwortet. Die Betreuung von Feriengästen mag finanziell interessant sein, dürfte aber bei den meist begrenzten Zeit- und Platzverhältnissen eines Selbstversorger-Haushaltes die Ausnahme bleiben.
Tierhaltung ermöglicht einen höheren Verdienst als der Anbau von Vegetabilien, kostet aber, wie wir bereits wissen, auch viel mehr Zeit. Besonders teuer werden Tiere bezahlt, denen ein immaterieller Wert beigemessen wird, also vor allem Hunde oder Pferde. Pferde können unter Umständen auch bei der Arbeit helfen, benötigen aber viel Weide, einen Stall und tägliche Pflege. Falls diese Voraussetzungen gegeben sind und eine entsprechende Neigung hinzukommt, kann man mit der Pferdezucht erfolgreich sein.
Hunde können auch Wachhundeaufgaben übernehmen und uns dadurch nützlich sein. Die Zucht beliebter Rassehunde kann schon einen recht ordentlichen Nebenverdienst abwerfen, wenn man die Probleme

5.1 Ein Floratherm-Terrassen-Frühbeet ist hier mit Küchenkräutern bepflanzt – gewissermaßen ein erster Schritt zur Selbstversorgung.

5.2 Auch Gurken (hier Sandra F_1-Hybr.) können im Zimmer angebaut werden und wirken überdies recht dekorativ.

5.3 Von Ende Mai bis Anfang August kann dieser Pflücksalat (Slobolt Sperlings Salli) laufend aus dem Balkonkasten geerntet werden!

5.4 Eine eigens für den Anbau im Balkonkasten gezüchtete Tomate (Tini Tim Sperlings Mini).

5.5 Diese Balkontomaten (Lav Busk Sperlings Liebchen) werden in Töpfen gezogen, die bei Frostgefahr jederzeit rasch geborgen werden können.

5.6 Dieser Balkon wurde in einen richtigen kleinen Nutzgarten verwandelt. Außer den bereits genannten Sorten gedeihen hier sogar Paprika (Sperlings Merit).

6.1 Ein abschreckendes Beispiel: so sieht unbelebter, verkrusteter Boden aus; der nicht bedeckt wurde.

6.2 Im Erwerbsanbau wird auch Gemüse in öder Monokultur gezogen und durch Kunstdünger und chemische Schädlings-Bekämpfungsmittel ein leichter und hoher Ertrag erzwungen.

6.3 Frischkompost eignet sich sehr gut zum Mulchen und hat einen hohen Nährstoff-Gehalt.

Bilder rechte Seite (v. l. n. r. und o. n. u.)

6.4 Senf wird abgehackt und dient durch seine organische Masse als Gründüngung, nachdem er den Boden beschattet und die Gare verbessert hat.

6.5 Senf wächst rasch und lockert den Boden.

6.6 Stickstoffsammelnde Knöllchen-Bakterien an den Wurzeln von Leguminosen, hier der Ackerbohne.

6.7 Zahlreiche Regenwürmer bieten die beste Gewähr für einen fruchtbaren, gesunden Boden.

6.8 Tiefgründig humoser Boden nach mehrjähriger Abdeckung mit organischem Material, und . . .

6.9 . . . der gleiche Boden ohne diese Abdeckung nach Regen und anschließender Hitze.

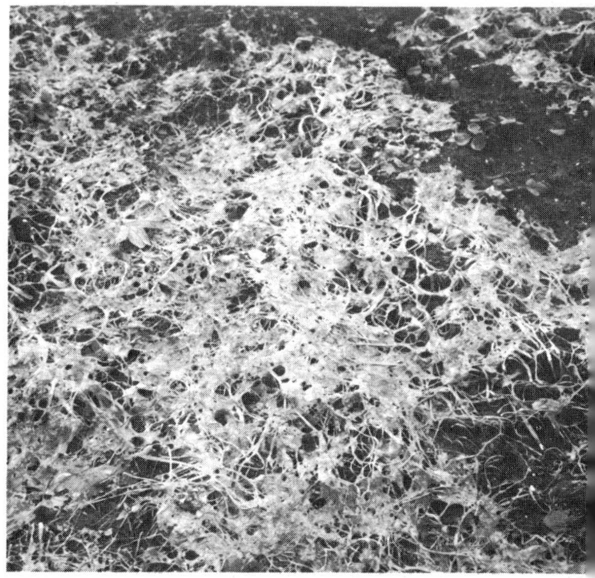

ATTRAKTION

7.1 Mit größeren Einachsschleppern kann selbst Grasland umgepflügt werden.

Bilder folgende Seite:

7.2–7.7 Umbruchslose Bodenbearbeitung im Herbst. Zwischen das erst im Winter zu erntende Gemüse, wie Rotkraut und Lauch, wird eine Gründüngung – hier Senf – gesät, der bei Frost, wie auf dem mittleren Foto rechts zu sehen ist, abfriert. Die beiden unteren Fotos zeigen, wie bei leicht gefrorenem Boden Saatrillen gezogen und bereits jetzt alle Gemüse gesät werden, die früh geerntet werden sollen.

6.10 So üppig wächst Gründüngung – entsprechend groß ist die in den Boden gelangende Grünmasse (Sperli Grünhumus).

6.11 Ein Komposthäcksler zerkleinert alle organischen Abfälle, so daß sie rascher verrotten können.

6.12 Ein Kompostsilo (System Mücke) spart nicht nur Platz, sondern beschleunigt auch den Rottevorgang.

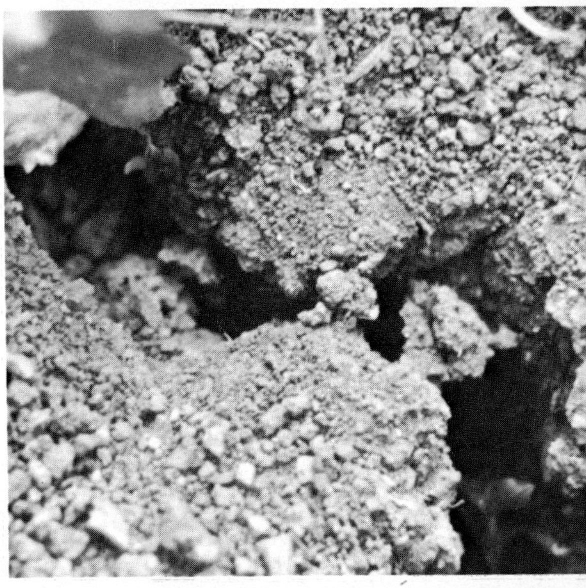

der Futterbeschaffung, der Unterbringung und des Verkaufs gelöst hat und die eigene Arbeitszeit nicht rechnet. Auf jeden Fall sollte man bemüht sein, das Ziel nicht in der Quantität, sondern in der Qualität zu suchen. Tiere, die für ein Leben in enger Gemeinschaft mit dem Menschen gezüchtet werden, erfordern nun einmal eine größere Hinwendung und Mühe als reine Nutztiere, wenn sie ihre späteren Käufer nicht enttäuschen sollen.

Überdurchschnittliche Preise kann man auch für Nutztiere erzielen, die wegen ihrer hohen Qualität als Zuchttiere Verwendung finden. Allerdings sind auch die Anforderungen an hoch bezahlte Zuchttiere entsprechend groß.

Hervorragend geeignet für einen Nebenerwerb sind Bienen. Früher war die Imkerei weit verbreitet, heute aber ist sie so stark zurückgegangen, daß es in manchen Gegenden schon Probleme mit der Befruchtung im Obstanbau gibt. Der große Vorteil der Bienen liegt darin, daß sie wenig Platz und Zeit beanspruchen, und an beiden fehlt es ja in den meisten Selbstversorger-Haushalten. Man rechnet mit einer durchschnittlichen Arbeitszeit von etwa sechs Stunden im Jahr pro Volk und mit rund 15 Pfund Honig, meistens werden zwischen drei und 15 Völker gehalten. Allerdings verlangt die Bienenhaltung einige Kenntnisse, die im Rahmen dieses Buches nur andeutungsweise vermittelt werden können.

Wo ein Wille ist, ist auch ein Weg. Jeder kann zum Selbstversorger werden, wenn er entschlossen handelt, um sein Ziel zu verwirklichen. Es mag sein, daß man – freiwillig oder unter dem Zwang der Umstände – sich mit einer bescheidenen Form der Selbstversorgung begnügt, und es ist unbestritten, daß man sich den Luxus der durch die Selbstversorgung erlangten Unabhängigkeit durch Mehrarbeit erkaufen muß, aber ein Weg wird sich immer finden lassen. Wer freilich glaubt, als weltfremder „Aussteiger" warten zu können, bis die gebratenen Tauben ihm in den Mund fliegen, wird schon irgend einen Grund finden, warum gerade in seinem Fall eine Selbstversorgung nicht verwirklicht werden kann. Wenn man meint, der Aufwand an Zeit und Arbeit sei einfach zu hoch, dann ist gegen diese subjektive Ansicht nichts einzuwenden. Man sollte aber dann nicht behaupten, sich zur Selbstversorgung zu bekennen und nur durch den Zwang der Umstände an der Verwirklichung verhindert zu sein.

6. Die Bodenfruchtbarkeit, ihre Erhaltung und Förderung

Es wurde bereits erwähnt, und es ist ja auch logisch, daß eine Pflanze, die sich innerhalb kurzer Zeit aus einem winzigen Samenkorn zu beachtlicher Größe entwickelt, dem Boden Nährstoffe entzieht. Verbleibt die Pflanze auf ihrem Standort, wird sie irgendwann einmal absterben, sodaß die in ihre gespeicherten Nährstoffe wieder in den Boden zurückfließen können. Auch wenn diese Darstellung in mancher Hinsicht stark vereinfacht, wird doch daran das Prinzip des natürlichen Kreislaufs verständlich.

Die Pflanzen stellen nicht alle einheitliche Ansprüche an den Boden. Selbst wenn man die Auswirkungen des Klimas unberücksichtigt läßt, hat jeder Standort einen ganz bestimmten Bewuchs, der dort seine optimalen artspezifischen Bedingungen findet. Auf rohem, praktisch humuslosem Boden siedeln sich zuerst besonders anspruchslose Kräuter an; sie sterben ab und verbessern mit der Zeit dadurch den Boden so weit, daß auch Pflanzen mit höheren Ansprüchen dort gedeihen, bis einschließlich ein stabiler Zustand des Gleichgewichts zwischen den vorhandenen Nährstoffen und dem natürlichen Pflanzenbewuchs entsteht.

Theoretisch kann das Gleichgewicht recht leicht erschüttert werden; schon ein Reh, das auf einer Waldwiese äst, seinen Kot aber in der angrenzenden Dickung absetzt, entzieht der Wiese Nährstoffe und düngt die Dickung. Da aber immer ein gewisser Ausgleich erfolgt, bleiben die standortspezifischen Wachstumsbedingungen relativ konstant, sofern der Mensch nicht eingreift. An bestimmten Stellen finden sich über Jahrzehnte hinweg seltene Pflanzen wie Frauenschuh oder Seidelbast, an anderen treten massenhaft Waldhimbeeren auf oder sie gelten als Standort beliebter Pilze.

Wir Menschen greifen gleich in mehrfacher Hinsicht in dieses natürli-

che Gleichgewicht ein und stören es nachhaltig. In der Natur entwickelt sich stets eine Pflanzengemeinschaft, während wir vorwiegend Pflanzen in Monokultur anbauen. So dulden wir in unserem Zwiebelbeet keine Karotte, die sich dort zufällig angesiedelt hat, und im benachbarten Karottenbeet vernichten wir erbarmungslos eine verirrte Zwiebel, vom sogenannten „Unkraut“ ganz zu schweigen. Dabei ist ein sich wild ansiedelndes Unkraut genau das, was optimal den Bodenverhältnissen entspricht, und es wird meistens dort viel besser gedeihen als die von uns angebauten Nutzpflanzen.
Die Nutzpflanzen bauen wir an, um sie zu ernten. Damit aber verhindern wir, daß ihre Nährstoffe wieder in den Boden zurückfließen. Aus der Notwendigkeit heraus, diese Nährstoffe zu ersetzen, „düngen“ wir, führen also ortsfremde Nährstoffe zu. Dabei versuchen wir überdies, die natürlichen Bodenverhältnisse so zu beeinflussen, daß die Nutzpflanzen, die wir dort anbauen möchten, die geeigneten Lebensbedingungen finden. Dennoch sind die Ansprüche der meisten Pflanzen an den Boden derart, daß trotz aller wissenschaftlichen Erkenntnisse und gezielter Düngung bald eine Bodenmüdigkeit eintritt, wenn die gleiche Nutzpflanze mehrere Jahre hintereinander am gleichen Standort angebaut wird. Es gibt Pflanzen, die am gleichen Standort bereits im zweiten Jahr kümmern, und andere, die relativ selbstverträglich sind, also viele Jahre am gleichen Standort angebaut werden können. Zu diesen letzteren gehört der Mais. Warum das so interessant ist, soll an einem Beispiel gezeigt werden, das wie kaum ein anderes geeignet ist, die Bedeutung der Bodenfruchtbarkeit und ihrer Erhaltung, aber auch die Folgen der menschlichen Einwirkungen zu illustrieren.
Im nördlichen Teil von Südamerika lebte einst das Volk der Maya, das eine Hochkultur entwickelt hatte, die jener der alten Ägypter nicht nachstand. Der Kalender der Maya, durch Beobachtung des Sternenhimmels mit dem bloßen Auge entwickelt, ist der genaueste der Geschichte: die Länge des Jahres weicht erst in der fünften Stelle nach dem Komma von der absoluten Jahreslänge ab!
Dieses erstaunliche Volk baute gewaltige Städte, in denen die Priesterschaft und der Adel wohnte, während das gewöhnliche Volk im weiten Umkreis Ackerbau betrieb. Ähnlich wie in unserer abendländischen Kultur war auch bei den Maya die Grundlage der Ernährung Getreide, und zwar der dort heimische Mais. Leider aber war die geistige Elite der Maya völlig der Astronomie verfallen, die das gesamte Leben bestimmte; für die praktischen Notwendigkeiten des täglichen Lebens hatte sie wenig Sinn. Die Maya sind die einzige Hochkultur der Geschichte, die weder den Pflug noch die Düngung kannte!

Der Ackerbau der Maya war demzufolge bemerkenswert einfach: während des Sommers brannten sie ein Stück Urwald nieder. Dessen Asche war ein hervorragender Dünger für den Boden. Nach der Regenzeit wurden mit Stöcken Löcher in die Erde gebohrt und Maiskörner hineingeworfen – fertig! Das konnte dank der Selbstverträglichkeit von Mais viele Jahre lang bei stets nachlassenden Erträgen wiederholt werden, irgendwann einmal aber war der Boden völlig ausgelaugt und müde. Das war noch nicht weiter schlimm, denn man zog einfach zum nächsten Stück des Dschungels, das man niederbrannte und mehrere Jahre hindurch bestellen konnte. Im Verlauf der Jahrzehnte und Jahrhunderte aber entfernte man sich immer weiter von den gewaltigen Städten, von den Zentren der Kultur und der Religion.
Im 9. nachchristlichen Jahrhundert geschah dann etwas kaum Vorstellbares: das gesamte Volk der Maya verließ innerhalb weniger Jahre seine gewaltigen, in Jahrhunderten entstandenen Städte, wanderte 400 Kilometer weiter und begann dort, in unermüdlicher Arbeit neue Städte zu bauen! Und das alles, wohl gemerkt, weil man sich der Sternguckerei verschrieben hatte, weil man nichts von der Bodenfruchtbarkeit und ihrer Erhaltung wußte!
Unsere Ahnen waren da etwas weiter. Die alten Germanen nutzten ihre Äcker, bis deren Fruchtbarkeit nachließ, anschließend wurden sie wieder zu Wiesen und konnten sich erholen. Im Mittelalter kannte man bereits die Dreifelderwirtschaft: jeweils ein Drittel des Ackerlandes trug Sommer- und Wintergetreide, das letzte Drittel konnte sich als unbestelltes Brachland erholen. Später wurde diese Dreifelderwirtschaft modifiziert: statt der Brache wurden Klee oder Futterrüben angebaut, und der Fruchtwechsel wurde ab dem 16. Jahrhundert um die Kartoffel ergänzt, die wie der Mais (und der Tabak) aus Amerika kommt.
Schon recht früh erkannte man auch die Notwendigkeit, die dem Boden durch den Ackerbau entzogenen Nährstoffe zu ersetzen. Grundlage der Düngung war viele Jahrhunderte lang bis in die Gegenwart hinein der Mist, vor allem für Grünland auch die Jauche. Mist enthält nicht nur die vier Hauptnährstoffe Stickstoff, Phosphorsäure, Kali und Kalk, sondern verrottet auch zu wertvollem Dauerhumus. Natürlich setzt Mist eine Tierhaltung voraus; ohne die Erfindung der Kunstdünger wäre es vermutlich nie zu der heutigen Spezialisierung der Landwirtschaft und zu viehlosen Betrieben gekommen, weil der Mist für den Ackerbau einfach unentbehrlich war. Immerhin scheiden unsere Haustiere rund die Hälfte des aufgenommenen Futters wieder aus, sodaß es dem Boden zurückgegeben werden kann. Die drei wichtigen Hauptnährstoffe Stickstoff, Kali und Phosphor werden sogar fast

vollständig (zwischen 85 und 95 Prozent) wieder ausgeschieden. Das muß berücksichtigt werden, wenn man die Futterfläche für Nutzvieh in das Verhältnis zu den darauf erzeugten Nahrungsmitteln setzt.

Selbst wenn man bei einem reinen Grünland-Betrieb, also ausschließlicher Viehhaltung, sämtliche Pflanzen den Tiermagen passieren läßt und anschließend als Mist oder Jauche wieder dem Land zuführt, entsteht ein, wenn auch geringes, Defizit. Schließlich verbrauchen die Tiere Nährstoffe. Andererseits aber wird dieses Defizit zum Teil dadurch ausgeglichen, daß Pflanzen Stickstoff aus der Luft aufnehmen und bei ihrem Absterben dem Boden wieder zuführen; über jedem Quadratmeter Boden befinden sich in der Luft etwa 8000 Kilogramm Stickstoff! Viel größer ist das Defizit, das entsteht, wenn man Ackerbau betreibt. Deshalb mußte der überwiegende Teil des durch die Viehhaltung erzeugten Düngers für das Ackerland Verwendung finden, und dennoch reichten Mist und Jauche nicht entfernt aus, um alljährlich die gesamte Fläche zu düngen. Nun ist ja der Nährstoffbedarf der verschiedenen Pflanzen nicht nur qualitativ, sondern auch quantitativ sehr unterschiedlich. Pflanzen mit hohem Flächenertrag brauchen mehr Nährstoffe als andere mit geringerem Ertrag. Hackfrüchte wie Kartoffeln oder Rüben wurden (und werden) deshalb auf jenem Teil des Landes angebaut, der frisch mit Mist gedüngt war, weil sie stark zehren; anschließend folgen für zwei oder drei Jahre verschiedene Getreide, meist zuerst der anspruchsvollere Weizen, bevor das Land frisch mit Mist gedüngt wird und der Kreislauf erneut beginnt. Auf diese Weise wurde vor dem Kunstdünger-Zeitalter der verfügbare wirtschaftseigene Dünger gestreckt. Es ist also nicht so, daß Kunstdünger notwendigerweise höhere Erträge bringt, sondern die wirtschaftseigenen Dünger reichen lediglich nicht für eine optimale Versorgung des gesamten Landes aus.

Selbstversorger sind wohl weniger am Ackerbau als vielmehr am Gemüsebau interessiert. Hier gilt hinsichtlich der Düngung mit Mist das gleiche, aber statt des zu den Gräsern gehörenden Getreides werden nacheinander Gemüsesorten angebaut, die einen immer geringeren Nährstoffbedarf haben. Man spricht von Gemüsen der ersten, zweiten und dritten Tracht und meint damit die Reihenfolge des Anbaus nach dem Ausbringen von Stallmist, das traditionell im dreijährigen Turnus erfolgt. Das Drittel des Gartenlandes, das frisch mit Mist gedüngt ist, wird mit den Pflanzen bestellt, die den höchsten Nährstoffbedarf haben; das im Vorjahr gedüngte Drittel wird mit mittelstark zehrenden Pflanzen bebaut, und auf das letzte Drittel, das dann im nächsten Jahr erneut mit der Mistdüngung an der Reihe ist, kommen die anspruchslosesten Pflanzen.

Die häufigsten Gemüse werden folgendermaßen eingeteilt:

- *erste Tracht* (hoher Nährstoffbedarf): Weißkohl, Rosenkohl, Rotkohl, Wirsing, Kohlrabi, Grünkohl, Blumenkohl, Tomaten, Spinat, fast alle Salate, Sellerie, Mangold, Gurken;
- *zweite Tracht* (mittlerer Nährstoffbedarf): Möhren, Karotten, Rote Beete, Rettich, Radieschen, Schwarzwurzeln, Zwiebeln, Lauch, Knoblauch, Schalotten, Schnittlauch, Feldsalat. Im Gartenbau gehören auch die Kartoffeln in diese Gruppe, sollen aber gesondert betrachtet werden;
- *dritte Tracht* (geringer Nährstoffbedarf): Erbsen, Stangenbohnen, Buschbohnen, evtl. andere Leguminosen.

Natürlich wäre es ein sehr glücklicher Zufall, wenn diese nach dem unterschiedlichen Nährstoffbedarf erfolgte Einteilung auch unseren eigenen Wünschen entsprechen würde. Tatsächlich ist eine Unterteilung bedarfsgerechter, bei der die Gemüse der zweiten und dritten Tracht zusammengefaßt werden, also nur eine Zweiteilung erfolgt und jede Hälfte alle zwei Jahre gedüngt wird. Auf diese Weise werden dann die Gemüse der ersten Tracht nicht nur auf einem Drittel, sondern auf der Hälfte der Anbaufläche gezogen. Leider ist bei diesem Verfahren der Mistbedarf höher, und gerade an Mist wird es uns ja meistens fehlen.

Wer mit Mist düngt, sollte etwa alle vier Jahre Kalk ausbringen, weil der zu den Haupt-Nährstoffen zählende Kalk nicht in ausreichender Menge im Mist enthalten ist. Dabei ist allerdings darauf zu achten, daß Mist und Kalk sich schlecht vertragen, man also nicht das frisch mit Mist gedüngte Land kalken sollte. Unter den Gemüsen der ersten Tracht gibt es einige, die kalkempfindlich sind; Perfektionisten berücksichtigen auch noch eine gewisse Kalkempfindlichkeit bei einigen Gemüsen der zweiten Tracht: Rote Beete, Zwiebeln, Möhren.

Mist ist nicht gleich Mist. Der heute mit Abstand am meisten anfallende Mist von Rind und Schwein enthält weniger Nährstoffe als jener von Pferd und Schaf, von Geflügelmist ganz zu schweigen, wie aus der nachstehenden Tabelle zu entnehmen ist. Leider gibt diese Tabelle nur bedingt Aufschluß über die unterschiedliche Wirkung der verschiedenen Mistarten. Obwohl beispielsweise Schafmist gegenüber Pferdemist garnicht so überlegen zu sein scheint, erfolgt doch die Umwandlung seiner Stickstoff-Komponente in Salpeter langsamer und gleichmäßiger, und nur in dieser Form (Nitrat) kann er von den Pflanzen aufgenommen werden. Der gleichmäßige Nährstoff-Fluß bewirkt, daß mit

Schafmist gedüngte Kartoffeln gegenüber Pferdemist den doppelten Ertrag bringen können!

	Stickstoff	Phosphorsäure	Kali	Kalk
Rind	4,4	1,6	5,0	4,5
Schwein	4,5	2,0	6,0	0,8
Pferd	6,0	2,8	5,3	2,5
Schaf	8,0	2,3	6,7	3,3
Huhn	17,0	16,0	9,0	20,0

Angegeben ist der Anteil der jeweiligen Nährstoffe in Kilogramm pro Tonne. Der Mist von Rind und Schwein wird als „kalter" Mist, jener von Pferd, Schaf und Huhn als „hitziger" Mist bezeichnet.
Mist ist nicht nur reich an Nährstoffen, sondern wirkt sich im Gegensatz zu Mineraldüngern durch seine organische Substanz auch sehr positiv auf die Humusstruktur des Bodens und damit auf das Bodenleben aus. Hitziger Mist eignet sich besonders für schwere, kalte Böden, während sich Rinder- und Schweinemist vor allem zur Verbesserung leichter Böden empfiehlt, sofern man eine solche Differenzierung treffen muß.
Wieviel Mist sollte man ausbringen? Etwa 2–3 kg pro Quadratmeter alle zwei Jahre sollten genügen, um hohe Erträge zu ermöglichen. Durch Ergänzung mit Kompost und Gründüngung, auf die wir noch zurückkommen, ist eine wesentliche Einsparung möglich.
In der Landwirtschaft wird Mist üblicherweise im Spätsommer bzw. Herbst nach der Ernte ausgebracht und sofort untergepflügt. Schon in den ersten Tagen treten erhebliche Nährstoff-Verluste auf, wenn der Mist nicht sofort in die Erde eingebracht wird. Bei einer organisch-biologisch betriebenen Selbstversorger-Wirtschaft kann das Unterpflügen dennoch nicht uneingeschränkt empfohlen werden – warum, erfahren Sie im nächsten Kapitel. Das wohl zweckmäßigste Verfahren ist ein ganz flaches Einfräsen oder Einhacken im Spätherbst, wenn der aus dem letzten Winter stammende Mist auch bereits gut abgelagert ist.
Kompost spielt in der Selbstversorger-Wirtschaft eine überragende Rolle; seltsamerweise wußten unsere Altvorderen mit Kompost noch wenig anzufangen. Werden keine Tiere gehalten, ist Kompost neben der Gründüngung praktisch der einzige wirtschaftseigene Dünger. Eine ausschließliche Düngung mit Kompost ist nicht nur ausreichend, sondern bringt, wie mehrfach bewiesen wurde, auch hohe Erträge von gesundem, einwandfreiem Gemüse und Obst.
Kompost entsteht aus Zerfallsprodukten organischen Ursprungs, vor-

wiegend aus Pflanzen und deren Resten. Früher betrachtete man den Komposthaufen vor allem als Möglichkeit der Abfallverwertung, scheute seinen Gestank und die damit verbundene Arbeit und unterschätzte bei weitem die Düngewirkung von Kompost. Alljährlich wurde er zumindest einmal umgesetzt und vor der Verwendung nach durchschnittlich drei Jahren durch ein Sieb geworfen. Durch das Umsetzen wird Luft zugeführt und die Verteilung der verschiedenen Komponenten verbessert. Der feinkrümelige Kompost als Endprodukt war ein guter Dauerhumus, aber nicht mehr sonderlich reich an Nährstoffen.
Die Zusammensetzung von Kompost ist recht unterschiedlich; im Durchschnitt kann man von jeweils 5 kg/Tonne Stickstoff, Phosphor und Kali sowie 25 kg/Tonne Kalk ausgehen.
Dieses sehr mühsame und langwierige Verfahren hat wohl entscheidend dazu beigetragen, daß es der Kompost schwer hatte, sich durchzusetzen und ihm selbst heute noch nicht jene Bedeutung zuerkannt wird, die er verdient. Pioniere, wie der Engländer Sir Albert Howard als ehemaliger Leiter des Instituts für Pflanzenbau in Indore/Indien oder bei uns Prof. Alwin Seifert und andere, aber auch Hersteller von Kompostsilos und organischer „Starter" haben viel dazu beigetragen, daß der Kompost sich allmählich durchsetzt. Es ist ja eigentlich nur logisch, daß die natürlichen Zerfallsprodukte von Pflanzen in idealer Weise alle Substanzen und Wirkstoffe enthalten, die neue Pflanzen zu ihrem Wachstum benötigen, mehr noch, als wenn sie zuvor den Verdauungstrakt unserer Nutztiere passiert haben und zu Mist geworden sind. Mit Kompostgaben ersetzen wir die dem Boden durch die Ernte der Nutzpflanzen entzogenen Nährstoffe und „füttern" das Bodenleben (Edaphon). Das Füttern des Bodenlebens ist kennzeichnend für eine naturgemäße Düngung. Mit Mineraldüngern – leicht löslichen Nährsalzen – werden die Pflanzen direkt versorgt und erhalten die benötigten Hauptnährstoffe. Allerdings wurde bereits im Kapitel „Gesunde Ernährung" erwähnt, daß durch einen solchen einseitigen Eingriff das Gleichgewicht zwischen den verschiedenen Wirkstoffen und Kleinstlebewesen beeinträchtigt wird. Bei einer naturgemäßen Düngung geht man von der Annahme aus, daß Pflanzen optimale Lebensbedingungen finden, wenn auch die Struktur des Bodens optimal ist, und der Boden durch ein aktives, reiches Bodenleben optimiert wird. Alle von den Pflanzen benötigten Nährstoffe sind in einem solchen Boden verfügbar, müssen aber erst aufgeschlossen werden. Die Pflanzen bedienen sich ihren Bedürfnissen entsprechend, werden nicht einseitig überfüttert, wachsen gesund heran und sind widerstandsfähig gegen die weitaus meisten Krankheiten und Schädlinge. Die direkte Versorgung mit Kunst-

düngern hingegen macht die Pflanzen durch das einseitige Überangebot leicht aufnehmbarer Nährstoffe anfällig. Es ist über jeden vernünftigen Zweifel hinaus nachgewiesen, daß organisch versorgte Pflanzen schmackhafter und gesünder sind, den gleichen Ertrag erreichen können wie mit Kunstdüngern versorgte, und zudem resistenter gegen Krankheiten und Schädlinge aller Art sind. Die im Kapitel „Gesunde Ernährung" erwähnten Versuchsergebnisse der „Deutschen Bundesanstalt für Qualitätsforschung pflanzlicher Erzeugnisse" sind da ganz eindeutig.

Auch Mist, insbesondere frischer Mist, wirkt sehr heftig auf das Bodenleben ein und muß erst allmählich verarbeitet werden. Kompost hingegen ist eine wirklich bedarfsgerechte Form der Düngung, die ebenso sanft wie nachdrücklich den Boden verbessert, und zwar sofort. Einen Nachteil nur hat Kompost: man wird nie genug davon auf dem eigenen Grundstück erzeugen können!

Kompost richtig zu bereiten ist eine durchaus anspruchsvolle Aufgabe. Natürlich wird irgendwann einmal alles verrotten, wir aber möchten nicht nur diesen Vorgang beschleunigen, sondern auch möglichst hochwertigen Kompost erzeugen. Das Wort „Kompost" bedeutet etwa so viel wie „Zusammengesetzes"; es ist entscheidend, die organischen Abfälle möglichst bunt zu mischen, um eine gute Kompost-Komposition zu erreichen. Der deutsche Kompost-„Missionar" Prof. Seifert zitiert in diesem Zusammenhang den griechischen Philosophen Heraklit: „Die Natur vereinigt die Gegensätze zur Harmonie".

Der Verrottungsprozeß erfolgt vorwiegend durch luftliebende (aerobe) Mikroben. Sie gedeihen bei lockerer, abwechslungsreicher Schichtung am besten. Bei Luftabschluß infolge von zu dichter Lagerung entsteht statt der angestrebten Rotte eine Fäulnis durch luftfeindliche (anaerobe) Mikroben; übler Geruch deutet darauf hin, daß mit dem Kompost irgend etwas nicht stimmt. Fällt plötzlich zu viel von einem bestimmten Abfallprodukt an, etwa von Laub oder Grasabfällen, sollte man unbedingt versuchen, es durch eine Schicht anderen Materials aufzulockern.

Üblicherweise wird der Kompost in einem Haufen aufgesetzt, dessen Sohlenbreite ca. 1,50 Meter und dessen Höhe 1,00 Meter beträgt. Die Länge des Haufens richtet sich natürlich nach der Gartenfläche; oft ist es besser, an verschiedenen Stellen des Gartens mehrere Komposthaufen aufzusetzen, um längere Wege zu vermeiden. Bei ausschließlicher Düngung mit Kompost benötigt man nach Prof. Seifert für 100 Quadratmeter Gartenfläche einen ca. 3,00 bis 4,00 Meter langen Haufen. Hinzu kommt zumindest noch einmal die gleiche Fläche für das

Umsetzen. Das wären also rund 10 Prozent unseres Gartenlandes, das wir für die Kompostbereitung benötigen!
Platzsparender sind Kompostsilos, die es in unterschiedlichen Größen und aus verschiedenen Materialien gibt. Etwas suspekt scheinen die Kompostsilos aus Holz zu sein, denn wenn sie nicht zusammen mit dem Inhalt verrotten sollen, müssen sie mit einem Schutzmittel imprägniert werden; ein Schutzmittel aber, das Holz vor dem Verrotten schützt, müßte eigentlich auch schädlich für den Siloinhalt sein. In einem Kompostsilo läßt sich die Rotte besser kontrollieren und läuft auch rascher ab; unter günstigen Umständen kann man dreimal jährlich Rohkompost mit einem Silo erzeugen. Das ist keineswegs unwichtig, denn um die 1200 Quadratmeter, die wir zum Anbau von Obst und Gemüse für unsere vierköpfige Familie benötigen, mit Kompost zu versorgen, würden wir allein 120 Quadratmeter für die Kompostbereitung benötigen, wenn wir ihn zu Haufen aufsetzen und ein Jahr reifen lassen.
Mancherlei bei der Kompostbereitung ist umstritten. Während bei schwerem, undurchlässigem Boden wohl niemand Einwände gegen eine der besseren Drainage dienenden Reisigschicht unter dem Kompost erhebt, gibt es sehr unterschiedliche Meinungen darüber, ob bei durchlässigem Boden eine Lehmschicht oder gar eine Plastikfolie als Unterlage dienen soll. Eine Folie jedenfalls verhindert das Zu- und Abwandern von Regenwürmern, ebenso wie die Sickerbleche mancher Kompostsilos.
Verzichtet man auf den Kauf von Silos, die nicht ganz billig sind und oft nur eine begrenzte Lebensdauer haben, dann sollte der fertige Haufen auf jeden Fall abgedeckt werden. Empfohlen wird ein Erdmantel, aber auch Grasabfälle vom Rasenmäher oder sogar Schwarzfolie. Durch die Abdeckung wird der Rottevorgang beschleunigt.
Wesentlich für eine rasche Rotte ist neben einer abwechslungsreichen Zusammensetzung ein lockerer, luftiger Aufbau und eine möglichst starke Zerkleinerung des zu kompostierenden Materials. Die Belüftung kann man verbessern, indem man den Haufen um einige Pfähle herum aufbaut und diese dann später aus dem fertigen Haufen herauszieht, sodaß Luftschächte entstehen. Zur Zerkleinerung kann man notfalls einen Rasenmäher einsetzen, der flach ausgebreitete Pflanzenreste verarbeitet. Besser ist natürlich ein Komposthäcksler, Shredder, eine Hammermühle oder wie auch immer die dafür entwickelten Zerkleinerungsgeräte genannt werden. Man kann damit selbst Zweige und Kohlstrünke verarbeiten, nur bei schmierigem Material setzen sie sich leicht zu.
Über sinnvolle Kompostzusätze streiten sich die Gelehrten besonders

heftig. Empfohlen wird Kalk und Stickstoff; vor allem letzterer freilich ist als üblicher Handelsdünger bei organischer Düngung unerwünscht, ebenso wie Kalkstickstoff, der beide Komponenten enthält. Wird Holzasche (35% Kalk, 6% Kali, 2,5% Phosphorsäure) zugesetzt, sollte sich eigentlich auch die Kalkgabe erübrigen, allerdings ist bei Asche etwas Vorsicht geboten, damit der Kali-Gehalt nicht die Verrottung bremst. Auch der Stickstoff kann organisch zugeführt werden; darauf verzichten sollte man nicht, denn für eine gute Verrottung ist ein bestimmtes Verhältnis zwischen dem Kohlenstoff als Hauptbestandteil des zu kompostierenden Materials und dem Stickstoff wichtig. Als Grenzwert gilt ein Teil Stickstoff auf 30 Teile Kohlenstoff. Bei den meisten für eine Kompostierung geeigneten Abfällen liegt das Verhältnis günstiger, aber bei Laub, Stroh oder gar Sägemehl sind Zusätze von tierischen Abfallprodukten oder dergleichen mit hohem Stickstoffgehalt notwendig. Beliebt als Grundlage für die Bildung von Dauerhumus-Komplexen sind Zugaben von bestimmten Tonmineralen, insbesondere Montmorillonit oder Bentonit. Der beste „Starter" für einen neuen Komposthaufen sind einige Schaufeln alten, reifen Kompostes, der alle Rottebakterien bereits enthält.

Wie lange dauert die Verrottung? Einst setzte man durchscnittlich drei Jahre dafür an, wie wir bereits wissen. Heute geht das wesentlich schneller. Im Silo, richtig aufgebaut mit zerkleinertem, gut gemischtem Material, unter Zusatz eines „Starters" und bei einmaligem Umsetzen kann man im Sommer bereits nach sechs Wochen gebrauchsfertigen Rohkompost haben! Bei einem ähnlich aufgebauten Haufen aus zerkleinertem Material dauert das etwa drei Monate, unter Verzicht auf ein Umsetzen doppelt so lange. Wer keine groben Fehler macht, sodaß unter Luftabschluß Fäulnis oder Vertorfung einsetzt, sollte bei einmaligem Umsetzen eigentlich immer nach einem Jahr gebrauchsfertigen Rohkompost haben.

Rohkompost hat bereits eine einheitliche, dunkle Farbe, aber noch keine einheitliche Konsistenz. Er enthält viel Kohlendioxyd und Nährhumus, sollte aber nicht in den Boden eingearbeitet, sondern als Mulchdecke ausgebreitet werden. Heutzutage wird Rohkompost ebenso hoch bewertet wie reifer Kompost, auch wenn sich beide in ihrer Anwendung etwas unterscheiden.

Reifkompost hat eine einheitliche Krümelstruktur von gleichmäßiger Konsistenz. Er ist reich an Dauerhumus und kann auch zur Bodenverbesserung eingearbeitet werden. Reifkompost ist nicht unbegrenzt lagerbar, sondern wird allmählich in feine Komposterde umgewandelt.

Während Nährhumus dem Bodenleben als Nahrung dient, verbessert Dauerhumus die Bodenqualität nachhaltig.

Kompost fällt in ausreichender Menge auf dem eigenen Grundstück wohl nie an; für die 1200 Quadratmeter Gartenland unserer Musterfamilie würden wir rund 30 Kubikmeter Rohmaterial benötigen! Deswegen werden wir bestrebt sein, möglichst alles organische Material zu kompostieren. Mit Hilfe eines Beils, besser aber mit einer Häckselmaschine oder auch mit einem Rasenmäher werden Heckenabschnitte oder Zweige von Obststräuchern ebenso verarbeitet wie angefeuchtetes Papier. Papier eignet sich gut zur Kompostierung, insbesondere Zeitungspapier und Pappe. Das Kunstdruckpapier von Illustrierten enthält unerwünschte Chemikalien. Papier enthält praktisch keinen Stickstoff; wenn wir stickstoffhaltige Substanzen wie Mist oder Jauche einarbeiten, kann der Komposthaufen bis zu 50 Prozent Papier enthalten! Verschafft man sich dann noch Gartenabfälle und Zeitungen von den Nachbarn, kann man erstaunliche Kompostmengen erzeugen. Selbstverständlich gibt es in jeder Selbstversorger-Küche zumindest zwei Abfalleimer, bei Tierhaltung sogar drei. In den ersten kommen die für die Fütterung der Tiere brauchbaren Abfälle, in den zweiten alle anderen organischen Abfälle, die für eine Kompostierung geeignet sind, und in den dritten die „wirklichen“ Abfälle, wie Glas, Metall und Kunststoffe, die keiner Nutzung mehr zugeführt werden können. Da solche Dinge in einem Selbstversorger-Haushalt selten sind, fällt erstaunlich wenig echter Müll an.

Nutzt man konsequent alle Möglichkeiten, ist es bei einem kleinen Intensivbetrieb durchaus möglich, nur durch wirtschaftseigenen Dünger, also durch tierische Abfallprodukte, Kompost und Gründüngung, die Bodenfruchtbarkeit auf ein sehr hohes Niveau zu bringen, sie dort zu halten und höchste Erträge zu erzielen.

Bei der mehrfach erwähnten Gründüngung geht es darum, Pflanzen anzubauen, die nicht geerntet werden, sondern die man später wieder in den Boden einarbeitet. Durch Photosynthese (Ausnutzung des Lichtes zur Umwandlung von Kohlendioxyd in Kohlehydrate) und Assimilation (Bildung von Kohlehydraten aus Luft und Wasser) enthält eine Pflanze mehr Nährstoffe, als sie dem Boden entzogen hat. Auch die im Boden enthaltenen Nährstoffe müssen erst in mühsamer Arbeit von den Pflanzen aufgeschlossen werden; fließen sie nach dem Absterben der Pflanze in den Boden zurück, sind sie für andere Pflanzen leicht aufnehmbar. Bedenkt man nun noch den durch die Grünmasse anfallenden Humus, wird der Wert der Gründüngung verständlich.

GRÜNDÜNGUNGSPFLANZEN

1. Frühjahrs-Aussaat (ab Anfang März)

Sorte	Kulturdauer	Bemerkungen
Senf	3–5 Wochen	nicht zu oft, nicht vor Kohl
Spinat	4–6 Wochen	vor allem bei Mischkultur (s. Kapitel 11)

2. Herbst-Aussaaten (bis Anfang September)

2.1 nicht winterharte Pflanzen

Sorte	Kulturdauer	Bemerkungen
Wicke/Erbsen	mind. 8 Wochen	nicht vor anderen Leguminosen
Senf	3–5 Wochen	nicht zu oft, nicht vor Kohl
Ölrettich	mind. 6 Wochen	Wurzeltiefe bis 2 Meter, nicht vor Kohl

2.2 winterharte Pflanzen

Sorte	Kulturdauer	Bemerkungen
Landsb. Gemenge	überwintert	mögl. 3 Wochen vor Bestellung einarbeiten
Winterraps	überwintert	mögl. 3 Wochen vor Bestellung einarbeiten
Winterroggen	überwintert	Aussaat bis Mitte Oktober möglich

Nicht alle Pflanzen sind gleich gut als Gründüngung geeignet. Eine Sonderstellung nehmen die Leguminosen (Schmetterlingsblütler) ein: Wicken, Erbsen, Bohnen, Lupinen, Klee, Luzerne, Serradella usw.). Diese gehen nämlich mit stickstofferzeugenden Bakterien eine Symbiose ein; die Bakterien siedeln sich als Knöllchen an den Wurzeln an, und ihr Stickstoff trägt zur Versorgung der Pflanze bei. In der freien Natur sind Leguminosen ein Indiz für Stickstoffmangel. Düngt man eine stark kleehaltige Wiese mit Stickstoff, geschieht zweierlei: erstens nimmt die Zahl der Knöllchen an den Wurzeln ab, bis sie bei starker Stickstoffgabe schließlich völlig verschwinden; zweitens wird der Klee jetzt, nachdem er seinen Stickstoff-Vorsprung verloren hat, von den Gräsern unterdrückt und stirbt allmählich ab. Die Selbstversorgung der Leguminosen mit Stickstoff ist auch ein Grund, warum sie zu den anspruchslosen Gemüsen der dritten Tracht gehören.

Wenn die Leguminosen absterben, verbleibt der durch sie gebundene Stickstoff im Boden und kann von anderen Pflanzen aufgenommen werden. Die Angaben darüber, wieviel Reinstickstoff dadurch dem Boden zugeführt wird, schwanken zwischen 1 und 3 Kilogramm auf 100 Quadratmeter, was immerhin 5 bis 20 kg eines handelsüblichen Stickstoffdüngers entspricht (der Stickstoffanteil von Handelsdünger ist unterschiedlich). Überdies fallen ca. 40 kg/100 qm zersetzbare Humus-

Trockenmasse an, wobei es sich allerdings nicht wie bei Mist um Dauerhumus, sondern um rasch zersetzbaren Nährhumus handelt. Schließlich bleibt der Boden bedeckt, sodaß sich eine Schattengare bildet.
Der Wert der Gründüngung ist vor allem in viehlosen Selbstversorger-Betrieben außerordentlich hoch. Allerdings beansprucht die Gründüngung für einen Teil der Wachstumsperiode die Anbaufläche, was eine sorgfältige Planung und den Verzicht auf eine Nachkultur voraussetzt. Wird die Grünmasse verfüttert, verbleiben dennoch etwa 20 kg/100 qm Humus-Trockenmasse neben dem Stickstoff im Boden.
Außer bei schweren und kalten, wenig aktiven Lehmböden, wie sie bei Selbstversorgern eigentlich nicht vorkommen sollten, werden Gründüngungspflanzen am besten den Winter über auf dem Land gelassen und erst im zeitigen Frühjahr das, was davon übrig geblieben ist, möglichst flach eingearbeitet. Dadurch bleibt der Boden über den Winter bedeckt und geschützt und die Pflanzen sind im Frühjahr so mürbe, daß sie rasch verrotten. Jedenfalls dürfen die Gründüngungspflanzen nicht reif werden, der Frost muß vorher ihren Wachstumsprozeß unterbrechen, oder sie müssen niedergewalzt werden. Haben sie erst einmal Samen ausgebildet, sind in diesen viele Nährstoffe enthalten, und im nächsten Jahr tauchen in der Hauptkultur dann ständig die jetzt unerwünschten Gründüngungspflanzen auf.
Leguminosen werden am zweckmäßigsten in einem handelsüblichen Gemenge, nicht in Reinsaat, ausgebracht. Leguminosensamen ist verhältnismäßig teuer, was aber bei den kleinen Anbauflächen eines Selbstversorger-Betriebes keine große Rolle spielen dürfte. Jedenfalls sollten Leguminosen als Gründüngung möglichst noch im Juli/August gesät werden, spätestens in den ersten Septembertagen, da sie sich sonst nicht mehr ausreichend entwickeln können. Später können Senf, Raps, Roggen oder andere Pflanzen angebaut werden, die billiger sind, den Boden bedeckt halten und Grünmasse liefern, aber keinen Stickstoff sammeln, sondern diesen im Gegenteil verbrauchen. Jedenfalls ist auch eine solche Gründüngung viel besser, als den Boden unbedeckt zu lassen, sodaß er austrocknet oder verschlämmt.
Abschließend soll in diesem Kapitel etwas ausführlicher auf die vier Hauptnährstoffe und ihre Auswirkungen auf das Pflanzenwachstum eingegangen werden.

Stickstoff wirkt sich zunächst unmittelbar auf das Pflanzenwachstum aus. Er ist Hauptbestandteil des Eiweiß; bei reichlichem Stickstoff-Angebot ergibt sich ein üppiges Pflanzenwachstum. Insbesondere die blattreichen Pflanzen wie Kohl haben einen hohen Stickstoff-Bedarf. Zu hohe Stickstoffgaben freilich führen zu überhastetem Wachstum und damit zu einer Schwächung des Zellgerüstes, auch zu einer verminderten Resistenz gegen Krankheiten und Schädlinge. Stickstoff tritt in mehreren chemischen Verbindungen auf, manche müssen erst im Boden umgewandelt werden, da die Pflanzen ihn nur als Nitrat verarbeiten können. Stickstoffhaltiger Dünger wirkt sich sehr stark auf das Wachstum praktisch aller Pflanzen außer den Leguminosen aus. Stickstoffmangel zeigt sich vor allem in einer Verblassung der grünen Farbe der Pflanzen und in gehemmtem Wachstum; die unteren Blätter verwelken und fallen ab, die anderen recken sich steil nach oben.

Phosphorsäure ist erforderlich für den Aufbau des Chlorophylls (Blattgrün) und die verschiedenen Pflanzenzucker, für die Stärke und die Vitamine und für die Eiweiß-Verarbeitung. Im Getreidebau schätzt man Phosphor wegen seiner Auswirkungen auf den Eiweißgehalt, im Obstbau, weil er sich positiv auf die Fruchtbarkeit und die Entwicklung der Früchte auswirkt. Auch verbessert Phosphor bei Obst wie Gemüse die Haltbarkeit, den Nährstoffgehalt und den Geschmack.
Phosphormangel zeigt sich in einer verzögerten Entwicklung, in schwachen, zarten Pflanzen und verhältnismäßig langen Blattstielen.

Kali ist erforderlich, um jene Enzyme zu aktivieren, mit deren Hilfe erst die Photosynthese erfolgen kann. Außerdem wirkt sich Kali positiv aus auf die Zellulosebildung und damit auf festeren Halmwuchs, auf die Zuckerbildung und den Nährstoff-Transport innerhalb der Pflanze. Hackfrüchte und Leguminosen haben ein besonders hohes Kali-Bedürfnis.
Kali-Mangel tritt im Jugendstadium der Pflanzen eher positiv in Erscheinung, nämlich durch dunkelgrünes, üppiges Wachstum. Später dann verfärben, kräuseln und krümmen sich die Blätter, und vor allem bei den besonders kalibedürftigen Pflanzen tritt eine Entwicklungshemmung auf.

Kalk nimmt unter den Hauptnährstoffen eine Sonderstellung ein. Er ist nämlich nicht nur Nährstoff, sondern dient in erster Linie der Verbesserung der Bodenstruktur. Kalk verbessert sowohl schwere als auch leichte Böden; er beschleunigt die Aufschließung der im Boden enthaltenen anorganischen Nährstoffe durch die Pflanzen, sodaß bei zu starker und zu häufiger Kalkung der Boden stark ausgelaugt wird. Unsere Altvorderen wußten es: „Kalk macht reiche Väter, aber arme Söhne".

Fehlt Kalk, vertorft der Humus im Boden. Überdies vermögen die anderen Hauptnährstoffe sich nicht auf das Wachstum der Pflanzen auszuwirken. Kalk bringt stark sauren Boden in den erwünschten und für die meisten Pflanzen notwendigen neutralen Bereich um pH 6–7.
Außer den vier Haupt-Nährstoffen benötigen Pflanzen zahlreiche Spurenelemente in geringen Mengen, wie Magnesium, Kupfer, Eisen, Bor, Mangan, Molybdän, Zink. Ihr Fehlen führt zu Mangelerscheinungen. Es ist erwiesen, daß sie bei Anwendung von Kunstdüngern zurückgedrängt werden; sie müssen dann durch eine entsprechende Zusatzdüngung ersetzt werden.
Auch wer organisch-biologisch wirtschaftet, muß düngen!

7. Die Bodenbearbeitung – einst und heute

Sicherlich haben Sie bereits gemerkt, daß sich das Bekenntnis zu einer naturgemäßen Wirtschaftsweise wie ein roter Faden durch dieses Buch zieht. Oft sind die Methoden unserer Ahnen naturgemäßer – und damit letztendlich auch besser – als die von Rationalisierung und Erwerbsstreben diktierten Errungenschaften der Neuzeit. Denken wir nur an den teilweise allzu intensiven Einsatz von Chemikalien in der Landwirtschaft, gegen den sich immer mehr warnende Stimmen erheben.

Manchmal allerdings haben sich erst in jüngerer Zeit Erkenntnisse durchgesetzt, die uns als Folge moderner Untersuchungsmethoden ein besseres Verständnis für naturgesetzliche Gegebenheiten ermöglichen, oder die gar jahrhundertealte Gewohnheiten als fragwürdig erscheinen lassen. Der Kompost etwa hatte früher längst nicht jenen Stellenwert, den wir ihm heute allmählich zubilligen, immer noch allerdings vorwiegend im Gartenbau, bisher weniger im feldmäßigen Anbau. Ähnlich heftig umstritten wie der Einsatz von Kunstdüngern in der Landwirtschaft ist heute die seit Jahrtausenden übliche Form der Bodenbearbeitung. Dabei wird die obere Bodenschicht mehr oder weniger tief, mit dem Spaten oder dem Pflug, nach unten und umgekehrt die untere Schicht nach oben gebracht – der Boden wird gewendet. Der dabei zugrunde liegende Gedanke ist der, daß die durch die Pflanzen ausgelaugte Oberschicht nach unten gebracht wird, um sich zu regenerieren, während die unverbrauchte, nährstoffreiche Unterschicht nach oben kommt. Außerdem kann auf diese Weise der Dünger – Mist etwa – eingearbeitet werden.

Unbestritten ist, daß die durch die geernteten Pflanzen entzogenen Nährstoffe ersetzt werden müssen. Wenn Anhänger einer neuzeitlichen, naturgemäßen Wirtschaftsform darauf hinweisen, daß in der

Natur ja schließlich auch niemand den Boden wendet, wird von den Verfechtern konventioneller Formen der Bodenbearbeitung unwiderlegbar gekontert, daß in der Natur ja auch niemand alljährlich den gesamten Pflanzenwuchs systematisch erntet. Außerdem betreibt die Natur eine Mischkultur im Gegensatz zu unserer modernen Monokultur, sodaß sich der Bewuchs an die Bodenverhältnisse anpaßt, während wir dem Boden den Bewuchs diktieren.
Betrachten wir uns zunächst die konventionelle Art der Bodenbearbeitung etwas näher. Bei dem Pflügen oder Umgraben darf der Boden nicht zu naß sein, weil er dann verdichtet wird und „schmiert". Auch zu trockener Boden ist freilich ungeeignet, weil dann große, steinharte Brocken entstehen, die für jedes Bodenleben tödlich sind und später mühsam zerkleinert werden müssen.
Wie tief wird umgegraben? Keinesfalls tiefer, als die Bodengare reicht, und das sind bei einem gepflegten Boden etwa 30 Zentimeter. Es ist unbedingt zu vermeiden, die rohe, tote Erde des Untergrundes nach oben zu bringen. Nicht grundlos ist ein Spatenblatt 30 Zentimeter lang. Da es leicht schräg eingestochen wird, erfolgt eine knapp 30 Zentimeter tiefe Bodenbearbeitung durch den Spaten oder die Grabgabel. Eine Grabgabel ist bei nicht zu lockerem, aber auch nicht zu festem Boden eine Alternative zum Spaten, weil es sich leichter mit ihr arbeiten läßt und man damit nicht die Wurzeln des Unkrauts zerschneidet, die sonst im Boden bleiben und neu austreiben.
In lockerem Boden können unsere Nutzpflanzen leichter Wurzeln ausbilden und damit Nährstoffe aufnehmen. Es genügt durchaus, den Boden nur so tief umzugraben, wie die Wurzeln der jeweils anzubauenden Pflanzen reichen. Deshalb variiert auch die Pflugtiefe in der Landwirtschaft zwischen 20 Zentimetern für Getreide und 40 Zentimetern für Rüben auf schweren Böden. In einem Selbstversorger-Betrieb sind solche Überlegungen freilich unnötig; selbst wenn man sich für ein Umgraben des Bodens entscheidet, ist die Tiefe durch den Spaten oder den für solche Zwecke allein brauchbaren Kleinpflug nur wenig zu beeinflussen. Auf solche Kleinpflüge wird im nächsten Kapitel eingegangen, weil vor allem größere Selbstversorger-Betriebe in aller Regel zumindest teilweise mechanisiert sind. Deshalb soll auch diese Form der Bodenbearbeitung hier berücksichtigt werden.
Der Pflugkörper soll „ackerblank" sein und stets senkrecht stehen, damit er die Scholle wendet. Da eine Radseite der Zugmaschine in der jeweils letzten Furche läuft, muß der Pflugkörper nach der ersten Furche neu eingestellt werden. Ein Pflugkörper besteht aus drei wesentlichen Teilen. Das Sech ritzt den Boden senkrecht auf. Kurz dahinter

folgt die eigentliche Pflugschar, die die Scholle unten abschneidet; das etwas nach hinten versetzt an der Schar befestigte Streichblech – beide bilden auf den ersten Blick eine Einheit – hat die Aufgabe, die Scholle zu wenden.

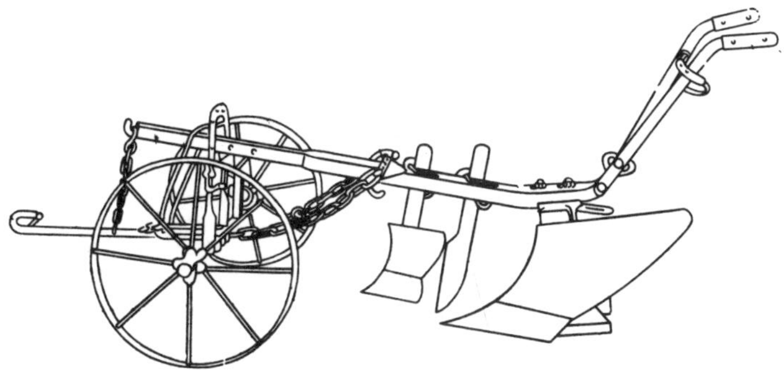

Natürlich kann ein Pflugkörper die Scholle immer nur nach der gleichen Seite umwenden, was bedeutet, daß die Schollen auf dem Hinweg nach links, auf dem Rückweg nach rechts geworfen werden – oder umgekehrt. Man beginnt in der Feldmitte, und es entsteht dort zwischen der ersten Links- und der ersten Rechtsfurche ein ungepflügter Mittelstreifen. Wenn man nun Bahn um Bahn hin und zurück um den Mittelstreifen herum pflügt, wird der Weg an den Schmalseiten von der linken zur rechten Seite immer weiter. Wie man diese Probleme löst, soll an dieser Stelle nicht weiter interessieren, denn der einfache Beetpflug ist bei den für Selbstversorger allein interessanten einscharigen Pflügen fast vollständig von dem sogenannten Wendepflug verdrängt worden.
Der Wendepflug hat zwei gegenläufig zueinander stehende Pflugkörper, von denen jeweils einer pflügt, während der andere senkrecht darüber steht. Am Ende der Furche wird für den Rückweg der Pflug so geschwenkt, daß nunmehr der bisher obere Pflugkörper zum Einsatz kommt und die Scholle zur gleichen Seite hin wendet wie der andere Pflugkörper auf der Hinfahrt. Auf diese Weise kann man ohne weite Wege an einer Feldseite mit dem Pflügen beginnen, jeweils am Furchenende wenden und die neue Furche neben die letzte legen, bis das gesamte Feld gepflügt ist.
Das Umgraben mit dem Spaten oder der Grabgabel ist ein sehr mühsames und langwieriges Geschäft. Gewiß ist es möglich, auch die für eine Voll-Selbstversorgung erforderliche Fläche nur mit dem Spaten umzugraben, aber leicht ist das gewiß nicht. Selbst bei einer entsprechenden Mechanisierung wird es immer noch Ecken und Winkel im

Garten geben, die schlecht zugänglich sind oder aus anderen Gründen mit dem Spaten bearbeitet werden müssen.
Die Technik des Umgrabens mit Spaten oder Grabgabel besteht darin, die ausgehobenen Schollen zu wenden und in den Graben zu werfen, der durch das Ausheben der vorhergehenden Reihe entstanden ist. Daraus ergibt sich natürlich, daß der Aushub der ersten Reihe zur Seite gebracht und aufbewahrt werden muß, bis man ihn in den Graben der letzten Reihe wieder einfüllt. Bei größeren Beeten teilt man die Fläche und gräbt erst die eine, dann in umgekehrter Richtung die andere Hälfte um, sodaß die letzte Reihe schließlich unmittelbar neben der ersten Reihe liegt und der Aushub der ersten Reihe ohne Transport in die letzte Reihe geworfen werden kann. In den meisten Fällen wird der Fehler gemacht, die ausgehobene Scholle einfach zu wenden und wieder auf die alte Stelle zu werfen. Da es dort an Platz fehlt, liegen dann die Schollen – mehr oder wenig er gewendet – durcheinander wie Kraut und Rüben.
Vor dem Pflügen oder Umgraben wird ggf. Mist oder Kompost ausgebreitet, um mit dem Wenden der Scholle untergebracht zu werden. Die Verrottung im Boden kann jedoch nicht unter völligem Luftabschluß erfolgen, sodaß flach gearbeitet werden muß, damit auch in der Erde bei Luftzufuhr die Zersetzung fortschreiten kann. Nur völlig reifer Kompost könnte tief eingearbeitet werden, aber davor werden wir uns aus anderen Gründen, wie wir gleich sehen werden, hüten. Auch Gründüngung sollte flach untergearbeitet werden.
Wann wird gepflügt oder umgegraben? Grundsätzlich so bald wie möglich nach der Ernte. Es sollte unbedingt vermieden werden, den abgeernteten Boden ungeschützt liegen zu lassen. In der Landwirtschaft werden große Flächen im Herbst abgeerntet, gepflügt und über Winter in „rauher Furche“ liegengelassen, damit der Frost die groben Schollen sprengen und fein zerkrümeln kann.
Noch besser für den Boden ist es freilich, wenn das Land unter einer Pflanzendecke in den Winter geht. Roggen, Weizen und Gerste werden in der Landwirtschaft überwiegend als sogenanntes Wintergetreide angebaut. Nach der Ernte der Vorfrucht wird sofort gedüngt und gepflügt und unmittelbar darauf die neue Saat in den Boden gebracht. Bis zur Vegetationsruhe im Winter entwickelt sie sich, um im kommenden Frühjahr einen entsprechenden Vorsprung zu haben. Gegenüber dem im Frühjahr ausgesäten Sommergetreide ist der Mehrertrag erheblich – zwischen Winter- und Sommergerste immerhin ca. fünf Zentner pro Morgen!
Wenn wir nicht dem Frost die Arbeit überlassen können (oder wollen),

die groben Schollen zu zerkleinern, sondern vorher das Land erneut bestellen wollen, müssen wir die Schollen von Hand durch Hacken, Fräsen, Eggen oder dergleichen zerkleinern und mit gut abgelagertem Mist oder reifem Kompost düngen. Im Gartenbau gibt es kein Wintergetreide, bzw. keine Frucht, die überwintert und in der folgenden Saison geerntet wird, wenn man einmal von den Dauergemüsen, dem Obst und dem Rhabarber absieht. Es gibt aber einige Gemüse, die Frost vertragen und deshalb erst im Winter geerntet werden, wie Grünkohl oder Rosenkohl, Lauch und Feldsalat. Bei intensiver Nutzung werden diese Gemüse nach einer Vorfrucht angebaut, sodaß auch in diesen Fällen die Bearbeitung des Bodens lange vor dem Winter erfolgt und das umgegrabene Land zusätzlich mit Hacke, Rechen und dergleichen Handwerkszeug bearbeitet werden muß. Schließlich werden wir immer dann, wenn der Erntezeitpunkt der Vorkultur eine weitere Kultur verbietet, möglichst noch eine Gründüngung ausbringen, die dann den Boden über Winter schützt. Nur selten, bei Rüben etwa, bleibt der Boden im Winter dann wirklich in rauher Furche liegen. Rüben werden frühestens im Oktober, meist sogar erst im November geerntet. Für Selbstversorger sind Rüben wegen ihres enormen Flächenertrags vor allem als Viehfutter interessant; 100 Quadratmeter liefern mehr als eine Tonne Runkelrüben! Dazu kommt dann noch das gleichfalls gut als Futter geeignete Rübenblatt. Wer als Selbstversorger seinen Zuckerbedarf nicht über den Bienenhonig deckt – dazu später mehr – und Zukker selbst erzeugen möchte, kann bei einer Anbaufläche von 100 Quadratmetern mit ca. 75 Kilogramm Zucker rechnen, die aus 500 Kilogramm Zuckerrüben (bzw. deren Sirup) eingekocht werden. Wegen des späten Erntezeitpunktes erlauben Rüben keine Gründüngung mehr. Mehr über Rüben finden Sie in Kapitel 12.
Das Umgraben, Einarbeiten von Dünger und anschließende Hacken muß nach jeder Ernte erfolgen, also bei intensiver Mehrfach-Nutzung auch mehrfach im Jahr. Es ist die schwerste und zeitraubendste Arbeit, und man wird bemüht sein, sie sich mit den im nächsten Kapitel beschriebenen mechanischen Hilfsmitteln zu erleichtern. Wie eine frohe Botschaft muß da die Behauptung klingen, daß die beste Bodenbearbeitung – keine Bodenbearbeitung sei!
Bitte denken Sie daran, daß der Schlüssel zu einer naturgemäßen Bewirtschaftung mit hohen Erträgen ein optimales Bodenleben ist. Deshalb sind wir ja auch bemüht, den Boden möglichst immer bedeckt zu halten. Nackter Boden, der Wind und Wetter, Sonne und Sturm, Regen und Frost ausgesetzt ist, wird bald zu toter Erde. Unter schützendem Pflanzenwuchs oder auch unter einer abdeckenden Mulchschicht aus

organischer Substanz entsteht hingegen jene Schattengare, die für das Bodenleben sehr vorteilhaft ist.
Nun sagt uns aber schon die Logik, daß jede Form der Bodenbearbeitung zwangsläufig eine Störung des Bodenlebens zur Folge haben muß. Das gilt um so mehr, je tiefer der Boden bearbeitet und je weiter die besonders aktive Oberschicht nach unten gebracht wird. Es dauert lange, bis das Bodenleben sich von einem solchen brutalen Eingriff erholt hat, und das um so mehr, als die winterliche Vegetationsruhe eine Regeneration des Bodenlebens zumindest verlangsamt, wenn nicht gar unterbricht. Man darf auch nicht erwarten, daß das in tiefere Schichten gebrachte Bodenleben seine Aktivität dort unverdrossen fortsetzt. Die mannigfaltigen Lebewesen finden in unterschiedlicher Tiefe ihre optimalen Arbeitsbedingungen. Sie ergänzen sich auf diese Weise; von oben nach unten bzw. umgekehrt von unten nach oben gebracht, müssen sie sich erst wieder neu eingliedern. Erleichtert wird eine Wiederbelebung des Bodens freilich dadurch, daß reichlich Nährstoffe in Form von Mist, Kompost oder Gründüngung eingearbeitet wurden. Das Umbrechen garen, reifen Bodens ohne das Einarbeiten von Dünger mit hohem Humusanteil ist allenfalls eine Notmaßnahme, um einer Verdichtung des aus irgendwelchen Gründen längere Zeit unbedeckten und damit ungeschützten Bodens entgegenzuwirken.
Wir wissen bereits, daß Mist erhebliche Nährstoff-Verluste erleidet, wenn er nicht sehr bald flach in den Boden eingearbeitet wird. Auch reifer Kompost und Gründüngung sollten oberflächlich eingearbeitet werden; Reifkompost ist viel zu wertvoll, um ihn in tieferen Schichten zu vergraben. Frischkompost hingegen wird am besten als Mulchdecke ausgebreitet und erst später flach eingehackt.
Wer genug Reifkompost oder kompostierten Mist hat, kann eine fingerdicke Schicht davon auf dem Boden ausbreiten und den Boden flach – maximal 10 Zentimeter tief – mit einem Grubber, Kultivator oder Krümler durchziehen, um den Kompost besser mit dieser Oberschicht zu verbinden. Damit wäre dann die Bodenbearbeitung erschöpft, wenn man einmal davon absieht, daß zwischen den heranwachsenden Pflanzen gehackt werden muß. Professor Seifert hat bewiesen, daß trotz eines solchen Minimums an Bodenbearbeitung hohe Erträge gesunder Pflanzen zu ernten sind – ohne Kunstdünger und ohne Schädlingsgifte.
In der Praxis wird es darauf hinauslaufen, daß wir unsere wirtschaftseigenen Dünger zum Teil bereits als Mulchdecke zwischen den Pflanzen ausbringen und bei dem gelegentlichen Hacken mit der obersten Bodenschicht vermischen. Dieses Hacken geschieht übrigens nicht nur, um Unkraut zu jäten, sonderen auch, um die sich bildenden Kapil-

larröhrchen zu zerschlagen, damit die Bodenfeuchtigkeit nicht so leicht verdunsten kann. Nach der Ernte wird dann eine Düngerschicht auf dem Boden ausgebreitet und durch Hacken oberflächlich vermischt. Den Spaten brauchen wir also dabei nicht mehr, die Hacke hat ihn verdrängt.

Bei den üblichen Hacken arbeitet man vorwärts, geht also auf dem bereits gehackten Boden. Umgekehrt ist das bei manchen modernen Ziehhacken. Beide Systeme haben ihre spezifischen Vorteile, und man wird als Selbstversorger eine entsprechende Kollektion für die verschiedenen Aufgaben benötigen.

In ähnlicher Weise wie der Pflug den Spaten ergänzt oder ersetzt, ersetzt eine Fräse die Hacke. Rotierende Fräsmesser zerkrümeln den Boden, zerschlagen Gründüngungspflanzen, vermischen Kompost oder Mist mit der Erde und lockern diese. Motorfräsen gibt es in unterschiedlichen Breiten, die Frästiefe ist einstellbar, je nach Boden und Verwendungszweck sind die Hackmesser starr oder beweglich, oft sind auch noch zwei Fräsgeschwindigkeiten wählbar. Die Fräse ist die wohl wichtigste mechanische Hilfe eines naturgemäß wirtschaftenden Selbstversorgers. Mehr darüber im nächsten Kapitel.

Auf ein Umgraben oder Pflügen kann man nur bei schweren, wenig aktiven Lehmböden einstweilen nicht verzichten, weil sie die Frostgare brauchen. Nach wenigen Jahren einer richtigen Behandlung und Pflege sollte aber auch ein solcher Boden „reif" sein. Auch nach langjährigen Dauerkulturen, nach Grasland usw., sollte vor einer anderweitigen Nutzung der Boden durch Spaten oder Pflug tiefgründig bearbeitet werden.

Besonders anspruchsvolle Kulturen wurden früher in Land gesetzt, das „rigolt" war. Darunter versteht man ein Abtragen der spatentiefen Oberschicht und ein Umgraben der darunter liegenden Schicht roher Erde. Anschließend wird die Oberschicht wieder aufgefüllt. Bei sehr festem Untergrund und tief wurzelndem Dauergemüse lohnt sich diese Arbeit vielleicht, wird aber immer eine Ausnahme bleiben. Mehr dazu in Kapitel 11.

Noch immer gilt in unserer heutigen erwerbsorientierten, rationalisierten und spezialisierten Landwirtschaft eine intensive Bodenbearbeitung neben der Düngung und Schädlingsbekämpfung als tragende Säule des Erfolgs. Früher waren die Möglichkeiten der Bodenbearbeitung durch Muskelkraft begrenzt, die Düngung erfolgte vorwiegend mit wirtschaftseigenem, humusreichen Dünger, also mit Mist. Mit fortschreitender Mechanisierung wurde der Boden immer stärker durcheinandergebracht, das Bodenleben immer mehr gestört. Die Düngung mit Mist ging zugunsten der humuslosen Mineraldünger zurück, mit denen das Bodenleben wenig anfangen konnte. In Verbindung mit den chemischen Schädlingsbekämpfungsmitteln wurde das Ackerland allmählich immer steriler; die darin wachsenden Pflanzen ernährten sich mühelos von den leicht löslichen Mineralsalzen der Kunstdünger. Diese Pflanzen erbrachten wohl ähnlich hohe oder gar höhere Erträge wie bei einem intakten Bodenleben – und mit weniger Mühe, aber diese Pflanzen waren arm an Vitalstoffen und anfällig gegen alle möglichen Krankheiten und Schädlinge, sodaß ein immer stärkerer Aufwand getrieben werden mußte.

Das ist praktisch die in den hochindustrialisierten Länern heute übliche Situation. Will man diese Methode ändern und in der Landwirtschaft im großen Maßstab nach den Methoden unserer Väter wirtschaften, ergeben sich ganz erhebliche Probleme. Der wirtschaftseigene Dünger wird bei den spezialisierten Betrieben nicht mehr ausreichen, um ähnliche Erträge zu erzielen wie mit Kunstdünger, der also keineswegs qualitativ, sondern quantitativ die Ursache für verbesserte Erträge ist. Fraglich bleibt allerdings, ob der finanzielle Aufwand für den Kunstdünger und den dadurch indirekt erforderlichen verstärkten Einsatz von chemischen Schädlingsbekämpfungsmitteln durch den Mehrertrag gerechtfertigt ist. An eine umbruchslose Bodenbewirtschaftung zu denken, verbietet sich in den weitaus meisten landwirtschaftlichen Betrieben ohnehin, denn die dazu erforderlichen Mengen an reifem Kompost oder kompostiertem Mist dürften nur in seltenen Ausnahmefällen zu beschaffen sein.

Hier aber liegt der große Vorteil von Selbstversorgern, die ja nur eine kleine, der Erzeugung des Eigenbedarfs dienende Fläche bewirtschaften und sich dafür den benötigten Dünger wohl meistens beschaffen können. Eine solche Reform nicht nur in der Düngung und Schädlingsbekämpfung, sondern auch in der Bodenbearbeitung erfordert allerdings zwei oder drei Jahre der Umstellung. Die meisten Bodenlebewesen sind zu klein, um sie mit bloßem Auge zu erkennen, aber die Regenwürmer können als Indiz gelten: mit Abstand sind sie unter Grasland häufiger als in normal bearbeiteter Gartenerde. Ihre Zahl hängt stark von der Jahreszeit ab und ist im Herbst am höchsten. Unser Ziel muß es sein, den Regenwürmern (und damit auch dem anderen Bodenleben) so günstige Bedingungen zu verschaffen, daß sie auch in unserer Gartenerde möglichst zahlreich auftreten. Das aber hat keine sofortige Wirkung, weil sich das Bodenleben erst allmählich an die veränderten Verhältnisse anpassen muß.

Bei naturgemäßer Bewirtschaftung gibt es einige Grundregeln zur Bodenbearbeitung:

- den Boden nicht wenden, sondern nur lockern
- die Bodenbearbeitung auf ein Minimum reduzieren
- die notwendige Bodenbearbeitung möglichst an einem Tag hintereinander durchführen
- den Boden nicht während der Vegetationsruhe bearbeiten
- immer bedenken, daß der Boden etwas Lebendiges ist!

8. Das richtige Arbeitsgerät

In der Jungsteinzeit – bei uns im nördlichen Europa von 2500 – 1750 v. Chr. – wurden unsere bis dahin als Jäger und Sammler umherstreifenden Vorfahren seßhaft. Sie hatten entdeckt, daß sie durch den systematischen Anbau von Pflanzen und die Tierhaltung von den Zufälligkeiten ihrer bisherigen Nahrungsbeschaffung unabhängiger wurden. Lange Zeit war ihr einziges Werkzeug zur Bodenbearbeitung ein Grabstock, mit dem sie die Erde lockerten und Pflanzlöcher bohrten. Später kam die Hacke hinzu, noch viel später der Pflug. Ursprünglich bestand dieser Pflug aus einer Stange mit einem Haken am Ende, der zunächst von Menschen, später von Zugtieren durch den Boden gerissen wurde. Das Hakenende wurde bei den verbesserten Hakenpflügen entweder durch einen Stein beschwert oder über einen Handgriff in den Boden gedrückt, der nicht gewendet, sondern nur gelockert wurde. Solche primitiven Pflüge sind selbst heute noch in manchen Entwicklungsländern zu finden!
Zur Glättung des gelockerten Bodens benutzte man einen verzweigten und teilweise beschwerten Dornbusch in der gleichen Weise wie heute eine Egge. Das Getreide erntete man schließlich mit Sicheln, die aus Holz bestanden und eine kunstvoll mit bearbeiteten Feuersteinsplittern besetzte Schneide hatten. Das waren die wesentlichen Arbeitsgeräte zum Beginn einer systematischen Bodenbearbeitung.
Auch wenn man einmal von den mechanischen Hilfsmitteln absieht, die uns das Maschinenzeitalter in diesem Jahrhundert beschert hat, wurden die Geräte zur Bodenbearbeitung immer besser. Bis vor weniger als 100 Jahren aber mußte alle Arbeit auf dem Felde ausschließlich mit menschlicher oder tierischer Muskelkraft bewältigt werden. Das klappte auch sehr gut, obwohl es viel langwieriger und mühsamer war als mit unseren heutigen Hilfsmitteln.

Überzeugte Selbstversorger neigen dazu, technische Hilfsmittel abzulehnen, weil sie durch deren Gebrauch einen Teil der von ihnen so hoch geschätzten Unabhängigkeit wieder verlieren. Motorisierte Arbeitsgeräte kosten nicht nur bei ihrer Anschaffung viel Geld, sondern verbrauchen auch Treibstoff und erfordern selbst bei sorgfältiger Wartung irgendwann einmal mehr oder weniger kostspielige Reparaturen. Wenn schon die eigene Arbeitskraft nicht ausreicht, dann akzeptieren sie als Hilfe allenfalls ein Pferd.
Ein Pferd, so argumentieren sie, kostet keinen Treibstoff und keine Reparaturen, und wenn es sich um eine Stute handelt, sorgt sie auch beizeiten kostenlos für einen Nachfolger. Allerdings benötigt ein Pferd ebenfalls „Treibstoff“ in Form von Futter, sogar im Gegensatz zu motorisierten Maschinen auch dann, wenn es nicht arbeitet, und Tierarzt-Rechnungen sind nicht unbedingt billiger als Reparatur-Rechnungen. Richtig – Futter kostet kein Geld, wenn man genug Land hat, um es selbst zu erzeugen. Es muß aber auch ein geeigneter Stallraum und Platz für das Winterfutter vorhanden sein, und ein Pferd beansprucht viel mehr Zeit als eine Maschine.
Wenn man kein Hobby mit der Pferdehaltung verbindet, das sich sachlichen Erwägungen entzieht, kommt sie für Selbstversorger kaum in Frage. Sie können sich lediglich entscheiden zwischen reiner Handarbeit oder der zusätzlichen Verwendung motorisierter Hilfsgeräte. Natürlich kann Maschinenarbeit nicht völlig die Handarbeit ersetzen, während man umgekehrt durchaus ohne Maschinenhilfe auskommen kann. Wer aber einem Beruf nachgeht und die zur Selbstversorgung benötigten Nahrungsmittel in seiner Freizeit erzeugt, wird sehr bald die Arbeitserleichterung als Folge einer Mechanisierung zu schätzen wissen. Oft mag sogar eine höhere Form der Selbstversorgung nur durch die Hilfe mechanischer „Heinzelmännchen“ ermöglicht werden!
Bevor wir uns mit solchen für Selbstversorger sinnvollen Erzeugnissen der modernen Technik vertraut machen, ist aber zunächst einmal das Handwerkszeug für eine manuelle Bewirtschaftung unseres Selbstversorger-Betriebes an der Reihe, auf das wir in keinem Falle verzichten können und das in dieser oder in einer ähnlichen Form meist schon seit vielen Jahrhunderten im Gebrauch ist.
Beginnen wir mit jenem Gerät, das allgemein als das wichtigste gilt: dem Spaten. Früher konnte man davon ausgehen, daß rund ein Drittel der gesamten Arbeitszeit im Garten auf die Arbeit mit dem Spaten entfiel, auf das Umgraben also. Im Prinzip gilt das auch noch heute, es sei denn, daß genug Humusdünger verfügbar ist, um auf ein Umgraben verzichten zu können, oder daß der Pflug uns das Umgraben abnimmt.

Aber selbst dann werden wir einen Spaten noch bei mancherlei Gelegenheiten benötigen.
Neben der üblichen Standard-Ausführung gibt es etwas leichtere Spaten für das „schwache" Geschlecht und solche mit einem Blatt aus rostfreiem Stahl. An sich sollte man bei allem Arbeitsgerät grundsätzlich die bestmögliche Qualität bevorzugen und einen Mehrpreis nicht scheuen. Der derbe Gebrauch in einem Selbstversorger-Betrieb erfordert Profi-Qualität, preiswertes Spielzeug für Hobby-Gärtner wird unseren Anforderungen nicht lange genügen. Ein Spatenblatt aus rostfreiem Stahl ist aber entbehrlich, wenn wir – was selbstverständlich sein sollte – unser Werkzeug gut pflegen. Es gibt Unterschiede in der Griffstärke und in der Stiellänge, sodaß man einen Spaten „passend" aussuchen und nicht auf dem Versandweg bestellen sollte.
Eine Alternative zum Spaten ist die vierzinkige Grabgabel mit Spaten-Stiel und -Griff. Es handelt sich praktisch um einen Spaten, aus dessen Blatt drei gleichförmige Streifen herausgeschnitten wurden. Die breiten, flachen Zinken ermöglichen in nicht zu lockerem Boden ein Umgraben wie mit einem Spaten. Frauen und Kinder werden das gegenüber einem Spaten geringere Gewicht schätzen. Eine Grabgabel ist auch sehr gut dazu geeignet, festen Boden lediglich zu lockern, ohne ihn umzugraben. Unkraut läßt sich mit der Grabgabel besser ausgraben, denn sie durchtrennt, wie wir wissen, im Gegensatz zum Spaten nicht die Unkraut-Wurzeln, die dann im Boden bleiben und neu austreiben. Eine Grabgabel ist kein Ersatz für einen Spaten, aber eine gute Ergänzung und oft eine Alternative, zuweilen sogar das bessere Werkzeug.
Nicht mit der Grabgabel zu verwechseln ist die Mistgabel oder Forke mit zwei bis vier dünnen, runden und spitzen Zinken und einem wesentlich längeren Stiel. Wie schon der Name sagt, dient sie dazu, Mist zu laden, aber auch für alle anderen Materialien, die nicht mit einer Schaufel geladen werden können, sondern aufgespießt werden müssen: Heu oder Stroh, erst teilweise verrotteter Kompost, Rüben oder dergleichen. Im übrigen wurde die Forke früher von den Bauern gern als Waffe zweckentfremdet, um sich gegen Mensch und Tier zur Wehr zu setzen. Mit ihren nadelspitzen Zinken ist sie in der Tat nicht ungefährlich.
Der oberflächigen Bodenbearbeitung dienen verschiedene Geräte: Grubber, Kultivator, Krail usw., mit denen der Boden durchgerissen und gelockert wird, vor allem aber Hackwerkzeuge. Es gibt die unterschiedlichsten Hacken für die jeweiligen Boden- und Kulturverhältnisse – große, schwere Kartoffelhacken etwa, um Kartoffeln anzuhäufeln, oder kleine Hacken zur Arbeit in engen Reihenkulturen und zwischen den

Pflanzen. Neben den seit Jahrhunderten üblichen Schlaghacken werden die modernen Ziehhacken immer beliebter; sie ermöglichen es, viel schneller zu arbeiten, und da man mit ihnen im Gegensatz zu den Schlaghacken rückwärts arbeitet, trampelt man auch nicht auf dem soeben frisch gehackten Boden herum. Allerdings funktionieren Ziehhacken nur in nicht zu hartem oder ausgetrocknetem, verkrustetem Boden wirklich gut, und sie eignen sich auch weniger zum Zerschlagen von Kapillarröhrchen, durch die das Wasser aus dem Boden verdunstet. Eine scharfe Schneide wird dicht unter der Erdoberfläche entlanggezogen und durchtrennt neben Unkrautwurzeln auch die Kapillarröhrchen, während eine Schlaghacke sie zertrümmert. Ziehhacken können also die guten, alten Schlaghacken nicht ersetzen, sondern sind nur als eine moderne Ergänzung für bestimmte Aufgaben anzusehen.
Der mehr oder weniger tief gelockerte Boden wird vor der Bestellung geglättet; ebenso wird zuvor eine Schicht aus Kompost oder abgelagertem Mist auf dem Boden gleichmäßig verteilt. Das geschieht mit einem Rechen oder einer Harke – beide Namen bezeichnen das gleiche Gerät. Auch ausgehacktes Unkraut wird mit dem Rechen zusammengeharkt, ebenso Laub, Heu usw. In einem Selbstversorger-Betrieb sind mindestens drei verschiedene Rechen erforderlich: ein normalbreiter Eisenrechen mit ca. 14 Zinken zur Vorbereitung der Saatbeete und als Universalrechen, ein ähnlicher, aber wesentlich schmalerer Eisenrechen für Arbeiten zwischen den Reihenkulturen, mit ca. 6 Zinken, und ein breiter Holzrechen zum Zusammenharken von Heu, Stroh und eventuell Laub, obwohl für Laub ein besonderer Laubrechen mit fingerartig gespreizten Federzinken besser geeignet ist.
Mindestens eine Schubkarre wird zu Transportaufgaben der unterschiedlichsten Art innerhalb des Grundstücks benötigt, eventuell zusätzlich eine zweite oder ein zweirädriger Handwagen. Früher waren die Schubkarren aus Holz, hatten ein eisenbeschlagenes Holzrad und waren herzhaft schwer. Dafür gab es keine Reifenpannen, und zum Transport von sperrigem, aber leichtem Material konnten Bretter auf die Seitenwände gesteckt werden. Heute sind ausschließlich gummibereifte Blechkarren üblich, die weitaus leichter sind, bei einem kräftig dimensionierten Rad aber trotzdem eine Tragkraft um 250 kg haben. In jedem Fall sollte die Blechwanne nicht lackiert, sondern verzinkt sein, viel mehr ist dazu nicht zu sagen.
Der zweirädrige Handwagen hat den Vorteil, daß seine Achse sich unter dem Schwerpunkt befindet und es deshalb keine Kraft erfordert, den beladenen Wagen im Gleichgewicht zu halten – auch nach der Seite

hin. Deshalb genügt auch eine in der Mitte angebrachte Deichsel im Gegensatz zu den beiden Holmen der Schubkarre; oft kann man diese Deichsel auch an ein Fahrrad anhängen, wenn der Wagen nicht zu schwer ist. Zu den Nachteilen dieses Handwagens gehört es, daß er nicht einfach wie eine Schubkarre während des Beladens oder während einer Pause abgestellt werden kann, sondern dazu erst abgestützt werden muß. Im Idealfall, wenn der Schwerpunkt exakt über der Achse liegt und die Ladung gleichmäßig verteilt ist, sodaß sich der Wagen völlig im Gleichgewicht befindet, benötigt man sogar eine Abstützung vorn und hinten. Auch das Entladen ist bei einem zweirädrigen Handwagen umständlicher als bei einer Schubkarre, die einfach gekippt wird. Diesen Nachteil hat auch ein Handwagen mit vier Rädern, aber er macht wenigstens keine Schwierigkeiten beim Abstellen und kann größere Lasten viel leichter transportieren als eine Schubkarre. Auf engem Raum ist er freilich so umständlich zu manöverieren, daß er vor allem für längere Transportwege außerhalb des Grundstücks geeignet ist.

Eine Bewässerung wird bei intensiver Bewirtschaftung kaum zu entbehren sein. Wasser wird mit der Gießkanne oder über einen Schlauch mit Regner oder Sprühdüse verteilt. Die einstmals üblichen Blechkannen wurden von den leichteren und nicht rostenden Plastikkannen fast völlig verdrängt. Gießkannen eigenen sich vor allem für eine sanfte, gezielte Bewässerung kleiner Flächen mit besonders empfindlichen Kulturen. Bei den relativ großen Flächen eines Selbstversorger-Betriebes ist ein Wasserschlauch sehr zu empfehlen. Ideal sind mehrere auf dem Grundstück verteilte Zapfstellen. Fehlen sie, genügt ein in der Grundstücksmitte verlegter Schlauch, der von einigen modernen Steckkuppelungen unterbrochen ist. Auf diese Weise kann man mit einem verhältnismäßig kurzen Schlauchstück von der nächstgelegenen Kupplung aus jeden Winkel des Grundstücks erreichen, ohne den gesamten Schlauch herumschleppen zu müssen. Mit einer Sprühdüse kann das Wasser besser verteilt werden, während ein Regner auch während unserer Abwesenheit sein Wasser verteilt.

Falls ein Brunnen und eine Pumpe vorhanden sind, hat man billiges Wasser. Auf jeden Fall sollte man das Regenwasser in gemauerten Zisternen, Tonnen oder dergleichen auffangen und mit der Pumpe über das Schlauchsystem zur Bewässerung verwenden. Auch Jauche oder anderer flüssiger Dünger kann auf solche Weise ebenso wie Pflanzenschutzbrühe verteilt werden, wenn diese nicht mit einer Gießkanne oder Rückenspritze versprüht werden muß. Übrigens: auf den weitaus

meisten Grundstücken ist es möglich, sich einen Brunnen bohren zu lassen.
Bei der erwähnten Rückenspritze handelt es sich um einen Behälter mit einem Fassungsvermögen, das nicht unter zehn Liter liegen sollte. Er wird an Schultergurten auf dem Rücken getragen und hat eine eingebaute Luftpumpe, mit der in dem teilweise mit Flüssigkeit gefüllten Behälter ein Überdruck erzeugt wird. Ein Sprühventil ist über einen Schlauch mit dem Behälter verbunden; wird es geöffnet, treibt der Überdruck die Flüssigkeit durch eine Düse fein verteilt heraus. Selbst in einem völlig naturgemäß wirtschaftenden Selbstversorger-Betrieb müssen Pflanzenschutzmittel ausgebracht werden, wenn auch auf organischer Basis und nicht so reichlich wie im konventionellen Anbau. Insbesondere für die Spritzung der Obstbäume ist eine Rückenspritze außerordentlich nützlich. Der Behälter besteht am besten aus rostfreiem Stahl; Verlängerungsrohre zwischen dem handbetätigten Ventil und der Sprühdüse vergrößern die Reichweite nach Belieben.
Ebenso, wie man selbst dann noch gelegentlich einen Spaten benötigt, wenn normalerweise gepflügt oder umbruchslos gearbeitet wird, kann man auch bei mechanisierter Ernte von Getreide und Heu nicht völlig auf eine Sense verzichten. Es gibt immer wieder Ecken und Winkel, die mit einer Mähmaschine nicht oder nur schlecht erreicht werden können; bei Viehhaltung wird man oft kleinere Partien mähen, für die der Einsatz eines Mähers nicht lohnt. Eine Sense zu gebrauchen ist nicht einfach und muß unter Anleitung gelernt werden. Sehr häufig ist die Arbeit zu unterbrechen, um die Sense zu schärfen – zu wetzen. Das allein aber genügt nicht: sie muß auch „gedengelt“ werden! Um so scharf zu sein, daß auch Gras sich nicht umlegt, sondern abgeschnitten wird, muß die Schneide sehr dünn auslaufen. Da sie sich rasch abnutzt, ist sie immer wieder dünn zu hämmern – eben zu dengeln. Auch das erfordert Geschick und Erfahrung, aber es gibt kleine Tischgeräte, die die Schneide einfach durch Quetschen dengeln.
Wer sein Futter- oder Brotgetreide selbst ernten will, hat sich einiges vorgenommen! Bei allem Verständnis für das Bemühen um möglichst weitgehende Autarkie: Kompromisse wird man stets eingehen müssen, und die Getreideernte von Hand ist nur dann vertretbar, wenn man viel Zeit hat oder die Möglichkeit einer Lohnarbeit durch einen Mähdrescher nicht besteht. Hier erweist sich wie bei kaum einer anderen landwirtschaftlichen Tätigkeit der Segen der so oft geschmähten Technik.
Mäht man manuell, muß man etwa zehn Tage früher beginnen als mit dem Mähdrescher, da in der Totreife die Getreidekörner zu leicht aus-

fallen. Bei einem Mähdrescher werden sie aufgefangen, bei dem Mähen von Hand gehen sie verloren. Gerade in den letzten Tagen der Vollreife, die der Totreife vorausgeht, erfolgt aber noch eine erhebliche Gewichtszunahme.
Das von Hand gemähte Getreide wird zu Garben gebunden und die Garben werden zu Hocken zusammengesetzt, damit das Getreide auf dem Feld nachtrocknen kann. Erst bei einer Feuchtigkeit von höchstens 15 Prozent ist Getreide nämlich lagerbar. Kommt Regen, während das Getreide auf dem Feld aufgesetzt trocknet, hat man Pech und muß auf bessere Zeiten hoffen.
Trotz aller Sorgfalt fallen beim Mähen, Binden und Aufsetzen der Garben und später beim Bergen der getrockneten Garben viele Körner aus oder ganze Ähren ab, sodaß es früher üblich war, Ähren nachzulesen oder Gänse über die Stoppeln zu treiben. Hat man die Getreidegarben glücklich unter Dach und Fach, beginnt auf der Tenne das Dreschen. Ein Dreschflegel besteht aus einem kürzeren und einem längeren Knüppel, die beweglich miteinander verbunden sind. Der längere Knüppel ist der Stiel, an dem der kürzere Knüppel mit aller Kraft auf die Getreidegarben gedroschen wird, sodaß die Körner ausfallen. Nicht die Körner allein allerdings, denn viele kleine und leichte Teilchen der Ähren sind mit den Körnern vermischt – die Spreu. Um „die Spreu vom Weizen zu trennen“, wirft man das Gemisch in die Luft. Mäßiger Wind weht die leichten Teile der Speu davon, während die schwereren Körner zu Boden fallen.
Alle diese Arbeiten nimmt uns heute ein Mähdrescher ab. Ein geübter Schnitter mäht etwa zwei Morgen am Tag, ein Mähdrescher nicht nur – abhängig von der Arbeitsbreite – mehr als die zehnfache Menge, sondern er drischt sie auch gleichzeitig und bläst die Spreu aus. Durch die spätere und fast verlustfreie Ernte ist der Ertrag wesentlich höher. Da Getreide auf dem Halm rasch trocknet, kann kurz nach Regenwetter gemäht werden. Überhaupt hat Regenwetter den größten Teil seines Schreckens verloren, da viel schneller gemäht wird und das Getreide nicht zum Nachtrocknen auf dem Feld bleibt. Allerdings muß das ausgedroschene Korn meistens auch noch nachtrocknen, weil es nur unter optimalen Umständen unmittelbar nach der Ernte weniger als 15 Prozent Feuchtigkeit hat, aber bei den geringen Mengen, die in einem Selbstversorger-Betrieb benötigt werden, spielt das keine große Rolle.
Wer mit der Sense nicht gut zurechtkommt und nur wenig zu mähen hat, kann sich mit einer „Handsense“ behelfen: der Sichel. Mit ihr läßt sich viel einfacher arbeiten, aber längst nicht so flott und nur in gebück-

8.6 Eine Schubkarre ist für die Arbeit eines Selbstversorgers unentbehrlich.

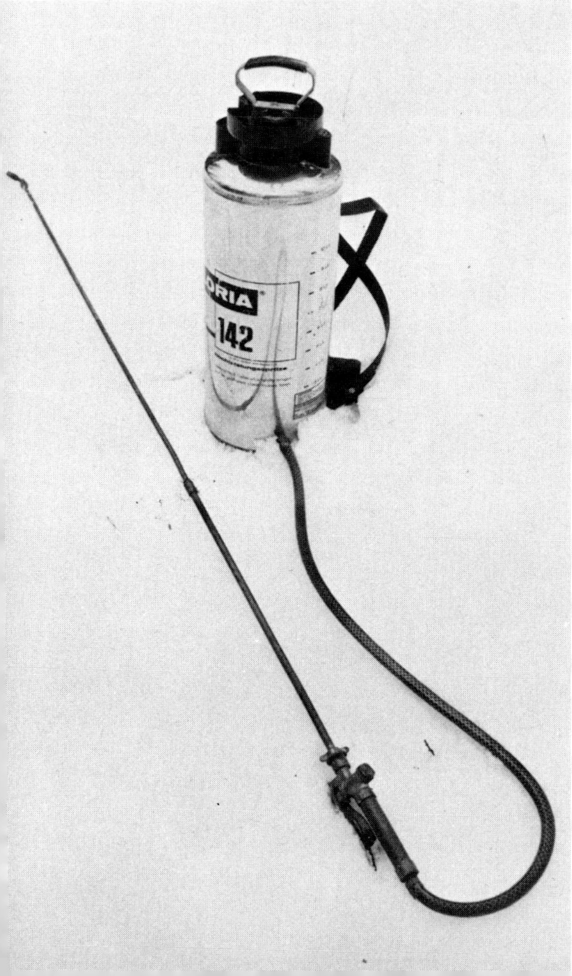

8.7 Eine Rückenspritze für den Pflanzenschutz

8.8 Hier wird Regenwasser in einem Betonbehälter aufgefangen. Der Überlauf ergießt sich in eine Geflügeltränke.

8.9 Kräftiger Einachsschlepper (hier die Ausführung mit Dieselmotor) mit angehängtem Wendepflug.

8.10 Der gleiche Einachsschlepper mit angebauter Fräse und . . .

8.11 . . .mit Anhänger.

9.1 (Oben) Nylon-Netze schützen junge, zarte Pflänzchen vor Vogelfraß. Wenn man Flaschen über Stöcke stülpt, verfangen sich die Maschen nicht in den Stockenden.

9.2 (Unten) Sobald die Erbsen auflaufen, werden Kletterreiser in den Boden gesteckt. Im Hintergrund ist ein Schwarzfolien-Tunnel für den Spargelanbau zu erkennen.

9.3 Spargelanbau unter der Schwarzfolie (Sperlings Merrygreen).

9.4 Pflücksalat Slobolt Sperlings Salli

9.5 Eiskrachsalat „Lüneburger Eis“

9.6 Brokkoli „Sperlings Sparko“

9.7 Beinige Möhren (links) entstehen durch Nematodenbefall, der durch frischen Mist begünstigt wird. Rechts zum Vergleich normale Möhren.

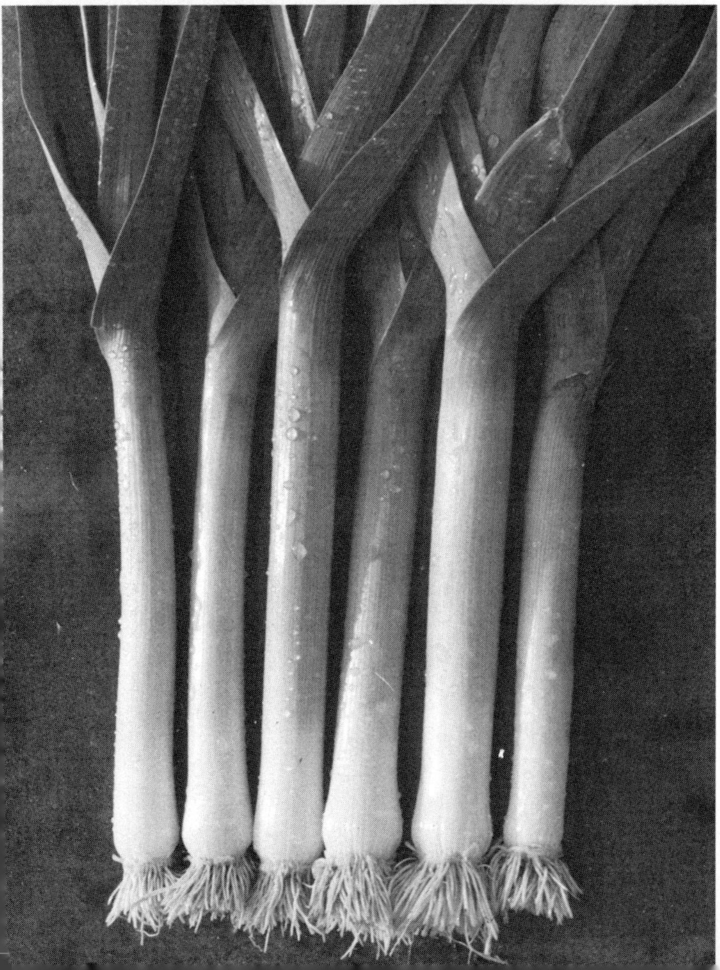

9.8 Besonders gut geratener, gleichmäßiger Lauch.

9.9 An Alustangen gezogene Stangenbohnen. Zweckmäßiger ist es, die Stangen senkrecht zu stellen.

9.10 Buschbohnen „Sperlings Pergousa“

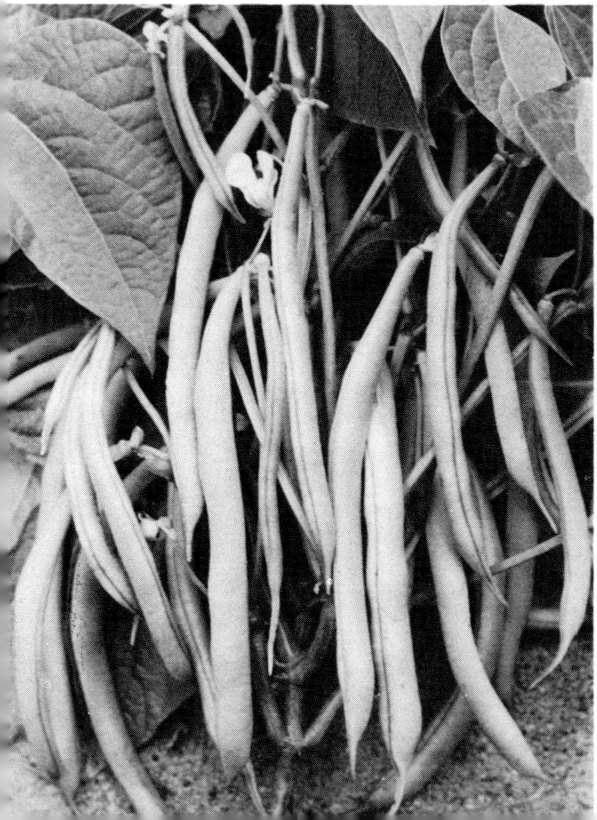

9.11 Tomaten „Isabelle“

ter Haltung. Auch die Sichel mit ihrem gebogenen oder sensenartig geraden Blatt muß gewetzt und gedengelt werden.
Auf Arbeitsgeräte für die Viehhaltung einzugehen würde an dieser Stelle wohl zu weit führen. Einerseits ist die Viehhaltung aus den bereits genannten Gründen auch bei Selbstversorgern die Ausnahme, andererseits hängt das Gerät von der jeweils gehaltenen Tierart ab, auf die wir noch zurückkommen werden.
Nur beiläufig können auch zahlreiche andere Arbeitsgeräte erwähnt werden, die bestimmte Spezialarbeiten erleichtern, aber längst nicht immer benötigt werden, wie etwa ein Handhäufelpflug für die Kartoffeln, ein Obstpflücker für Kernobst, ein Saatrillenzieher usw. Schließlich sollen noch wenigstens einige Beispiele für jene Gruppe von Arbeitsgeräten erwähnt werden, die wohl bei mancherlei Gelegenheiten benötigt wird, aber keinen exakt zu definierenden Einsatzbereich hat: Körbe, Säcke, Eimer und andere Behälter, Scheren und Sägen, Leitern usw.
Nicht fehlen darf der Hinweis auf die Notwendigkeit, die Arbeitsgeräte zu pflegen. Sind sie in regelmäßigem Gebrauch, genügt eine oberflächliche Reinigung, die zur Routine werden sollte. Vor einer längeren Pause aber, etwa während des Winters, sollten alle Arbeitsgeräte besonders sorgfältig gereinigt, ggf. geschärft und an den Eisenteilen vor Korrosion geschützt werden. Für den Korrosionsschutz gibt es mancherlei Mittel, wie Graphitöl. Ausreichend und weitaus billiger aber ist eine Mischung aus altem Motorenöl und Petroleum. Diese Mischung, vor allem das Motoröl, ist freilich dem Bodenleben alles andere als zuträglich, selbst in sehr geringen Mengen, sodaß man die solcherart konservierten und gepflegten Werkzeuge vor dem erneuten Gebrauch sorgfältig abreiben sollte. Unterläßt man das Abreiben, kann bei regelmäßiger Behandlung mit Motoröl eine Auswirkung auf das Bodenleben kaum ausbleiben. Deshalb ist es auch ein etwas zweifelhafter Rat, die Werkzeuge nach jedem Gebrauch kurz in eine mit Motorenöl getränkte Sandkiste zu stecken, um sie auf diese Weise zu säubern.
Die Holzteile sollten vor allem dort, wo sie mit den Eisenteilen in Berührung kommen, durch ein wasserabweisendes Mittel geschützt werden. Das kann ein Holzschutzmittel wie Karbolineum, aber auch Leinöl sein.
So viel zu den Geräten für die Handarbeit im Selbstversorger-Betrieb. Wenden wir uns nun den motorisierten Hilfsgeräten zu, auf die zumindest in größeren Selbstversorger-Betrieben nur schwer zu verzichten ist. Bitte denken Sie auch als engagierter Befürworter einer möglichst konsequenten Autarkie daran, daß vor dem Maschinenzeitalter Klein-

bauernfamilien trotz des Einsatzes von Zugtieren vom frühen Morgen bis zum späten Abend hart arbeiten mußten, um kaum mehr als die lebensnotwendigen Nahrungsmittel zu ernten. Noch vor 50 Jahren arbeiteten durchschnittlich sechs Personen auf einem mittleren Bauernhof, heute ist der Bauer allein und muß die fehlenden Hilfskräfte durch technische Hilfsmittel (und durch die Chemie) ersetzen.
Wichtigstes motorisiertes Arbeitsgerät des Bauern ist der Traktor mit einer Vielzahl von Zusatzgeräten. Für die wesentlich kleinere Fläche eines Selbstversorger-Betriebes mit zahlreichen unterschiedlichen Kulturen ist ein Traktor viel zu unhandlich und teuer; wohl kann er gewiß ganz gute Dienste tun, aber das ist etwa so, als würde man mit Kanonen auf Spatzen schießen. Außerdem verdichtet er durch sein Gewicht den Boden unnötig stark.
Der Traktor des Selbstversorgers hat nur zwei Räder und wird deshalb schlicht Einachsschlepper genannt. Ein Einachsschlepper ist das ideale Grundgerät, das durch zahlreiche Zusatzgeräte für eine Vielzahl von Aufgaben ergänzt werden kann. Es gibt Einachsschlepper bereits als besseres Spielzeug für Hobby-Gärtner, aber auch als „dicke Brummer" mit der Leistung eines kleinen Traktors. Dabei ist nicht nur die reine Motorleistung entscheidend, sondern auch die Qualität und die Kombinationsmöglichkeit mit Zusatzgeräten. Man sollte unbedingt darauf achten, einen Einachsschlepper für den „gewerblichen Dauereinsatz" zu kaufen, wie er von Baumschulen, Gärtnereien, Weinbauern oder im kommunalen Bereich verwendet wird. Solche Profi-Geräte haben allerdings einen sehr gewichtigen Nachteil: ihren Preis! Ein erstklassiger Einachsschlepper mit dem nachstehend beschriebenen Zubehör kostet immerhin so viel wie ein Auto der unteren Mittelklasse! Dennoch ist es besser, eventuell ein solches Gerät gebraucht zu kaufen und sich allmählich das verschiedene Zubehör nach Bedarf anzuschaffen, als ein billiges Hobby-Gerät zu kaufen. Ein erstklassiger, gut gepflegter Einachsschlepper kann 20 Jahre und länger halten!
Kernstück eines Einachsschleppers ist der Motor. Bei Kleinmotoren gelten Zweitakter gegenüber Viertaktern nicht grundlos als robuster, verbrauchen aber auch unter Vollast erstaunlich viel Benzin. In großen Traktoren wird ausschließlich ein Dieselmotor verwendet, der denkbar robust ist und im Verhältnis zu seiner Leistung den weitaus günstigsten Verbrauch hat. Auch für größere Einachsschlepper gibt es Diesel-Motoren, denen dann der Vorzug zu geben ist. Allerdings ist ein Diesel-Motor wegen seiner aufwendigen Bauart wesentlich teurer als ein Benzinmotor. In jedem Fall ist ein im Verhältnis zur Leistung großer Hubraum wichtig, um ein gutes Drehmoment und damit viel Kraft schon bei

niedrigen Drehzahlen zu entwickeln. Maximal drei PS pro 100 cm^3 Hubraum sind akzeptabel. Stark motorisierte Einachsschlepper sind in der Regel auch schwerer gebaut und damit unhandlicher und teurer, allerdings auch leistungsfähiger. Für welche Größe und Ausführung man sich entscheidet, ist von den individuellen Bedürfnissen abhängig.
Ein guter Einachsschlepper hat ein Getriebe mit mindestens drei Vorwärtsgängen, das meist als Umkehrgetriebe arbeitet und folglich ebensoviele Rückwärtsgänge hat. Bei manchen Modellen sind die Führungsholme schwenkbar, um so mit der auf der Rückseite liegenden Zapfwelle auch Frontgeräte antreiben zu können. Die Rückwärtsgänge werden dann zu Vorwärtsgängen (und umgekehrt). Im schnellsten (3.) Gang erreicht ein Einachsschlepper flotte Schrittgeschwindigkeit. Das genügt für alle Arbeiten innerhalb des Grundstücks, aber wer mit einem Anhängewagen Transportaufgaben außerhalb des Grundstücks erledigen möchte, wird einen zusätzlichen Schnellgang wünschen, mit dem man 15 oder gar 20 km/h fahren kann.
Zusatzgeräte lassen sich unterscheiden in solche ohne und mit Antrieb. Ein Anhängewagen oder ein Pflug z. B. werden nicht angetrieben, während die rotierenden Werkzeuge einer Fräse oder die Messerbalken eines Mähwerks angetrieben werden müssen. Das geschieht über eine Zapfwelle, die unabhängig von der Fahrgeschwindigkeit arbeiten und zwei Gänge haben sollte. Bei einfacheren und leichteren Einachsschleppern wird die Fräse nicht hinter dem Schlepper von der Zapfwelle angetrieben, sondern statt der Räder unter dem Schlepper montiert. Die rotierenden Fräswerkzeuge müssen also gleichzeitig für den Vortrieb sorgen. Auch diese Methode funktioniert zufriedenstellend, wenn man kräftige Arme hat, um die bockende Maschine zu bändigen. Bessere Einachsschlepper bieten die Möglichkeit, vorübergehend den Antrieb eines Rades zu unterbrechen und dadurch auf der Stelle zu wenden (Einzelradlenkung).
Die Arbeitsleistung eines Einachsschleppers wird natürlich wesentlich von seiner Motorleistung beeinflußt, und wie erwähnt stecken starke Motoren in aller Regel in schweren Einachsschleppern. Leistung und hohes Gewicht sind günstige Voraussetzungen für die wohl schwerste Arbeit, das Pflügen, und die Voraussetzungen müssen schon günstig sein, um in schwerem Boden eine einwandfreie, 20 Zentimeter tiefe Furche ziehen zu können. Leichte Geräte ritzen nur den Boden auf oder schälen ihn allenfalls in wenigen Zentimetern Tiefe.
Wichtiger als der (Wende-)Pflug ist jedenfalls die Fräse, die bei aktivem Boden und genügend Humusdünger den Pflug zu ersetzen vermag. Bei gezogenen, zapfwellengetriebenen Fräsen ist die Frästiefe exakt einzu-

stellen, sodaß man flach und ohne unnötige Beeinträchtigung des Bodenlebens arbeiten kann. Die Fräse sollte etwas breiter sein als die Schlepper-Spur.
Ein Frontmähwerk erledigt die Arbeit einer Sense, aber mit einer Arbeitsbreite von mehr als einem Meter ungleich schneller. Wer nicht partout sein Getreide selbst ernten will, wird ein Frontmähwerk nur benötigen, wenn er Vieh hält und Heu machen muß.
Mit Fräse, Pflug, Frontmähwerk und Anhängewagen sind die wichtigsten Zusatzgeräte aufgezählt, aber beileibe nicht alle. Es gibt z. B. einen Häufelpflug für Kartoffeln, ein Planierschild für Räumarbeiten und zum Schneeschieben, eine Egge, Kultivatoren, einen Generator zur Stromerzeugung, eine Zapfwellen-Pumpe oder eine Riemenscheibe zum Antrieb von Kreissägen oder dergleichen. Für den Einachsschlepper selbst gibt es Dinge wie unterschiedliche Räder, Zusatzgewichte, Spurverbreiterungen usw., ganz zu schweigen von Zubehör, wie es Selbstversorger wohl kaum brauchen: Rasenmäher oder Schneefräsen!
Ein Einachsschlepper ist teuer, gewiß, aber wer einmal mit ihm gearbeitet hat, wird nicht mehr auf ihn verzichten wollen, weil die Zeit- und Arbeits-Ersparnis in einem größeren Selbstversorger-Betrieb erheblich ist.

9. Das Gemüse im Garten

Der Anbau von Obst und Gemüse im Garten ist für die meisten Selbstversorger die tragende Säule ihrer Ernährung. Sowohl der feldmäßige Anbau als auch die Haltung von Nutztieren sind den höheren Formen der Selbstversorgung vorbehalten, aber auch dann noch wird der Garten das Herzstück bleiben. Trotz dieser überragenden Bedeutung können in diesem Buch nur andeutungsweise Kulturanleitungen für die wichtigsten Gemüse und Obstsorten gegeben werden. Es gibt zahllose dicke Bücher, die sich nur damit, oft sogar nur mit einem kleinen Teilgebiet der im Garten anzubauenden Pflanzen, beschäftigen und die dennoch kaum Anspruch auf Vollständigkeit erheben können.

Bitte blättern Sie einmal zurück auf Seite 34 und betrachten Sie sich den Jahresbedarf einer vierköpfigen Familie an Vegetabilien. Praktisch das gesamte Obst und Gemüse wird im Garten angebaut, Kartoffeln sind ein Grenzfall, Getreide gehört recht eindeutig zum feldmäßigen Anbau. Grob über den Daumen gepeilt läßt sich also feststellen, daß rund die Hälfte der zur Erzeugung der Vegetabilien dienenden Anbaufläche eines Betriebes mit ausgeprägter oder höherer Form der Selbstversorgung und die gesamte Anbaufläche eines Betriebes mit einer anderen Form der Selbstversorgung dem Gartenland zuzurechnen ist.

Vom Erfolg der Bewirtschaftung unseres Gartens hängt es also wesentlich ab, ob es uns gelingt, uns während des gesamten Jahres gut, ausreichend und abwechslungsreich zu ernähren. Im Sommerhalbjahr von Mai bis Oktober sollte das eigentlich kein Problem sein, aber es gilt auch, Wintergemüse für den Frischverzehr mit hohem Vitamingehalt sowie lagerfähiges und konservierbares Gemüse und Obst zu erzeugen, mit dem die kalte Hälfte des Jahres überbrückt werden kann. Das, aber auch die Anforderungen des Fruchtwechsels, die Düngung, die

Ansprüche der verschiedenen Pflanzen und deren Aussaat und Ernte setzt voraus, daß am Anfang jeder systematischen Gartenarbeit ein Anbauplan steht.

EINMACH-KALENDER GEMÜSE/PILZE

	Jan.	Feb.	März	April	Mai	Juni	Juli	Aug.	Sept.	Okt.	Nov.	Dez.
Blumenkohl							●	●	●			
Bohnen							●	●	●			
Erbsen						●	●	●				
Gurken								●	●			
Möhren						●	●	●				
Paprika								●	●			
Rotkraut									●	●		
Sauerkraut									●	●		
Schwarzwurzeln									●	●		
Sellerie									●	●	●	
Spargel					●	●						
Tomaten							●	●	●			
Champignons					●	●	●	●	●	●		
Maronenpilze							●	●	●	●	●	
Morcheln				●	●							
Pfifferlinge						●	●	●	●	●		
Steinpilze					●	●	●	●	●	●	●	

9.1 Der Anbauplan

Die Verträglichkeit der Pflanzen mit sich selbst oder nahen Verwandten ist wohl recht unterschiedlich, aber grundsätzlich muß man davon ausgehen, daß mit wenigen Ausnahmen ein jährlicher Wechsel der auf einer bestimmten Fläche anzubauenden Frucht vorgenommen wird. Wer sicher gehen will, ohne sich allzu sehr mit der individuellen Selbstverträglichkeit aller Gartenpflanzen zu befassen, wird bemüht sein, nur alle drei oder vier Jahre nahe miteinander verwandte Pflanzen auf die gleiche Fläche zu bringen. Das aber bedeutet, daß auch die Anbaupläne der Vorjahre bei der Aufstellung des neuen Gartenplanes berücksichtigt werden müssen.
Nicht nur nahe miteinander verwandte Pflanzen sind im Folgeanbau gelegentlich unverträglich. Beispielsweise mögen sich Zwiebeln und Hülsenfrüchte nicht; umgekehrt verleihen Zwiebeln und Karotten sich gegenseitigen Schutz vor ihren artspezifischen Schädlingen. Auch solche Freund- und Feindschaften müssen berücksichtigt werden.
Schließlich sind die Nährstoff-Ansprüche der Pflanzen, wie wir bereits wissen, recht unterschiedlich. Da in aller Regel jedes Jahr nur ein Teil

des Gartens gedüngt wird, gilt es, auf den gedüngten oder gerade nicht gedüngten Flächen das entsprechende Gemüse anzubauen. Das alles – und noch mehr, wie wir sehen werden – gehört zum Anbauplan, und ein guter Anbauplan ist nicht einfach zu erstellen. Immerhin aber haben wir ja während des Winters genügend Zeit dafür.
Zunächst einmal ist es erforderlich festzustellen, wie die Anbaufläche von 150 Quadratmetern, auf der das Gemüse für eine vierköpfige Familie erzeugt werden soll, aufzuschlüsseln ist. Für das so gut wie ausschließlich dem Frischverzehr dienende Frühgemüse planen wir die Hälfte ein; zu diesen Frühgemüsen zählen Salate, Spinat, Rettiche, Radieschen, teilweise aber auch Erbsen, Bohnen und Möhren. Die zweite Hälfte dient dann logischerweise dem Anbau von Lager- und Winter-Gemüse – ohne die Kartoffeln, die wir getrennt behandeln werden. Zu den Wintergemüsen gehören vor allem die meisten Kohlsorten, aber auch Karotten, Zwiebeln, Lauch, Sellerie, Bohnen, Erbsen und andere lagerbaren Gemüse.
Glücklicherweise sind innerhalb dieser beiden Gruppen, also den Früh- und den Lager-Gemüsen, Pflanzen mit unterschiedlichen Nährstoff-Ansprüchen der ersten, zweiten und dritten Tracht vertreten. Insofern ergeben sich also keine Probleme, wir können die Bedürfnisse der Gemüsepflanzen berücksichtigen, ohne quantitative Verschiebungen zwischen Früh- und Wintergemüsen vornehmen zu müssen. Allerdings können wir nicht in jeder Gruppe anbauen, was uns am besten schmeckt, sondern müssen eine Übereinstimmung zwischen den Bodenverhältnissen und den Nährstoff-Ansprüchen anstreben.
Offensichtlich reicht bei der klassischen Dreiteilung der Anbaufläche jenes Drittel nicht aus, das frisch gedüngt wurde und mit Gemüsen der ersten Tracht zu bestellen ist. Frühgemüse wie Salate und Spinat beanspruchen ihren Anteil an diesem Drittel ebenso wie alle Kohlsorten, und einige dieser Kohlsorten sind als Wintergemüse nicht weniger wichtig als die erwähnten Frühgemüse – denken wir nur an Grün-, Rosen- oder Wirsing-Kohl, die uns mitten im Winter mit frischem Gemüse versorgen.
Nun werden wir bestrebt sein, die vorhandene Anbaufläche zum Teil mehrfach zu nutzen, also etwas den sehr frühen Spinat auf einer frisch gedüngten Fläche anbauen und ihm später den Kohl folgen zu lassen. Das aber geht so einfach nicht, denn wenn eine zur ersten Tracht gehörende Vorfrucht wie Spinat abgeerntet ist, dann ist diese Anbaufläche nicht mehr ohne weiteres für andere Gemüse der ersten Tracht geeignet. Der Spinat hat ihr so viele Nährstoffe entzogen, daß der Rest für den Kohl nicht mehr genügt. Wohl kann man mit gut verrottetem Mist oder reifem Kompost durch eine Zwischendüngung die Bodenverhält-

GEMÜSE-ANBAUFLÄCHE FÜR EINEN VIER-PERSONEN-HAUSHALT

Gemüseart	Ungeputzte Rohware 4 VvP/kg/Jahr Bedarf	Bedarf einschl. Lagerverlusten		Mittlere Erträge je qm kg bzw. Stück		Anbaufläche in qm	Anbau als H	V	Z	N	Bemerkungen
Schwachzehrer											
Bohnen – Busch	28,0	28,0			1,0	28,0	28,0				N Kohlrabi spät, Winterrettich, fr. Möhren
Erbsen	24,0	24,0			1,0	24,0	24,0				N 12 qm Erdbeerneuanlage
Möhren – früh			14,4	(2–3)	2,0	7,2		3,6		3,6	N Blumenkohl
	48,2	54,4									
– spät			40,0	(3–4)	4,0	10,0	10,0				
Rote Rüben	9,2	10,5		(3–4)	3,5	3,0	3,0				
Schwarzwurzeln	8,4	8,4		(1,5–2)	2,0	4,2	4,2				
Zwiebeln – Steckzw.			10,8	(2,5–4)	3,0	3,6	1,6	2,0			N Blumenkohl
	29,2	30,3									
– Saatzw.			19,5	(2,5–3)	3,0	6,5	6,5				
Starkzehrer											
Blumenkohl	16,6	16,8		(2–4)	3,0	5,6	5,6				25 Pflanzen N v. frühen Möhren/Steckzw.
Dicke Bohnen	5,3	5,3			1,2	4,4	4,4				N Porree
Gurken	48,9	48,9		(2–3)	2,5	19,6	19,6				V+Z Spinat, Salat, Kohlrabi, Radies
Kohl – früh			19,2	(3–5)	4,0	4,8	4,8				24 Pflanzen, N Spinat
	69,4	73,2									
– spät			54,0	(4–7)	5,0	10,8	10,8				40 Pflanzen
Sellerie	13,6	15,0		(2,5–3)	3,0	5,0	5,0				25 Pflanzen
Rosenkohl	8,0		8,0		0,8	10,0	10,0				
Tomaten	9,5	9,5			2,5	3,8	3,8				12 Pflanzen
Doppelnutzung											
Endivien	6,6	6,6			11,5 Pfl./qm	4,0				4,0	45 Pflanzen
Feldsalat	10,5	10,5		(1,5–2)	1,5	7,0			7,0		
Grünkohl	18,7	18,7			2,0	9,4				9,4	36 Pflanzen
Kohlrabi	14,4	14,4		(1,5 früh/2,5 spät)	2,0	7,2		3,6		3,6	90 Pflanzen früh, 30 Pflanzen spät
Kopfsalat	31,5	31,5		20 Pfl. früh, 11,5 Pfl. So., 30 Pfl. Wi./qm		6,0		2,0	2,0	2,0	40 Pfl. früh, 25 Pfl. Sommer, 60 Pfl. Winter
Porree	12,0	12,0			5,0	2,4				2,4	50 Pflanzen
Spinat	21,8	21,8			2,0	10,9		7,2		3,7	
Rettich/Radies	6,1	6,1		(1,5–2)	1,5	4,0		2,0		2,0	
Summe	439,9	453,9				207,4	147,3	20,4	9,0	30,7	

60,1 qm Doppelnutzung = etwa 40% von 147,3 qm

207,4 qm

H = Hauptfrucht; V = Vorfrucht; Z = Zwischenfrucht; N = Nachfrucht.

(nach Siebeneicher)

nisse wieder ausreichend verbessern, aber das bedeutet noch keine grundsätzliche Lösung unseres Problems.

Es hat sich als zweckmäßig erwiesen, das Problem der zu kleinen anteiligen Anbaufläche für Gemüse der ersten Tracht dadurch zu lösen, daß man nicht alle drei, sondern alle zwei Jahre gründlich mit Mist und/oder Kompost düngt und dementsprechend nur zwischen Gemüsen der ersten Tracht auf der einen und der zweiten/dritten Tracht auf der anderen Seite unterscheidet (s. a. Kapitel 6.). Leider hat dieses Verfahren den Nachteil, daß man volle 50 Prozent mehr Dünger benötigt. Noch viel mehr Dünger aber würde man benötigen, wenn man völlig auf das Umgraben verzichtet und jährlich die gesamte Anbaufläche mit einer ordentlichen Kompostschicht bedeckt.

Obwohl wir uns in diesem Kapitel nur mit den Gemüsen befassen wollen, müssen an dieser Stelle auch die Erdbeeren erwähnt werden. Bekanntlich gehören sie zu den Pflanzen, die ganz besonders schlecht mit sich selbst verträglich sind und nach einer zwei- bis dreijährigen Kulturzeit frühestens nach fünf Jahren wieder am gleichen Standort angebaut werden dürfen. Die Erdbeeren wandern also als „Fremdkörper“ quer durch unseren Gemüsegarten; wenn möglich, werden sie stets am Rande der Anbaufläche angesiedelt, weil sonst – insbesondere bei Verwendung motorisierter Hilfsgeräte – die Bodenbearbeitung erschwert wird. Das gilt übrigens auch für die erst mitten im Winter für den Frischverzehr zu erntenden Gemüse.

Bei der Neuanlage eines Gartens gibt es natürlich keine Anbaupläne aus den Vorjahren, die unseren Spielraum einengen. Dafür aber ist auch die Reihenfolge der Düngung noch nicht eingespielt, es gibt noch kein Land der zweiten/dritten Tracht. Handelt es sich bei unserem neuen Garten um eine umgebrochene Wiese, kann der ungedüngte Boden im ersten Jahr unbedenklich für die Gemüse der zweiten/dritten Tracht verwendet werden. Auf jeden Fall aber sind bei der Neuanlage und Planung eines Gartens Nebenflächen für Wege und Komposthaufen vorzusehen. Die Wege allein – man sollte es nicht glauben – beanspruchen volle 20 Prozent, insgesamt muß man etwa ein Drittel der Nutzfläche für Nebenflächen vorsehen! Die Wege zwischen den Beeten sind etwa 25 Zentimeter breit, die Beete maximal 125 Zentimeter, da sie sonst schlecht von den beiden Seiten aus zu bearbeiten sind. Mindestens einen Meter breit sollte der Mittelweg sein, besser sind 125 oder 150 Zentimeter, insbesondere dann, wenn gelegentlich ein Einachsschlepper mit Anhänger dort fahren soll. Der Mittelweg ist gewissermaßen das Rückgrat des Gartens und gleichzeitig Arbeitsfläche.

Auch die Wasseranschlüsse oder der Schlauch liegen dort. Im Idealfall ist der Mittelweg gepflastert.
Wenn wir also jetzt die Anbaufläche unseres Gartens errechnet haben und die Nebenflächen zuschlagen, erhalten wir die Gartengröße für eine vierköpfige Musterfamilie, wobei gut durchschnittliche Verhältnisse zugrunde gelegt wurden und weder Kartoffeln noch Getreide, aber auch kein Stein- oder Kernobst berücksichtigt worden sind.

Frühgemüse	75 Quadratmeter
Wintergemüse	75 Quadratmeter
Erdbeeren	25 Quadratmeter
Beerensträucher	110 Quadratmeter
Anbaufläche	285 Quadratmeter
Nebenflächen (1/3)	95 Quadratmeter
Gesamt-Garten	380 Quadratmeter

Auf den Anbau von Kartoffeln und Getreide wurde verzichtet, weil diese erstens beim feldmäßigen Anbau berücksichtigt werden und zweitens erst dann über den Bedarf an anderem Gemüse und Obst hinaus erzeugt werden, wenn eine höhere Form als die „weitgehende Selbstversorgung“ betrieben wird. Dieses zweite Argument liefert auch die Erklärung dafür, daß der Kern- und Steinobst-Anbau hier nicht berücksichtigt wurde.
Die 110 Quadratmeter für Beerensträucher ergeben sich daraus, daß etwa ein Drittel der in der Tabelle auf Seite 34 vorgesehenen 400 Quadratmeter für den Obstbau auf Beerenobst entfällt und die Erdbeeren darin einzubeziehen sind.
Der abgebildete Gartenplan berücksichtigt alle Anforderungen bei einer Neuanlage. Für Gemüse stehen insgesamt 144 Quadratmeter an Beetfläche zur Verfügung, dazu kommen noch ein paar Quadratmeter für den Rhabarber als Dauergemüse. Die Erdbeeren beanspruchen zwei Doppelbeete und wandern im Verlauf der Jahre durch den Gemüsegarten. Unter Berücksichtigung der Nebenflächen ergibt sich für die Beerensträucher eine Restfläche von 113 Quadratmeter, was ja recht genau dem theoretischen Bedarf entspricht.
Die Hälfte der Gemüse-Anbaufläche wird alljährlich mit Mist gedüngt – sofern vorhanden – und trägt Gemüse der ersten Tracht, auf der ande-

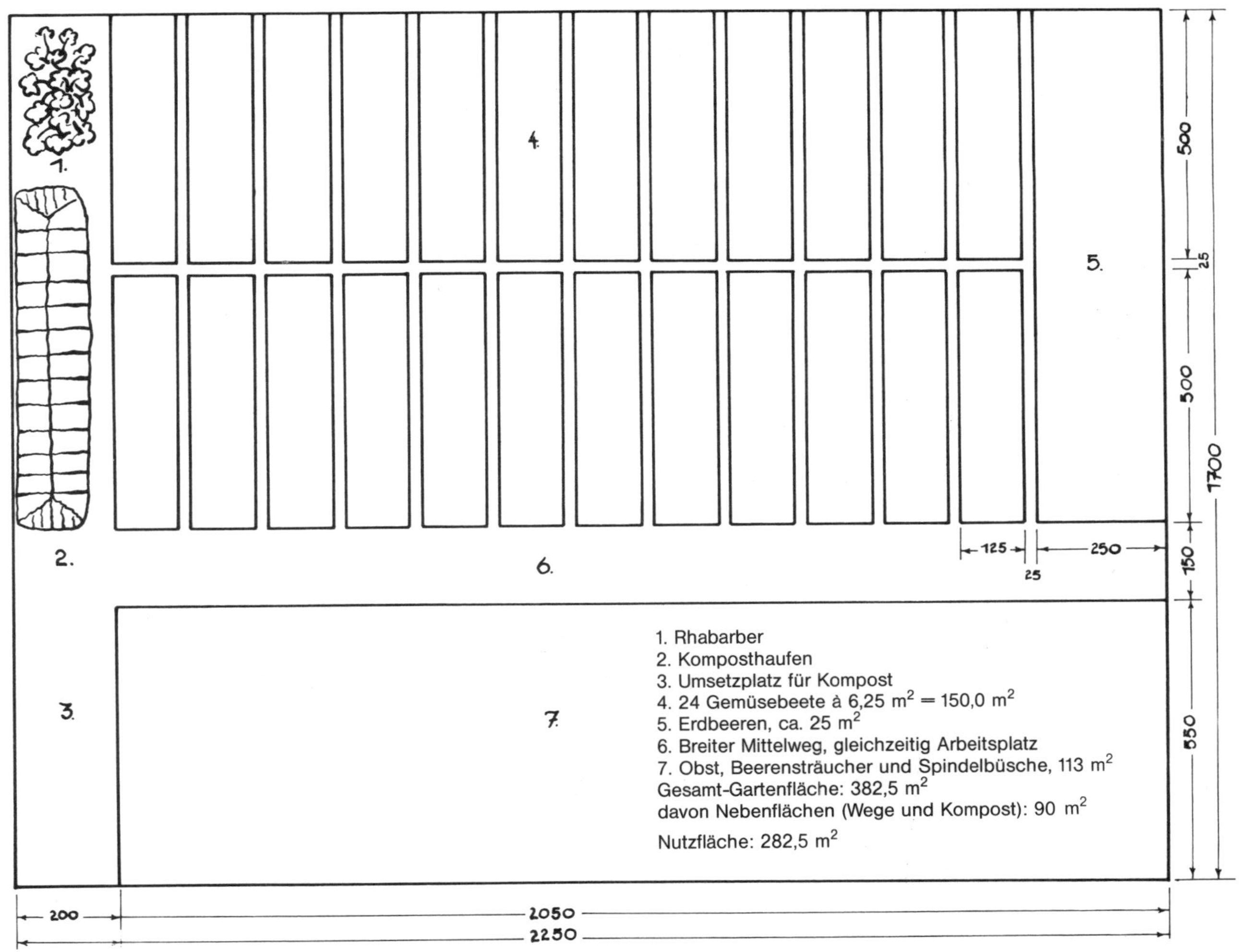
1.
2.
3.
4.
5.
6.
7.
200
2050
2250
500
25
500
1700
125
25
250
150
550
1. Rhabarber
2. Komposthaufen
3. Umsetzplatz für Kompost
4. 24 Gemüsebeete à 6,25 m² = 150,0 m²
5. Erdbeeren, ca. 25 m²
6. Breiter Mittelweg, gleichzeitig Arbeitsplatz
7. Obst, Beerensträucher und Spindelbüsche, 113 m²
Gesamt-Gartenfläche: 382,5 m²
davon Nebenflächen (Wege und Kompost): 90 m²
Nutzfläche: 282,5 m²

ren Hälfte werden Gemüse der zweiten und dritten Tracht zusammengefaßt. Zwischen zwei Kulturen im gleichen Jahr wird reichlich mit Kompost gedüngt, es wird ständig gemulcht, und immer dann, wenn die Gemüse nicht bis in den Winter hinein auf dem Land bleiben (Lauch, Grün-, Wirsing- oder Rosenkohl), wird nach der Ernte eine Gründüngung ausgebracht: bis Anfang August ein Leguminosen-Gemenge, danach Senf oder eine andere schnellwüchsige und anspruchslose Pflanze. Wenn kein Mist verfügbar ist, muß er durch Kompost ersetzt werden, wobei die im Garten anfallende Kompostmenge auch nicht annähernd ausreicht.

9.2 Dauergemüse

Eine Sonderstellung nehmen die Dauergemüse ein: Meerrettich, Spargel und Rhabarber. Sie bleiben viele Jahre hindurch am gleichen Ort. Meerrettich ist vor allem in Süddeutschland beliebt. Zur Pflanzung verwendet werden die von der eigentlichen Stange ausgehenden dünnen Seitenwurzeln. Ob sich die Mühe lohnt, sei dahingestellt, zumal alle zwei bis drei Jahre die Meerrettich-Kultur neu angelegt werden sollte.

Spargel gilt als ausgesprochenes Luxusgemüse. Sein Flächenertrag ist sehr gering, sein Nährwert mäßig, der Arbeitsaufwand nach der klassischen Anbaumethode hingegen erheblich. Sein Hauptvorteil ist die sehr frühe Ernte von Mitte April bis Mitte Juni. Eine Spargelkultur trägt etwa 20 Jahre. Viel einfacher ist insbesondere die Ernte beim Grünspargel, der nicht in Wällen gestochen, sondern an der ebenen Bodenfläche abgeschnitten wird. Da er dem Licht ausgesetzt ist, färbt er sich grün, was kein Nachteil ist, während der bekanntere Bleichspargel ja nur deswegen weiß bleibt, weil er durch den schützenden Sandwall noch nicht dem Licht ausgesetzt war. Wer eine Bleichspargel-Kultur im lehmigen Boden anlegen will und keinen Sand für die Wälle heranschaffen möchte, oder wer die Mühe scheut, die Wälle anzulegen, steckt Anfang April Drahtbügel über die Reihen und spannt eine schwarze Folie darüber. Alle zwei oder drei Tage schneidet man dann während der Erntezeit die Spargelpfeifen an der Erdoberfläche ab; die

Folie verhindert, daß sie sich verfärben. Nach der Ernte wird die Folie wieder abgeräumt, damit die Pflanzen ungehindert wachsen und Nährstoffe einlagern können. Spargel kommt für Selbstversorger wohl nur in Frage, wenn reichlich Platz vorhanden ist; die für den Gemüseanbau vorgesehene Fläche muß wegen des geringen Flächenertrags von Spargel dann entsprechend vergrößert werden.
Rhabarber ist wohl das wichtigste Dauergemüse. Oft wird er dem Obst zugerechnet, weil man ihn gesüßt als Nachspeise ißt, aber von Obst sprechen wir nur, wenn es sich bei den eßbaren Teilen der Pflanze um die Fruchtfleischhülle handelt, die den Samen umgibt; die einzige Ausnahme ist dann das Schalenobst (Nüsse, Eßkastanie).
Der Rhabarber ist also kein Obst, sondern ein Gemüse. Er trägt sechs bis acht Jahre, dann muß er verpflanzt werden. Gepflanzt werden im Frühjahr oder Herbst Teile des Wurzelstocks (Rhizom) – aus einer kräftigen Rhabarber-Pflanze kann man sechs bis acht neue Pflanzen ziehen. Der Pflanzenabstand beträgt etwa 100 bis 120 Zentimeter, etwa ein Drittel der Stiele können geerntet werden, allerdings nicht auf einmal, sondern nach und nach. Die Ernte beginnt normalerweise in der zweiten Aprilhälfte, also erfreulich früh; wenn rechtzeitig ein Zelt aus durchsichtiger Plastikfolie über dem Rhabarber aufgestellt wird, kann man ihn sogar noch zwei bis drei Wochen früher ernten! Eine ausgewachsene, kräftige Pflanze sollte acht Kilogramm Stiele liefern, die möglichst tief ausgebrochen werden. Blütenstände werden sofort nach Erscheinen ausgebrochen, um die Pflanze nicht unnötig zu schwächen. Dem beachtlichen Ertrag entsprechend sind die Düngeransprüche erheblich.
Der Nährwert des Rhabarbers ist gering, auch sein Vitamingehalt wird oft überschätzt; außerordentlich hoch ist hingegen sein Gehalt an wertvollen Fruchtsäuren, vor allem an Apfel- und Zitronensäure. Zwei bis drei Pflanzen sollten in keinem Selbstversorger-Garten fehlen.

9.3 Frühgemüse und Wintergemüse

Frühgemüse dienen vor allem dem Frischverzehr und haben eine relativ kurze Entwicklungszeit. Dennoch können nur wenige Frühgemüse vor Juni geerntet werden, ihre Erntezeit endet etwa im Oktober. Anschließend werden die Wintergemüse gegessen – entweder frisch oder gelagert bzw. konserviert. Manche Pflanzen, wie die Bohnen oder die Erbsen, werden unreif als Frühgemüse gegessen, reif aber als lagerfähiges Wintergemüse behandelt, andere, wie die Karotten/Möhren, sind wohl lagerbar, aber wegen ihrer kurzen Enwicklungszeit auch als Frischgemüse geschätzt.

Die Grenzen zwischen Früh- und Wintergemüsen verlaufen also fließend, der Erntezeitpunkt allein genügt nicht für eine Unterscheidung, obwohl natürlich die wenigen im wirklichen Winter frisch zu erntenden Gemüse kaum als Frühgemüse zu bezeichnen sind. Treffender als der Erntezeitpunkt beschreibt die Lagerfähigkeit die Einstufung als Wintergemüse, das deshalb auch gern als Lagergemüse bezeichnet wird. Umgekehrt bezeichnet man Gemüse, das für den Frischverbrauch angebaut wird, mit Ausnahme der erst im Winter geernteten Sorten als Frischgemüse.

Gemüse kann entweder direkt in das dafür vorgesehene Beet gesät werden und verbleibt dort bis zur Ernte, nachdem die oft zu dicht stehenden und sich gegenseitig behindernden heranwachsenden Pflänzlein auf den richtigen Abstand vereinzelt worden sind, oder die Anzucht der jungen Pflänzlein erfolgt unter günstigeren Umständen, als sie im Freiland-Beet zu finden sind. Erst später, wenn die Jungpflanzen widerstandsfähiger geworden sind, insbesondere aber das Wetter wärmer geworden ist, werden sie in die Freiland-Beete ausgepflanzt. Sie haben jetzt natürlich einen Entwicklungsvorsprung gegenüber den erst später direkt in das Freiland gesäten Gemüsen und sind folglich auch früher zu ernten. Bei einer Intensivnutzung ist die Aufzucht von Jungpflanzen unverzichtbar. Einerseits wird dadurch die magere Zeit zwischen Februar und April verkürzt, in der die meisten eingelagerten Gemüse verbraucht oder verdorben sind und in der kaum schon frisches Gemüse zu ernten ist; andererseits räumen solche vorgezogenen Gemüse auch früher ihre Beete, sodaß noch eine Folgekultur möglich ist. Neben einem ungeschützten Anzuchtbeet gibt es den „Kalten Kasten“ und den „Warmen Kasten“ sowie das Gewächshaus für die Jungpflanzen-Anzucht, aber auch ein Kasten auf der Fensterbank kann helfen. Im Kapitel über Intensivnutzung wird noch einmal auf diese Möglichkeiten zur frühzeitigen Anzucht von Jungpflanzen eingegangen.

Die Entwicklungszeit der Gemüsepflanzen ist sehr unterschiedlich; diese Zeit zwischen Aussaat und Ernte wird entscheidend beeinflußt von dem Aussaat-Termin in Abhängigkeit von der Mindest-Temperatur, der artspezifischen Reifezeit, oft der Dauer des Tageslichtes und den Bodenverhältnissen. Die Schwankungen durch die jeweiligen Wetterverhältnisse und die geografische Lage des Anbauortes sind verhältnismäßig gering.

9.4 Die Salatgemüse

Der Kopfsalat hat unter Hobby-Gärtnern wohl den größten Stellenwert unter allen Gemüsen. Auch wir Selbstversorger schätzen ihn natürlich sehr, aber er ist nur eines unter vielen wichtigen Gemüsen; sein größter Nachteil für uns ist die Tatsache, daß er kaum lagerbar ist. Dafür aber kann er vom Mai bis in den November hinein geerntet werden, wenn die erste Aussaat unter schützendem Glas erfolgt, regelmäßig nachgesät wird und die klimatischen Verhältnisse nicht allzu widrig sind. Es ist allerdings wichtig, im Jahresverlauf jeweils die richtige Sorte auszusäen, wenn Mißerfolge vermieden werden sollen, da erhebliche Unterschiede in der Entwicklungszeit und im Temperaturbedarf herausgezüchtet wurden.

Am wichtigsten dürften die Frühsalate sein, die ab Februar unter Glas ausgesät und Ende März/Anfang April ausgepflanzt werden, sodaß man sie ab Anfang Mai ernten kann. Frühsalat keimt um 15 Grad Celsius; ist es wesentlich wärmer, entwickeln sich dünne, schwächliche Pflanzen, die sich schlecht zum Auspflanzen eignen. Frühsalat kann noch einmal – etwa Mitte August – direkt in das Freiland gesät und später verzogen werden. Er ist dann ab Oktober zu ernten, bei mildem Wetter bis in den November!

Frühsommer-Salate werden meist ebenfalls unter Glas, bei schönem Wetter aber auch direkt in das Freiland gesät, und zwar noch bevor der Frühsalat geerntet werden kann, also in der zweiten April-Hälfte und Anfang Mai; anschließend folgt bis Mitte Juli der Sommersalat in mehreren Folgesaaten. Bei richtiger Planung kann man sieben Monate im Jahr Kopfsalat essen! Kopfsalat gehört zu den Gemüsen der ersten Tracht, verlangt also nährstoffreichen, gut gedüngten Boden. Er hat einen recht hohen Wasserbedarf. In der Reihe und zwischen den Reihen sollte der Pflanzenabstand zwischen 25 und 30 Zentimetern liegen. Auf unseren Normbeeten sind also fünf Reihen unterzubringen. An Saatgut benötigen wir pro Quadratmeter die unglaublich geringe Menge von 0,05 Gramm, wenn wir die Pflanzen unter Glas vorziehen und später auspflanzen. Bei Direktsaat in das Freiland rechnet man mit 0,25 Gramm/Quadratmeter, weil die Pflänzchen nach dem Auflaufen auf den richtigen Abstand vereinzelt werden müssen. Natürlich wird man in der Praxis nicht den Samen mit der Apothekerwaage abwiegen, die Angabe der Saatmenge mag aber ein Hinweis darauf sein, wieviele Tütchen man kaufen muß bzw. wie dünn zu säen ist. Die ideale Saattiefe liegt bei zwei Zentimetern, als Ertrag kann man bis zu zwei kg/qm erwarten. Kopfsalat ist reich an Vitamin A.

Weit weniger bekannt als der Kopfsalat, aber für Selbstversorger recht interessant sind der Pflück- und der Schnittsalat. Sie haben eine kürzere Entwicklungszeit als Kopfsalat, können deshalb also schon ab April geerntet werden! Ihre Entwicklungszeit von der Saat bis zur Ernte beträgt nur fünf bis sechs Wochen. Das aber ist nicht ihr einziger Vorteil.

Im Gegensatz zum Kopfsalat nämlich erntet man nicht die ganze Pflanze auf einmal, sondern schneidet (Schnittsalat) mehrmals hintereinander Blätter ab, bis die Pflanze schießt, bzw. pflückt (Pflücksalat) die zarten jungen Blätter während der Vegetationszeit mehrmals von unten nach oben von einem ca. 50 Zentimeter hohen Stengel. Da in das Freiland gesät wird, liegt der Samenbedarf etwa zwischen 0,2 und 0,4 Gramm/Quadratmeter. Beide Salate bilden keine Köpfe, deshalb kann der Reihenabstand auf etwa 20 Zentimeter verringert werden.

Kopf-, Pflück- und Schnittsalat gehören ebenso wie die Sommer-Endivie, die bei uns keine große Rolle spielt, zu den frostempfindlichen Salatgemüsen. Der Winter-Endivie kommt bei uns hingegen schon deswegen eine größere Bedeutung zu, weil unser Klima im allgemeinen für die Wintersorten des Kopfsalates zu rauh ist. Auch die Winter-Endivie verträgt freilich nur mäßigen Frost, sollte also bis Ende November geerntet sein, es sei denn, man schützt sie durch eine Folie oder pflanzt sie im Frühbeet unter Glas; man kann dann die Ernte bis in den Januar hinausschieben. Um spät ernten zu können, wird die Endivie im Juni/Juli als Nachkultur in das Freiland gesät und vereinzelt oder von einem Anzuchtbeet vier Wochen später im gleichen Abstand wie Kopfsalat (25–30 Zentimeter) ausgepflanzt. Ende August beginnt man, ein paar Endivien, die innerhalb weniger Tage verbraucht werden können, zusammenzubinden oder mit einer schwarzen Folie abzudecken. Dadurch werden sie gebleicht und die Bitterstoffe entzogen. Das Bleichen dauert ein bis zwei Wochen, so daß ab September geerntet werden kann, bis der Vorrat aufgebraucht ist. Manche Sorten sind selbstbleichend.

Noch später kann der Feldsalat, auch Rapunzel oder Rapünzchen genannt, gesät und geerntet werden. Er ist außerordentlich anspruchslos und widerstandsfähig. Außer im Januar/Februar, also im tiefsten Winter, kann er, wenn die Witterungsverhältnisse es zulassen, immer gesät werden. Um ihn im Winter – bis in den März hinein – ernten zu können, muß er bis Mitte/Ende September gesät werden (ca. 1 Gramm/Quadratmeter), am besten in Reihen mit einem Abstand von 20 Zentimetern, damit das Unkraut bekämpft werden kann. Ein Frostschutz ist nicht nötig. Sonderlich gut mag er vielleicht nicht schmekken, aber er gehört zu den wenigen Gemüsen, die wir in der Winterszeit frisch ernten können.

9.5 Die Kohlgemüse

Kohlgemüse sind zum Teil außerordentlich ertragreich, und durch die zahlreichen Sorten mit unterschiedlichem Geschmack bilden sie einen wichtigen Bestandteil der Ernährung von Selbstversorgern. Dennoch gelten sie oft als Arme-Leute-Essen, weil sie verhältnismäßig billig sind und deshalb früher unverkennbarer Kohldunst in Armenquartieren häufig war. Auch wenn das Image des Kohls nicht allzu gut sein mag, ist er ein sehr wertvolles Gemüse – er ist schmackhaft, nahrhaft und ertragreich, zudem recht gut lagerbar.

Kohl verlangt als Gemüse der ersten Tracht einen nährstoffreichen, humosen und gut bewässerten Boden; der hohe Ertrag bedingt eine entsprechende Nährstoff-Versorgung. Kohlpflanzen sind zweijährig, lagern also im ersten Jahr Nährstoffe ein, von denen sie zehren, wenn sie im zweiten Jahr Samen ausbilden; wir lassen es nicht dazu kommen, indem wir sie noch im ersten Jahr ernten.

Am ertragreichsten ist Weißkohl (bis 10 kg/qm). Er ist nicht nur als Gemüse oder Salat frisch zu essen und recht lange zu lagern, sondern vor allem im Winter die Grundlage für das so wichtige und beliebte Sauerkraut, auf dessen Bereitung noch in Verbindung mit der Vorratswirtschaft einzugehen sein wird. Selbstversorger werden wegen des Sauerkrauts vor allem an den Spätsorten des Weißkohls interessiert sein. Gesät wird im April/Mai in ein Anzuchtbeet, die Jungpflanzen können nach ca. vier bis fünf Wochen mit einem Abstand von 50 bis 60 Zentimetern ausgepflanzt werden, die Ernte erfolgt im September bis November. Mit 0,05 bis 0,1 Gramm/Quadratmeter ist der Saatgut-Bedarf wie bei allen Kohlpflanzen sehr gering.

Rotkohl, auch Blaukohl oder Blaukraut genannt, bildet nicht ganz so mächtige Köpfe aus wie Weißkohl, kommt aber dennoch bis auf 6 kg/qm. Wie bei den meisten Kohlgemüsen ist seine Entwicklungszeit recht lang. Er entspricht in Anbau und Nährwert weitgehend dem Weißkohl und wird als besonders schmackhaftes Gemüse trotz des etwas geringeren Ertrags gern angebaut. Wird Rotkohl im Februar/März in das

Frühbeet gesät und werden die Jungpflanzen (im gleichen Abstand wie Weißkohl) im April/Mai ausgepflanzt, kann man ab Juni Rotkohl ernten. Sät man hingegen im April/Mai in ein Anzuchtbeet und pflanzt im Juni aus, oder sät man direkt in das Freiland und vereinzelt später, ist der Rotkohl im Oktober/November zu ernten.

Wirsingkohl ist recht winterhart und deshalb sowohl zum Frischverzehr im Winter als auch zum Lagern sehr gut geeignet. Sein Ertrag ist etwas geringer als jener des Rotkohls, und auch in der Kultur liegt der einzige wesentliche Unterschied darin, daß man ihn wegen seiner Winterhärte meist später erntet. Eine Besonderheit ist der Adventswirsing. Er wird im August gesät und kommt im Oktober als Jungpflanze in Furchen, die im Abstand von 50 Zentimetern angelegt werden und als Wetterschutz dienen. Der Abstand der Pflanzen voneinander beträgt 20 Zentimeter. Geerntet wird nicht zum Advent – da gibt es ja noch genug anderes Gemüse – sondern nach der Vegetationsruhe im April! Es läßt sich denken, daß Frischgemüse in dieser Zeit von ganz besonderem Wert in einem Selbstversorger-Haushalt ist.

Rosenkohl hat mit dem Wirsing die Winterhärte gemeinsam. Ansonsten aber unterscheidet er sich von den bisher genannten Kohlsorten erheblich. Der wichtigste Unterschied liegt darin, daß nur ein Teil der Pflanze – eben die „Rosen" – gegessen wird, der Ertrag also mit 1–1,5 kg/qm verhältnismäßig gering ist. Es kommt hinzu, daß Rosenkohl erhebliche Platzansprüche stellt und nicht zu eng stehen darf, was den Ertrag weiter drückt. Dennoch ist er beliebt, nicht nur wegen seines Geschmacks und seiner Frosthärte, sondern auch, weil er Anfang Juni als Nachkultur gepflanzt werden kann und somit keinen zusätzlichen Platz verlangt. Die Strünke werden oft so hoch, daß sie an einen stützenden Stock gebunden werden müssen. Wie bei dem Pflücksalat die Blätter werden bei dem Rosenkohl die Kohlbällchen von unten nach oben gepflückt. Der Reihenabstand beträgt 60, der Pflanzabstand 50 Zentimeter, geerntet wird bis etwa Ende Januar.

Der Grün- oder Krauskohl bildet keinen Kopf wie der Weißkohl, Rotkohl oder Wirsing (selbst der Rosenkohl bildet ja eine Vielzahl winziger „Köpfchen" aus); die tiefgrünen, krausen Blätter werden dank ihrer außerordentlichen Unempfindlichkeit gegenüber Frost bis in den März hinein geerntet. Vor allem in Norddeutschland ist der Grünkohl zur ausgesprochenen Winter-Spezialität geworden. Wie allen anderen frostharten Gemüsen wird auch dem Grünkohl nachgesagt, daß er am

besten schmeckt, wenn er erst einmal Frost abbekommen hat. Er wird erst spät – im Juli/August – als Nachkultur in einem Abstand von 50 x 50 Zentimetern ausgepflanzt, nachdem im Mai in ein Anzuchtbeet gesät wurde (0,1 Gramm/Quadratmeter). Allerdings wird gerade Grünkohl nach einer Vorkultur auch gelegentlich direkt im entsprechenden Reihenabstand in das Beet ausgesät und später vereinzelt. Der Ertrag liegt bei etwa 1–1,5 kg/qm, und über den Geschmack läßt sich streiten, aber Grünkohl gehört nicht nur zu den wenigen winterharten Gemüsen, sondern ist vor allem durch seinen außerordentlich hohen Vitamingehalt (insbesondere A, B_2 und C) besonders wertvoll. Er wird darin allenfalls von einer „Vitaminbombe" wie der Petersilie übertroffen!

Der Blumenkohl ist etwas, was es eigentlich garnicht geben dürfte, nämlich ein Kohlgemüse, das durch planmäßige Züchtung bereits im

ersten Jahr blüht. Die Blütenköpfe („Blumen") werden, da sie frostempfindlich sind, spätestens Anfang Oktober geerntet. Dazu muß im Mai/Juni gesät und im Juli ausgepflanzt werden. Meistens aber wird unter schützendem Glas im Dezember/Februar gesät, ab April ausgepflanzt und ab Juni geerntet – je nach Aussaat- und Auspflanz-Termin bis etwa Anfang August. Über die sich bildende „Blume" werden als Sonnenschutz einige Blätter geknickt. Gepflanzt wird im Abstand von etwa 50 x 50 Zentimetern, die Saatmenge beträgt ca. 0,1 g/qm. Trotz der Teilnutzung – die umhüllenden Blätter sind ja Abfall – ist der Ertrag mit 1–3 kg/qm recht gut. Blumenkohl hat einen sehr hohen Wasserbedarf. Sein besonderer Wert liegt in seinem hohen Gehalt an Fruchtsäuren. Er ist anspruchsvoll und empfindlich, und wenn er Mangel leidet, bildet er keine Blüten aus.

Broccoli ist dem Blumenkohl eng verwandt. Im Ausland wird sogar ein Winterblumenkohl mit diesem Namen bezeichnet, der aber bei uns nicht gedeiht. „Unser" Broccoli wird auch Spargelkohl genannt und bildet wie der Blumenkohl bereits im ersten Jahr Blüten aus, nicht als geschlossene Köpfe freilich, sondern als grüne Rispen oder Ästchen. Sie werden geerntet, bevor die Blütenknöspchen sich öffnen; aus Seitentrieben werden dann neue Blütenstände gebildet, sodaß man von August bis Oktober mehrere Wochen hintereinander ernten kann. Der Geschmack von Broccli ist sehr fein, die Zubereitung jener des Spargels ähnlich, der Ertrag freilich mit etwa 1 kg/qm mäßig. Ansonsten entspricht die Kultur weitgehend dem Blumenkohl.

Bleiben noch die Kohlrabi. Wie der Blumenkohl unterscheiden sie sich

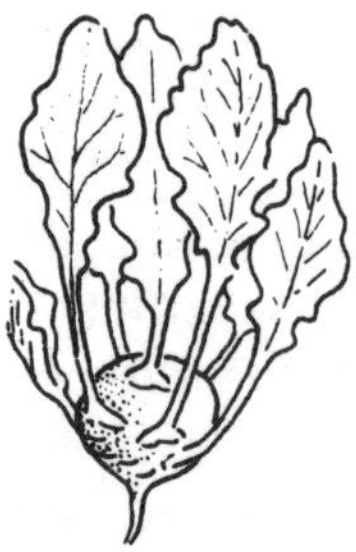

von den meisten anderen Kohlarten dadurch, daß sie bei geschützter Anzucht und zeitigem Auspflanzen im April bereits ab Juni geerntet werden können. Wird im April direkt in das Freiland gesät und später auf 15–20 Zentimeter vereinzelt, kann im September/Oktober geerntet werden. Der Saatbedarf ist dabei mit 1 Gramm/Quadratmeter fünfmal so hoch wie bei der Jungpflanzen-Anzucht. Kohlrabi nehmen unter den Kohlpflanzen eine Sonderstellung ein, da sie grüne oder blaue Knollen ausbilden, die sich über der Erde entwickeln. Deshalb darf auch nicht zu tief gepflanzt werden. Frühsorten kommen nur auf 1–2 kg/qm, Spätsorten auf 4 kg/qm oder mehr.

9.6 Die Wurzelgemüse

Die bekanntesten und wohl auch wichtigsten Wurzelgemüse sind die Möhren oder Karotten, die zu den Doldengewächsen zählen. Während die verschiedenen Salat- oder Kohlgemüse eng miteinander verwandt sind, gehören die Wurzelgemüse verschiedenen botanischen Familien an: außer den Doldengewächsen finden sich unter ihnen Kreuzblütler, Korbblütler und Gänsefußgewächse. Die Wurzelgemüse sind bescheidener in ihren Nährstoff-Ansprüchen als die Salat- und Kohlpflanzen und werden der zweiten Tracht zugeordent. Bei frisch mit Mist gedüngtem Boden leidet nicht nur die ansonsten gute Lagerfähigkeit, sondern es bilden sich an den unterirdischen, eßbaren Pflanzenteilen auch „Beine" durch Teilung der Hauptwurzel aus.
Oft ist der Unterschied zwischen den Möhren und den Karotten unklar, und beide Bezeichnungen werden beliebig durcheinandergebracht. An sich sind Möhren die länglichen, ertragreichen Spätsorten zum Einlagern, Karotten hingegen die kurzen und runden Sorten, die schon früher geerntet werden können und deshalb vorwiegend dem Frischverzehr dienen, aber auch nur etwa den halben Ertrag erreichen, der bei den Möhren bei 5 kg/qm liegen kann.
Karotten werden zwischen Februar und Juni direkt in das Freiland gesät, Möhren ab März, geerntet werden kann dann ab Mai bis in den November. In milderem Klima kann sogar schon im späten Herbst (November/Dezember) gesät werden, aber der nur etwa einen Zentimeter tief liegende Samen läuft ohnehin nur teilweise auf, und solche Spätsaaten werden leicht lückig. Es ist allerdings noch kein Grund zum

Verzweifeln, wenn nach der Aussaat Wochen vergehen, bevor sich ein grüner Schimmer zeigt. Zwei Wochen im Sommer, aber vier Wochen im Frühjahr sind durchaus normal. Gerade im Frühjahr aber möchte man natürlich das jetzt allenthalben auflaufende Unkraut jäten. Deshalb mischt man den Samen schneller auflaufender Gemüse, vor allem Radieschen, aber auch Kohlrabi oder Spinat unter den Karotten- bzw. Möhren-Samen und markiert auf diese Weise die Reihen, zwischen denen dann gehackt werden kann. Von Karotten benötigt man etwa 1,0 Gramm, von Möhren nur 0,5 Gramm/Quadratmeter. Ein Drittel dieser Samenmenge kommt von der Markierungsfrucht hinzu und wird gut vermischt. Bei einem Reihenabstand von 30 Zentimetern wird innerhalb der Reihen auf 5–7 Zentimeter vereinzelt; der Mehrertrag gegenüber nicht vereinzelten Möhren ist erheblich. Der gegenseitige Schutz beim Anbau von Möhren/Karotten und Zwiebeln in wechselnder Reihe wurde bereits erwähnt. Lockerer Boden und gute Bewässerung sind Voraussetzungen für eine gute Ernte. Möhren/Karotten sind reich an Vitamin A.

Auch die Schwarzwurzel verlangt nach einem tiefgründig lockeren Boden. Sie wird möglichst früh etwa zwei Zentimeter tief gesät, wobei zwei Gramm/Quadratmeter Samen benötigt werden. Bei einer Entwicklungszeit von sieben Monaten kann ab Oktober geerntet werden, aber auch, wenn der gefrorene Boden es zuläßt, mitten im Winter, da die Schwarzwurzel unempfindlich gegen Frost ist. Wird erst im Juli/August gesät, wie das früher allgemein üblich war, gibt es im nächsten Sommer eine Ernte der nun zweijährigen Kultur, aber Wühlmäuse räumen oft arg auf, und im Sommer gibt es auch genug anderes Gemüse. Nach dem Auflaufen wird auf fünf Zentimeter vereinzelt, der Reihenabstand beträgt 25 Zentimeter. Auch bei Schwarzwurzeln soll der Boden nicht frisch mit Mist gedüngt sein, ihr Nährstoff-Bedarf ist aber höher als der von Möhren/Karotten. Man kann mit einem Ertrag um 3–4 k/qm rechnen. Der besondere Wert der Schwarzwurzeln liegt, wenn man einmal von ihrer Winterhärte absieht, in ihrem hohen Gehalt an verdaulichen Kohlehydraten und an Mineralstoffen.

Rote Rüben, auch Rote Bete (nicht „Beete") genannt, sind wässriger als Möhren/Karotten oder Schwarzwurzeln und somit frostempfindlicher. Etwa 1–2 Gramm Samen werden pro Quadratmeter benötigt und im April/Mai drei Zentimeter tief und im Reihenabstand von 35 Zentimeter in den Boden gebracht. Es entwickelt sich aus jedem Samen, der in Wirklichkeit eine Frucht mit mehreren Einzelsamen ist, ein Büschel von vier bis sechs Pflanzen, die später auf 10–15 Zentimeter zu vereinzeln sind. Die ausgezogenen Jungpflanzen sind bereits eßbar! Der Ertrag

liegt bei 3–4 kg/qm, der Rohrzucker-Gehalt ist mit ca. 8% recht hoch. Geerntet wird vor dem Frost, Rote Rüben können gut in Mieten gelagert werden.
Knollensellerie ist bei uns schon lange bekannt, seit einiger Zeit gewinnt aber auch der Bleichsellerie an Bedeutung. Da bei dem Bleichsellerie nur die Stiele gegessen werden und sich keine Knollen bilden, gehört er streng genommen nicht in diese Gruppe der Wurzelgemüse, soll aber gemeinsam mit dem Knollensellerie hier behandelt werden. Knollensellerie hat einerseits eine lange Entwicklungszeit von fast sieben Monaten, andererseits ist er frostempfindlich, und da die Samen nur dünn mit Erde bedeckt sein sollten, macht er im Selbstversorger-Garten oft Kummer, indem er sich bei Spätfrösten schlecht entwickelt, im Sommer schießt oder später bei Nachtfrösten erfriert. Bleichsellerie hingegen ist gegen Kälte unempfindlicher und bekommt durch Frost erst den richtigen Geschmack. Dafür macht er auch mehr Arbeit, denn er muß gebleicht werden, wie schon sein Name andeutet. Dazu bindet man ab Mitte August soviele Pflanzen, wie man innerhalb einer Woche essen möchte, oben zusammen und häufelt sie an, oder man hüllt sie in einen Mantel aus schwarzer Folie. Neuere Züchtungen bleichen weitgehend von selbst. Zwei bis drei Wochen nach dem Anhäufeln sind die Stielenden gebleicht und damit frei von Bitterstoffen, sodaß ab Anfang September geerntet werden könnte. Besser aber verschiebt man das Bleichen und damit auch die Ernte bis in den Oktober/November, weil dann das Angebot an anderem Gemüse knapper ist. Die Anzucht der Sellerie-Jungpflanzen ist mühsam, da sie im Haus bei entsprechender Wärme erfolgen muß. Ausgepflanzt wird nicht vor Mai auf etwa 40 x 40 Zentimeter, Knollensellerie sehr flach. Sellerie gehört im Gegensatz zu den meisten anderen Wurzelgemüsen zur ersten Tracht und hat einen außerordentlich hohen Nährstoff-Bedarf. Knollen-Sellerie trägt bis 3 kg/qm.
Radieschen sind für den Frischverzehr beliebt und lassen sich wegen ihrer kurzen Entwicklungszeit von vier bis sechs Wochen rasch als Vor-, Zwischen- oder Nachkultur anbauen. Der Samen (zwei Gramm/-Quadratmeter) wird nur dünn mit Erde bedeckt; ausgesät wird ab März/April in einem Reihenabstand von 15 Zentimeter, später verzogen auf einen Abstand von ca. fünf Zentimeter. Der Ertrag ist gering (um ein kg/qm), aber bei geschickter Planung beanspruchen die Radieschen keinen eigenen Platz, sondern werden vor oder nach anderen Kulturen gezogen.
Rettiche haben einen etwa doppelt so hohen Ertrag wie Radieschen, als Frührettich aber auch nur eine unwesentlich längere Kulturzeit

(etwa sechs Wochen). Frühsorten werden im März in einem Reihenabstand von 20 Zentimetern gesät, die Pflanzen später auf 12 Zentimeter verzogen, ab Mai geerntet werden. Die Winterrettiche sät man im Juni und erntet sie, da ihre Entwicklungszeit reichlich doppelt so lang ist, im Oktober. Große Bedeutung hat der Rettich für Selbstversorger nicht.
Zumindest vom Wirkstoff-Gehalt her ist Petersilie ungleich wertvoller, obwohl sie bei uns vorwiegend als Gewürzkraut bekannt ist. Keine andere Kulturpflanze hat einen annähernd so hohen Gehalt an Vitaminen und Mineralstoffen. Wurzelpetersilie kommt auf einen Ertrag von bis zu drei kg/qm, ist gut lagerbar und begnügt sich mit Boden der zweiten Tracht. Gesät wird früh im März (ein Gramm/qm) in zwei bis drei Zentimeter Tiefe und 25 Zentimeter Reihenabstand, wegen der langen Keimdauer am besten gemischt mit Radieschen. Es wäre der Wurzelpetersilie durchaus zu wünschen, mehr Freunde unter den Selbstversorgern zu finden, verdient hat sie es.
Mairüben sind auch als Stoppelrüben, Speise- oder Herbstrüben bekannt. Bei dem Stielmus oder Rübstiel handelt es sich um die gleiche Pflanze, die aber so dicht gesät und später nicht verzogen wird, daß sie keine Rübe ausbildet; man ißt die kräftigen, dicken Stiele. Diese Stiele ergeben den doppelten Ertrag (bis ca. 5 kg/qm) gegenüber der Rübe. Die vielen Namen deuten bereits darauf hin, daß die Mairübe nur regional verbreitet ist. Um Rüben zu ernten, sät man im März gut ein Gramm/qm im Reihenabstand von zehn Zentimetern und vereinzelt später auf den gleichen Abstand. Geerntet wird, wie der Name verspricht, im Mai. Noch etwas früher kann man Stielmus ernten und säen; der Unterschied liegt vor allem darin, daß man breitwürfig ca. fünf Gramm/qm sät und später nicht vereinzelt. Beide Kulturformen kann man noch einmal im August als Nachfrucht säen und im Oktober ernten.

9.7 Die Zwiebelgemüse

Zwiebelgemüse begnügen sich mit im Vorjahr gedüngtem Boden, der nicht zu locker sein sollte, damit die Pflanzen starke Zwiebeln ausbilden, ohne in den Boden zu wachsen. Bei frisch gedüngtem Boden werden auf Kosten der Zwiebeln zu starke Blätter ausgebildet, da die Zwiebel vornehmlich als Nährstofflager dient. Außerdem zieht Mist (und auch andere unverrottete organische Stoffe) die Zwiebelfliege an.

Die Zwiebelpflanzen gehören zu den Liliengewächsen und sind im Gegensatz zu den meisten anderen Gemüsepflanzen einkeimblättrig. Ihr Wasserbedarf ist verhältnismäßig gering; im Gegenteil gedeihen sie nach einer ersten, stürmischen Entwicklungsphase um so besser, je trockener der Boden ist. Wärme ist wichtiger für sie als Wasser. Lehmhaltiger, kräftig gekalkter Boden erbringt gute Ernten.

Speisezwiebeln werden entweder gesät oder als winzige Zwiebelchen aus dem Vorjahr in den Boden gesteckt; in beiden Fällen so früh wie möglich, bei freiem Boden schon im Februar. Als Steckzwiebeln eignen sich allenfalls haselnußgroße Zwiebeln, größere Zwiebeln schieben zu starke Blätter oder bilden Samen aus. Die größten Zwiebeln erhält man bei einem Reihenabstand von 20 und einem Pflanzenabstand von ca. acht Zentimetern. Steckzwiebeln kommen so flach in den Boden, daß ihre Spitze gerade noch bedeckt ist. Bei einer Entwicklungszeit von 150 bis 200 Tagen lohnt sich eine Ernte vor Juli nicht, auch wenn man schon ab Mai gelegentlich für den laufenden Bedarf Zwiebeln entnehmen kann. Dieser laufende Bedarf wird freilich besser dadurch gedeckt, daß man die ausgesäten Zwiebeln im Mai allmählich vereinzelt und die kleinen Zwiebelchen verbraucht. Wird eine Reihe nicht vereinzelt, bleiben die Zwiebeln klein, und man kann sie im nächsten Jahr als Steckzwiebeln verwenden. Wie bei den Steckzwiebeln fällt die eigentliche Ernte in den Juli, besser wartet man bis in den September und bis das Laub abgestorben ist und bindet dann die Zwiebeln zu Zöpfen zusammen. Auf diese Weise halten sie während des gesamten Winters.

Zur Aussaat benötigt man etwa 1–1,5 Gramm Samen/Quadratmeter und sät flach im gleichen Reihenabstand wie bei den Steckzwiebeln, also um 20 Zentimeter. Da die Samen spät auflaufen, empfiehlt sich eine Markierungssaat, z. B. Radieschen. Wegen der bereits erwähnten wechselweisen Wirkung auf artspezifische Schädlinge der anderen Pflanzen wird oft ein gemeinsamer Anbau mit Möhren/Karotten empfohlen. Hingegen vertragen Zwiebeln sich nicht gut mit Leguminosen, sollten also nicht vor oder nach diesen angebaut werden. Das Umknicken des Laubes zur Beschleunigung der Reife ist wenig sinnvoll, da die Zwiebeln sich bei einer verfrühten Reife nicht so lange lagern lassen. Allenfalls in sehr nassen Sommern kann man auf solche Weise die Reife beschleunigen. Der Ertrag bei Steckzwiebeln kann 4 kg/qm durchaus erreichen, während der Ertrag der in einjähriger Kultur gezogenen Zwiebeln naturgemäß mit 2–3 kg/qm etwas geringer ist.

Wer schon im Mai, nachdem die letzten Zwiebeln des Vorjahres verbraucht und verfault sind, frische Zwiebeln ernten möchte und sich nicht mit den dann noch sehr kleinen Zwiebelchen aus normalem Anbau begnügen will, kann im August des Vorjahres die „Weiße Frühlingszwiebel" oder auch die „Holländische Winterzwiebel" säen. Später wird vereinzelt und im Winter etwas mit Laub oder Reisig vor dem ärgsten Frost geschützt, und ab Mai hat man dann große, dicke Zwiebeln! Auf diese Weise ist man während des gesamten Jahres mit Zwiebeln, die einen hohen Gehalt an verdaulichen Kohlehydraten haben, versorgt.

Bei Lauch oder Porree werden die verdickten Blattenden gegessen.

Tatsächlich ist auch eine Zwiebel nichts anderes als eine Vielzahl zusammengewachsener und verdickter Blattstengel. Lauch ist etwas anspruchsvoller und empfindlicher als Zwiebeln. Er wird im März gesät, und zwar geschützt unter Glas; später, ab Mai, werden die jungen Pflänzlein, evtl. als Nachkultur, ausgepflanzt. Dabei werden im Abstand von 30 Zentimetern Furchen von zehn Zentimetern Tiefe gezogen, in die im Abstand von 15 Zentimetern gepflanzt wird. Während des Sommers schließen sich diese Furchen durch das Hacken von selbst, und es bilden sich unter Lichtabschluß dicke, fleischige und zarte Blattenden. Ab April kann auch in das Freiland gesät werden (0,1–0,2 Gramm/qm), es wird dann später vereinzelt und mehrfach angehäufelt. Da die Entwicklungszeit etwa sechs Monate beträgt, könnte Lauch eigentlich schon im Spätsommer/Herbst geerntet werden. Das aber wird man tunlichst unterlassen, denn die winterharten Lauchsorten können bis in den März hinein geerntet werden und gehören damit zu den wertvollen Winter-Frischgemüsen des Selbstversorgers, die man nicht vorzeitig verbraucht. Der Ertrag liegt bei 4 kg/qm.

Eine besonders seltsame Kulturform des Lauchs sind die Perlzwiebeln. Wird nämlich Lauch konsequent am Blühen gehindert, kann also keine Samen ausbilden, bilden sich statt der verdickten Blattenden die bekannten Perlzwiebeln. Werden nun diese Perlzwiebeln im nächsten Jahr gesteckt, entsteht daraus nicht der Lauch mit dem dicken Stengel, sondern abermals Perlzwiebeln! Der Wert der Perlzwiebeln für Selbstversorger ist gering, ein paar aber können nicht schaden.

Ähnliches gilt für Schalotten, die sich in Büscheln von 10–15 Zwiebeln bilden und im Herbst des Vorjahres oder im zeitigen Frühjahr gesteckt werden. Man kann sie im Juli ernten, sie sind sehr gut zu lagern und haben einen besonders feinen Geschmack, sind also vor allem zum

Würzen beliebt. Überdies sind sie sehr winterhart; ihre Kultur entspricht weitgehend jener der Steckzwiebeln. Immerhin kommen auch Schalotten noch auf einen Ertrag von zwei kg/qm. Im Gegensatz zu den Speisezwiebeln, bei denen die Steckzwiebeln möglichst klein sein sollten, wählt man für die Vermehrung der Schalotten die größeren Zwiebeln aus. Sie werden im Reihen- und Seitenabstand von 20 Zentimetern gesteckt. Für einen Quadratmeter benötigt man immerhin ein knappes Pfund! Dennoch lohnt sich der Anbau für Selbstversorger.

9.8 Die Hülsenfrüchte oder Leguminosen

Die Hülsenfrüchte spielen insofern eine ganz besondere Rolle, als sie ausgereift und getrocknet ähnlich lange gelagert werden können wie Getreide. Die bei uns angebauten Leguminosen sind überdies auch frisch, in unreifer Form, nicht nur eßbar, sondern sogar besonders schmackhaft. Zu ihren guten Seiten zählt weiterhin, daß sie zu den Gemüsen der dritten Tracht gehören und als Stickstoffsammler eine hervorragende Vorfrucht sind. Bei zu stark gedüngtem Boden kann es passieren, daß die Leguminosen wohl üppiges Laub treiben, die Ausbildung und Entwicklung der Früchte aber unterbleibt. Da sie durch die Symbiose mit den Stickstoff sammelnden Knöllchenbakterien Stickstoff-Selbstversorger sind, sollte der ansonsten von Pflanzen so geschätzte Stickstoff nur mäßig vorhanden sein. Kalk hingegen ist sehr willkommen, auch Kali (Holzasche) und Phosphate wirken sich positiv aus. Berücksichtigt man nun noch, daß Leguminosen das meiste Eiweiß unter den Gemüsepflanzen aufweisen, dann wird vollends klar, daß ihnen in einem Selbstversorger-Haushalt eine Hauptrolle zufällt!
Am wichtigsten unter den Leguminosen dürften die Bohnen sein. Sie sind fast ausnahmslos keine einheimischen Gewächse, sondern stammen wie der Mais und die Kartoffel aus Südamerika, also aus tropisch-warmen Gebieten. Dementsprechend sind ihre Klima-Ansprüche. Manche, wie die wegen ihres außerordentlich hohen Eiweiß-Gehaltes so geschätzte Sojabohne, gedeihen bei uns überhaupt nicht (oder doch nur mit unvertretbarem Aufwand), ebenso wie die gleichfalls zu den Leguminosen gehörenden Erdnüsse.
Am bekanntesten sind bei uns die Buschbohnen. Wie auch die anderen tropischen Bohnen sind sie frostempfindlich, sodaß sie erst ab Mitte Mai gesät werden sollten. Sinkt die Nachttemperatur dennoch unter

+5 Grad ab, müssen die Pflänzlein abgedeckt werden. Im Abstand von 14 Tagen kann man dann bis Mitte Juli Folgesaaten vornehmen, wenn man die Bohnen grün ernten möchte.
Ihre Entwicklungszeit im Sommer beträgt sechs bis sieben Wochen. Etwa fünf Bohnen legt man zusammen in einen Horst, die Horste haben einen Abstand von 40 Zentimetern voneinander, auch die Reihen sind 40 Zentimeter voneinander entfernt, um die Ernte zu erleichtern. Pro Quadratmeter benötigt man 20 Gramm Saatbohnen, die zwei bis drei Zentimeter tief gelegt werden. Saatbohnen kann man sich natürlich sehr einfach selbst heranziehen, indem man die Bohnen ausreifen läßt. Von Zeit zu Zeit sollte man aber fremdes Saatgut besorgen, um Ertragsminderungen zu vermeiden, die durch Abbauerscheinungen entstehen.
Grüne Bohnen kann man bereits ernten, wenn sie strohhalmdick und kleinfingerlang sind. Sie schmecken dann sogar besonders gut, aber der Ertrag wird natürlich viel höher (1,5 kg/qm), wenn man erst erntet, sobald die Bildung der Bohnenkerne fortgeschritten ist. Durch ständiges Pflücken für den laufenden Bedarf bilden sich neue Blüten, sodaß der Ertrag steigt. Grüne Bohnen eignen sich aber nicht nur zum Frischverzehr, sondern können auch eingemacht oder mit Salz konserviert werden.
Sollen die reifen, trockenen Bohnenkerne geerntet werden, die besonders eiweißreich und ohne weitere Hilfsmittel oder Konservierungsmaßnahmen fast unbegrenzt haltbar sind, dann wartet man, bis die Schoten gelb werden. Jetzt schneidet man die Pflanzen dicht am Boden ab, bündelt sie und hängt sie zum Trocknen auf. Wenn man sie nicht abschneidet, sondern ausreißt, reißt man auch den dort angelagerten Stickstoff teilweise mit heraus. Sobald die Bohnen völlig trokken sind, können sie ausgedroschen werden. Bei kleineren Mengen zur Selbstversorgung geht das recht gut, indem man die Pflanzen über eine Stuhllehne schlägt. Blatt- und Stengelreste, die ja leichter als die Bohnen sind, kann man mit einem elektrischen Föhn oder, wenn ein solcher nicht vorhanden ist, mit einer kräftigen Luftpumpe wegblasen.
Selbstversorger, die sich die Arbeit erleichtern wollen oder müssen, werden sich auf wenige Gemüse konzentrieren; Buschbohnen oder die eng mit ihnen verwandten Stangenbohnen dürfen auf keinen Fall fehlen und werden dann sogar noch verstärkt angebaut, um den Mangel an anderen Gemüsen auszugleichen.
Stangenbohnen sind, so wird behauptet, von noch besserer Qualität als Buschbohnen. Jedenfalls sind die flächenbezogenen Erträge höher; sie liegen bei 2 bis 4 kg/qm. Das ist auch verständlich, weil die

Pflanze an den Stangen, denen sie ihren Namen verdankt, hochklettert und gewissermaßen die dritte Dimension beansprucht. Verständlich ist aber auch, daß sie dafür größere Ansprüche an den Boden stellt; auf Stickstoff können die Leguminosen ja weitgehend verzichten, aber Kalk, Kali und Phosphate dürfen bei Stangenbohnen keineswegs fehlen, wenn man einen guten Ertrag erwartet.

Bei den Stangenbohnen beträgt der Reihenabstand einen Meter, der Abstand der aus sechs bis acht Bohnen bestehenden Horste voneinander 50 Zentimeter. Die Stangen sollten nicht zeltartig gegeneinandergeneigt und oben durch eine Querstange verbunden sein, wie das häufig zu sehen ist, weil dann die Innenseiten des Zeltes beschattet sind und Bohnen Licht benötigen. Außerdem ist dort die Ernte schwierig. Am besten stehen die etwa 2,5 Meter hohen Stangen senkrecht und werden in Brusthöhe eventuell noch durch einen straff gespannten Draht miteinander verbunden, der ihnen zusätzlichen Halt gibt. Die Stangen sind meistens aus entrindeter Fichte, praktisch sind auch gewundene Spiralen aus starkem Draht.

Bohnen mögen einen regelmäßig durch Hacken gelockerten Boden und haben insbesondere während der Blüte einen hohen Wasserbedarf. Alle Bohnen und Erbsen müssen mit beiden Händen geerntet werden, wobei eine Hand die Pflanze hält und verhindert, daß sie ausgerissen wird.

Feuerbohnen entsprechen in fast jeder Hinsicht den Stangenbohnen, sind aber weniger kälteempfindlich und durch ihre leuchtend roten Blüten eine ausgesprochene Zierde des Gartens.

Von besonderer Bedeutung unter den Bohnen und für den Selbstversorger sind die Puffbohnen oder Dicken Bohnen, sowie ihre nahen Verwandten, die Sau- oder Pferdebohnen. Im Gegensatz zu den anderen Bohnen stammen sie nicht aus warmen Ländern, sondern sind in unserer Klimazone heimisch und damit nicht kälteempfindlich. Das Saatgut wird in Horsten zu drei Bohnen im Abstand von 40 Zentimetern und einem Reihenabstand von 40 bis 50 Zentimetern sechs Zentimeter tief in den Boden gebracht, so früh das irgend möglich ist. Am besten sät man die Puffbohnen nur einreihig, damit sie sich besser entfalten und den anderen Pflanzen Windschutz geben können. Puffbohnen entwikkeln sich so kräftig, daß sie normalerweise keiner Stütze bedürfen. Wir benötigen 20 Gramm Saatgut/Quadratmeter und ernten bis zu zwei Kilogramm grüne Bohnen oder Bohnenkerne. Wegen ihrer klimatischen Unabhängigkeit (man kann Dicke Bohnen ernten, wenn die Busch- und Stangenbohnen gerade aufgelaufen sind) und ihres hohen

Eiweiß-Gehaltes sollten sie verstärkt von Selbstversorgern angebaut werden.
Erbsen sind wegen ihres zarten Wohlgeschmacks besonders beliebt, obwohl ihr Ertrag sich mit einem Kilo in bescheidenen Grenzen hält und zumindest die an Reisern hochgezogenen Klettersorten die benachbarten Kulturen beschatten. Es gibt allerdings auch standfeste Buschsorten. Man unterscheidet Schal-, Mark- und Zuckererbsen. Die Schalerbse, auch als Kneifel- oder Palerbse bekannt, dürfte die am häufigsten angebaute Erbse sein. Sie eignet sich sehr gut zum Trocknen, aber auch zum Frischverzehr, wenn sie beizeiten geerntet wird. Da sie verhältnismäßig unempfindlich ist, kann sie in nicht zu rauhen Lagen bereits im März gesät werden, ihre Körner sind rund und glatt. Markerbsen dagegen haben viereckige, runzlige Körner und dürfen, da frostempfindlicher, erst ab Mitte April in den Boden kommen. Dafür sind die Erbsen besonders zart und schmackhaft und werden – neben dem Frischverzehr – gern eingekocht. Ähnlich spät werden die Zuckererbsen gesät und dienen, da die Schote mitgegessen werden kann, ausschließlich dem Frischverzehr. Die Entwicklungszeit der im Frühjahr gesäten Erbsen liegt bei etwa zwei bis drei Monaten, Folgesaaten können schon nach sechs Wochen erntereif sein. Am zweckmäßigsten dürfte es für Selbstversorger sein, Schalerbsen vorwiegend zum Trocknen anzubauen und nur so lange grün zu ernten, bis die später gesäten und schmackhafteren Mark- oder Zuckererbsen so weit sind; alle Folgesaaten im Abstand von zwei Wochen werden dann mit Mark- und mit Zuckererbsen vorgenommen.
Zur Aussaat zieht man je nach der zu erwartenden Höhe zwei oder drei Längsrillen in ein Beet, die etwa fünf Zentimeter tief sein sollten. In diese Längsrillen legt man jetzt das Saatgut (20 Gramm/Quadratmeter) im Abstand von fünf Zentimetern. Dann werden die Rillen geschlossen. Obwohl die Buschsorten keine Reiser benötigen und weniger Schatten werfen, also pro Beet eine Reihe zusätzlich untergebracht werden kann, ist der Ertrag bei beiden Sorten etwa gleich. Die Reiser – am besten Buchenreisig von einem Meter Länge – legt man nach der Aussaat über die Beete, um damit die Vögel abzuhalten, vor allem die Tauben. Sobald dann die Erbsen aufgelaufen sind, steckt man die Reiser fest in den Boden.
Während der Blüte benötigen die Erbsen Wasser, später sind ihre Ansprüche gering. Ihr Vitamin B_1-Gehalt gehört zu den höchsten unter allen Gemüsen, und auch der Mineralstoff-Gehalt ist beachtlich, vor allem an Phosphor und Magnesium. Schon deshalb gehören Erbsen in einen Selbstversorger-Garten.

9.9 Andere Gemüse

Tomaten gehören zusammen mit den Kartoffeln und den exotischen Gemüsen Paprika und Auberginen zu den Nachtschatten-Gewächsen, die wegen einiger giftiger Familienmitglieder berüchtigt sind. Die Tomaten kommen gleichfalls aus wärmeren Zonen zu uns und sind deshalb kälteempfindlich. Ihre Entwicklungszeit ist mit fünf Monaten recht lang. Da die Keimtemperatur über 20 Grad liegt, würden die im Freiland gesäten Tomaten bei uns nicht reifen, die Jungpflanzen müssen also im warmen Haus, auf der Fensterbank oder im Gewächshaus, vorgezogen werden. Wenn sie Anfang März gesät werden, sind die Jungpflanzen zur richtigen Zeit – Ende Mai – bereit zum Aussetzen. Ab August kann man dann ernten, nicht lange allerdings, denn wenn der Frost kommt, ist alles vorbei. Da zu diesem Zeitpunkt längst nicht alle Tomaten rot und reif sind, reißt man die Pflanzen mit den grünen Tomaten aus und hängt sie frostgeschützt im Keller auf, wo sie noch viele Wochen lang nachreifen.

Tomatenpflanzen sollten voneinander einen Abstand von mindestens 60 Zentimetern haben. Sie sind verhältnismäßig selbstverträglich, können also mehrere Jahre hintereinander an der gleichen Stelle angebaut werden. Die heranwachsenden Pflanzen bedürfen einer Stütze; sie werden an einen etwa 150 Zentimeter hohen Pfahl gebunden. Unter normalen Umständen kann man einen Ertrag von rund drei bis fünf Kilo erwarten, aber unter günstigen Umständen ist ein weitaus höherer Ertrag erzielbar, wie noch in Verbindung mit der Intensivnutzung zu berichten sein wird. Die an der Ansatzstelle der Blätter erscheinenden Achseltriebe werden ausgebrochen. Entsprechend ihrem hohen Ertrag gehören die Tomaten zu den Gemüsen der ersten Tracht. Die Anzucht der Jungpflanzen ist ein Kapitel für sich. Sobald die Pflänzchen im Saatkasten einige Zentimeter hoch sind, werden sie auf einen Abstand von etwa fünf mal fünf Zentimeter verzogen. Zwei Wochen später werden sie in nicht zu kleine Töpfe umgepflanzt. Vor dem endgültigen Auspflanzen in das Freiland müssen die bisher bei Zimmertemperatur gehaltenen Pflanzen abgehärtet werden, indem man sie zeitweise der frischen Luft aussetzt.

Gurken und Kürbisse gehören zur gleichen Familie und sind in jeder

Hinsicht denkbar anspruchsvoll. Wärme, Licht, Wasser und Nährstoffe benötigen sie in großer Menge. Das ist auch verständlich, wenn man überlegt, daß ein Kürbis durchaus einen Zentner oder mehr wiegen kann! Süßsauer eingelegt gilt Kürbis als delikate Beilage, und auch die kleinen

0.5 Rote Johannisbeere „Jonkheer van Tets" (Bakker)

0.6 Mulchdecke zwischen Johannisbeersträuchern

Einlegegurken werden als Delikatessen geschätzt, während die langen Salatgurken dem Frischverzehr dienen, aber auch als Senfgurken eingemacht werden können.
Wenn Gurken nicht im Zimmer oder hinter Glas vorgezogen werden, sät man Mitte Mai in entsprechend vorbereitetem Boden – eventuell zwischen einer Kultur wie Salat, die verschwunden ist, sobald die Gurken den Platz benötigen. Drei bis vier Kerne kommen zwei bis drei Zentimeter tief in einen Horst, der Abstand der Horste voneinander beträgt 40 Zentimeter, der Reihenabstand 80 Zentimeter (zwei Reihen/Beet). Deutlich höhere Erträge kann man erzielen, wenn man die Gurken an einem 1,50 Meter hohen Spalier zieht. Da die Gurken sehr frostempfindlich sind, muß die Ernte bereits im Oktober beendet sein.
Der Kürbis wird traditionell auf dem Komposthaufen angebaut. Da wir uns aber bemühen, durch entsprechende Zusammensetzung und Behandlung den Kompost möglichst rasch gebrauchsfertig zu machen, stört der Kürbis hier. Ideal ist für ihn jedoch der Platz, den kurz zuvor ein mittlerweile verbrauchter oder umgesetzter Komposthaufen eingenommen hatte. Eine, höchstens zwei Pflanzen genügen reichlich für eine Familie; wir belassen pro Pflanze nicht mehr als drei bis vier Früchte, die wir mit Kacheln, Brettern oder dergleichen unterlegen, damit sie nicht faulen. Der Anbau von Melonen, die mit den Kürbissen eng verwandt sind, lohnt bei uns nicht, da ihr Wärmebedarf noch höher ist.
Als letztes Gemüse sei der Spinat mit seinem Verwandten, dem Mangold, besprochen. Obwohl dieses Buch gewiß kein Kochbuch sein soll und Rezepte deswegen fehlen, sei doch einmal darauf hingewiesen, wie sehr sich junger Blattspinat im Geschmack von jenem Mus unterscheidet, das man Generationen von Kleinkindern mit der Begründung heruntergezwungen hat, Spinat enthalte „viel Eisen". Das bedeutet gewiß nicht, daß Spinat nicht „gesund" ist – im Gegenteil ist sein Gehalt an Vitaminen und Mineralstoffen überdurchschnittlich hoch. Zarter Blattspinat ist aber so wohlschmeckend, daß auf seinen gesundheitlichen Wert als Begründung für den Verzehr gut verzichtet werden kann.
Spinat und Mangold gehören wie die Roten Bete zu den Gänsefußgewächsen. Die Enwicklungszeit von Spinat beträgt nur etwa 50 Tage, und da bereits Ende Februar/Anfang März in das Freiland gesät werden kann, erfolgt die erste Ernte schon Ende Mai. Spinat ist also eine ganz vorzügliche Vorkultur für alle jene Gemüse, die erst nach den „Eisheiligen" gesät oder ausgepflanzt werden dürfen. Man benötigt zur Aussaat sechs Gramm/Quadratmeter, da dicht an dicht bei einem Reihenab-

stand von 20 Zentimetern gesät wird. Als Zwischen- oder Nachkultur kann der Spinat jederzeit bis in den August hinein gesät und bis in den Oktober geerntet werden. Auf gut gedüngtem Boden wachsen abgeschnittene Spinatblätter nach, sodaß noch ein- oder zweimal nachgeerntet werden kann, wenn wir jeweils die kleinen Blättchen verschonen. In den heißen Monaten Juli und August schießt der Spinat, wir können dann aber den Neuseeländer Spinat anbauen.
Dieser Neuseeländer Spinat ist nicht mit unserem Spinat verwandt, gehört also nicht zu den Gänsefußgewächsen, aber er ist in seiner Nutzung sehr ähnlich. Da er frostempfindlicher ist, wird er unter Glas vorgezogen und etwa Mitte Mai ausgepflanzt; geerntet wird immer dann, wenn die Blätter eine Höhe von etwa 20 Zentimetern erreicht haben. Der Geschmack ist vorzüglich, die Kultur aber viel umständlicher als bei unserem Spinat. Beide erreichen mit bis zu drei kg/qm ungefähr den gleichen Ertrag.
Blattmangold ist ein Spinatgemüse, das ununterbrochen neue Blätter treibt, die geerntet und wie Spinat zubereitet werden können. Gesät wird ab April (2 Gramm/Quadratmeter) im Reihenabstand von 25 Zentimetern, später wird in den Reihen auf 40 Zentimeter vereinzelt. Ab Juni kann geerntet werden, insgesamt kommt man auf bis zu sechs kg/qm! Dennoch gehört Blattmangold zu den Gemüsen der zweiten Tracht, während Spinat der ersten Tracht zugerechnet wird.
Nicht ganz so ertragreich wie Blattmangold ist Rippenmangold. An sich gehört Mangold zu den Pflanzen, die ihre Nährstoffe in einer Rübe einlagern, aber wie bei Stielmus, das ja auch eine unterdrückte Rübe ist, unterbleibt deren Ausbildung durch zu dichten Anbau. Bei dem Rippen-Mangold sind die Blattrippen fleischig verdickt und werden wie Spargel zubereitet. In der Kultur unterscheidet sich der Rippen-Mangold vom Blatt-Mangold dadurch, daß der Abstand in der Reihe bei 30 und der Reihenabstand bei 40 Zentimetern liegt.
Damit wäre unser Überblick über die häufigsten Gemüsepflanzen beendet. Ausführlichere Informationen finden sich in einschlägigen Fachbüchern (siehe Anhang). Unerwähnt bleiben vor allem aus Platzgründen die zahlreichen Würzkräuter, auf deren Anbau gewiß kein Selbstversorger verzichten wird.

10.1 Erdbeeren „Senga Sengana“ (Bakker)

10.2 Mit Rhabarberblättern abgedeckte Erdbeer-Reihen zu Beginn der Blüte

10.3 Dornenlose Brombeere (Bakker)

10.4 Himbeeren „Malling Promise“ (Bakker)

10.7 Apfel „Golden Delicious“ (Bakker)

10.8 Birne „Alexander Lucas“ (Bakker)

10.9 Pflaumen „Opal“ (Bakker)

10.10 Kirschen „Hedelfinger Riesen“ (Bakker)

Bilder rechte Seite:

10.11 Bei diesem jungen Apfelbaum wurde im Frühjahr die Baumscheibe mit Senf als Gründüngung eingesät, der gleichzeitig Unkraut unterdrückt und Läuse abwehrt.

10.12 Auch bei diesem Klarapfel-Baum ist die Baumscheibe mit einer Gründüngung eingesät. Der ursprünglich beschädigte Stamm ist wieder völlig gesundet.

10.13 Hinter diesem Reineclauden-Baum sind die Reihen einer Mischkultur-Anlage

11.1 Schon eine einfache, lichtdurchlässige Plastikfolie beschleunigt das Auflaufen des Samens.

11.2 Ein versetzbarer und aufklappbarer Folientunnel eignet sich gut für den Schutz empfindlicher Kulturen.

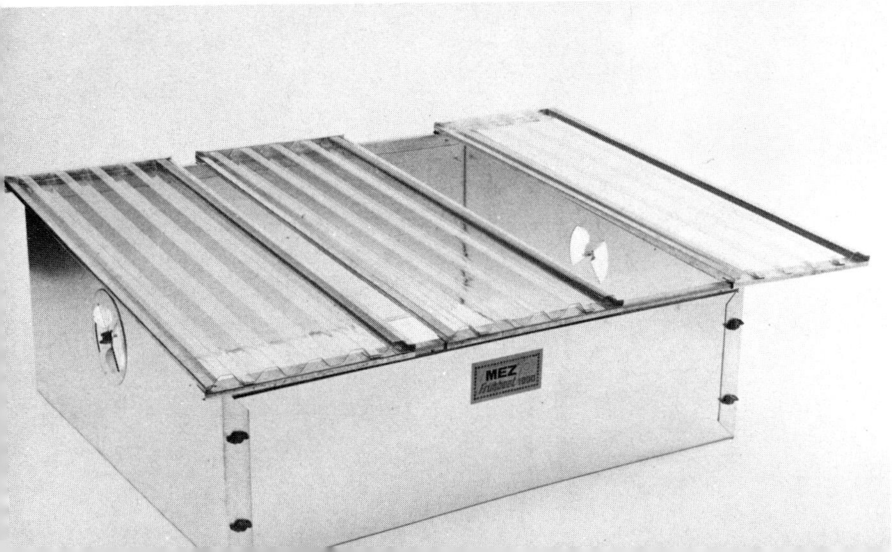

11.3 Optimale Lösung für die Verlängerung der Vegetationsperiode: ein Pultdach-Gewächshaus von Krieger. Man beachte die aufgerollten Beschattungsmatten.

11.4 Ein besonders praktischer Frühbeetkasten von MEZ mit seitlichen Belüftungs-Öffnungen und verschiebbarer Klarsicht-Abdeckung.

11.5 Ein Kleingewächshaus von innen. Durch Regale ist eine Nutzung in mehreren Ebenen möglich.

11.6 Ein automatischer Fensteröffner, der durch den Wärmeeinfall aktiviert wird und keinerlei Fremdenergie benötigt.

10. Das Obst im Garten

Alle der Ernährung dienenden Vegetabilien, von denen wir die den Samen umgebende süße Fruchtfleischhülle essen, gehören zum Obst (Ausnahme: das Schalenobst – Nüsse und Eßkastanie). Oft wird Obst weniger als richtiges Nahrungsmittel als vielmehr als Nachtisch und damit als besonders wohlschmeckender Abschluß der eigentlichen Mahlzeit betrachtet. Tatsächlich aber ist Obst ein durchaus vollwertiges Nahrungsmittel, durch seinen hohen Zuckergehalt sogar ein recht energiereiches. Die Ernteperiode von Obst ist kürzer als bei Gemüse; die Natur hat es so eingerichtet, daß die Samen und damit auch das von uns geschätzte Fruchtfleisch meistens gegen Ende der Vegetationsperiode reifen, um im kommenden Frühjahr auszutreiben. Das Fruchtfleisch wird nicht nur von uns Menschen, sondern auch von allerlei Tieren, vor allem von Vögeln, geschätzt, die die Früchte fressen, später die unverdaulichen Kerne wieder ausscheiden und damit für eine Verbreitung sorgen. Durch Züchtung sind wir so weit, bereits ab Juni bis zum Frostbeginn Obst ernten zu können; durch die gute Lagerfähigkeit mancher Obstsorten kann die Frischobst-Zeit wesentlich verlängert werden, ansonsten gibt es verschiedene Konservierungsmethoden, um den Überfluß des Herbstes aufzubewahren.
Obst ist nicht nur nahrhaft und wohlschmeckend, sondern durch seinen –freilich sehr unterschiedlichen – Vitamingehalt von hohem gesundheitlichem Wert. Den Wohlgeschmack verdankt es neben den verschiedenen Zuckern (vor allem Frucht-, Trauben- und Rohrzucker) insbesondere den Fruchtsäuren (u. a. Apfel-, Weinstein- und Zitronensäure).
Auch Obst läßt sich nach seinem Aufbau und seiner äußeren Form in Gruppen unterteilen. Zum Beerenobst gehören vor allem Erdbeeren, Himbeeren, Brombeeren, Stachelbeeren und Johannisbeeren; das

ÜBERSICHT ÜBER DEN GEHALT AN WICHTIGEN NÄHRSTOFFEN

Der genießbare Teil von 100 g Ware enthält:				Mineralstoffe				Vitamine					Energie	
Obstart	Protein g	Fruchtsäure g	Kohlenhydrate g	Kalium mg	Calcium mg	Phosphor mg	Eisen mg	A µg	B_1 mg	B_2 mg	Niacin mg	C mg	Kilokalorien kcal	Kilojoule kj
Äpfel	0,3	1	12	130	7	10	0,4	10	0,03	0,03	0,3	11	50	210
Aprikosen	0,8	1	11	250	15	20	0,6	250	0,04	0,05	0,7	9	49	205
Birnen	0,5	+	13	115	16	20	0,3	15	0,05	0,03	0,2	5	55	230
Brombeeren	1,2	1	9	190	30	30	0,9	45	0,03	0,05	0,4	17	48	200
Ebereschen	1,5	3	22	230	40	33	2,0	3400	.	.	.	98	87	364
Erdbeeren	0,8	1	7	140	25	30	0,9	8	0,03	0,05	0,5	62	36	150
Hagebutten	2,3	2	14	.	.	.	.	.	.	.	.	813	66	275
Heidelbeeren	0,6	1	13	65	10	10	0,7	20	0,02	0,02	0,4	21	60	250
Himbeeren	1,3	1	8	170	40	45	1,0	7	0,02	0,05	0,3	25	40	165
Holunderbeeren	2,5	+	9	300	35	57	.	.	0,06	0,07	1,0	18	42	176
Johannisb. rot	1,1	2	9	230	30	25	0,9	6	0,04	0,03	0,2	35	44	185
Johannisb. schw.	1,3	3	12	300	45	40	1,3	23	0,05	0,04	0,3	170	56	235
Kirschen, süß	0,7	1	13	200	14	20	0,4	45	0,03	0,03	0,2	9	57	240
Kirschen, sauer	0,8	1	12	120	8	7	0,6	30	.	.	.	12	54	226
Kürbis	1,0	.	4	270	15	30	0,6	230	0,05	0,05	0,4	6	20	85
Mirabellen	0,7	1	14	230	12	33	0,5	.	.	.	.	7	60	251
Pfirsiche	0,7	1	10	200	5	30	1,2	70	0,05	0,05	0,7	10	42	175
Pflaumen	0,6	1	14	210	13	15	0,4	33	0,07	0,04	0,4	5	58	245
Preiselbeeren	0,3	2	9	65	13	10	0,5	4	0,01	0,02	.	12	43	180
Quitten	0,4	1	15	200	10	21	0,6	33	0,03	0,03	0,2	13	62	259
Reineclauden	0,7	1	14	240	13	24	1,1	.	.	.	.	6	65	272
Rhabarber	0,5	1	3	210	40	20	0,4	9	0,02	0,02	0,2	8	14	60
Sanddornbeeren	1,2	.	7	130	42	8	0,4	1500	0,03	0,02	0,2	450	92	385
Stachelbeeren	0,8	1	9	200	30	30	0,6	34	0,02	0,02	0,2	34	43	180
Weintrauben	0,7	1	16	255	20	25	0,5	5	0,05	0,03	0,2	4	70	290

Zeichenerklärung: + = Nährstoff ist nur in Spuren enthalten; ■ = es liegen keine genauen Analysen vor; 1 µg = 1/1000 mg; 1 mg = 1/1000 g; 1 Kilocalorie (kcal) = 4,184 Kilojoule (kj).

Quellen: „Kleine Nährwerttabelle der DGE“, 26. Auflage, 1976
„Die Zusammensetzung der Lebensmittel“ von S. W. Soucl, W. Fachmann und H. Kraut, 1964
entnommen: „Ein Kochbuch“, Firma Weck

Kernobst wird durch Äpfel, Birnen und Quitten vertreten und wächst zumindest in seiner ursprünglichen Form nicht an Sträuchern wie das Beerenobst (Ausnahme: Erdbeere), sondern an Bäumen. Allerdings sind durch Zucht und Veredelung schwachwüchsige Buschformen von allen Kernobst-Arten erhältlich, ebenso von den meisten Steinobst-Arten; zum Steinobst gehören Zwetschgen, Pflaumen, Mirabellen, Reneclauden, Kirschen, Pfirsiche, Aprikosen u. a. m. Das Schalenobst spielt insofern eine Sonderrolle, als wir nicht das Fruchtfleisch, sondern den eigentlichen Samen essen, und dieser ist nicht süß, dafür aber eiweiß- und fettreich und damit besonders nahrhaft.
Im kleineren Garten reduzieren sich wegen der fehlenden Anbaumöglichkeit die zahlreichen Obstsorten auf solche mit geringem Platzbedarf; vor allem wird traditionsgemäß Beerenobst angebaut, das im allgemeinen einen geringen Platzbedarf hat.
Mächtige Obst-Hochstämme nehmen nicht nur viel Platz weg, sondern sie erschweren auch die Ernte und alle möglichen Pflegearbeiten. Bei dem Halbstamm beginnen die Äste bereits in einer Höhe von 120 bis 150 Zentimetern. Von einer Buschform spricht man bei Stammhöhen unter 80 Zentimetern, bei Spindelbüschen ist der Stamm gar nur noch 40 bis 60 Zentimeter hoch. Im Hausgarten und bei beschränkten Platzverhältnissen kommen neben dem Beerenobst nur solche schwachwüchsigen Formen des Stein- und des Kernobstes in Frage.
Ein Obstbaum mit ausladender Krone – ein Apfel-, Birn- oder Süßkirschenbaum – hat einen Flächenbedarf von rund 100 Quadratmetern, wobei es keine große Rolle spielt, ob es sich um einen Hoch- oder Halbstamm handelt. Buschbäume hingegen liegen je nach Obstsorte zwischen 12 und 40 Quadratmetern, Spindelbüsche zwischen 5 und 9 Quadratmetern, von Spalierobst ganz zu schweigen. Von einem Spindelbusch kann man durchaus zehn Kilo Äpfel im Durchschnitt ernten; bei ihm sind die Tragäste weggezogen, sodaß die fruchttragenden Äste direkt aus dem Stamm wachsen, seine Höhe aber jener eines normalen Buschbaums entspricht. Freilich bedarf der Spindelbusch einiger Pflege.
Ermöglicht wurden solche Wuchsformen in erster Linie durch das „Veredeln“. Dabei werden auf schwachwüchsige, botanisch nahe verwandte Wildlinge Edelsorten aufgepfropft, die anwachsen und trotz des jetzt nur schwach wachsenden Stammes das Obst der Edelsorte tragen! Es ist sogar durchaus möglich, später nur einzelne Äste aufzupfropfen, so daß ein Baum mehrere Sorten miteinander verwandten Obstes trägt.
Neben den Solitärformen des Baumobstes gibt es vom Kernobst und

teilweise auch vom Steinobst den Anbau als Hecke oder als Spalier. Es ist also möglich, selbst in einem kleineren Hausgarten zumindest einige Obstsorten zu ziehen, die früher nur mit wesentlich mehr Platz im Obstgarten anzubauen waren.
Solche großen, alten Obstgärten mit ihren mächtigen Hochstämmen haben allerdings auch ihre Vorzüge. Der Platz unter ihnen kann anderweitig genutzt werden, etwa ein paar Schafen oder Ziegen als geschützte Weide dienen. Schon ein Schaf geht nicht sehr zärtlich mit ihm erreichbaren Zweigen und Laub um, und eine Ziege verschmäht gar das beste Gras, wenn sie an Laubbäume gelangen kann; sie frißt sogar auf den Hinterbeinen aufgerichtet, um höhere Zweige zu erreichen. Ein entsprechend hoher Stamm ist da der einzige Schutz.
Bei einer Neuanlage wird man mindestens einige schwachwüchsige Buschformen, insbesondere von lagerfähigem Kernobst, anbauen, selbst wenn der Platz ausreicht, um parallel dazu einen richtigen altmodischen Obstgarten anzulegen. Die Buschformen beginnen nämlich schon nach ein oder zwei Jahren mit dem Tragen, bei Bäumen dauert das wesentlich länger.
Während bei Gemüsen mehrjährige Dauerformen die Ausnahme sind, ist alles Obst langlebig. Selbst die Erdbeeren leben viele Jahre, obwohl dann der Ertrag zurückgeht, sodaß wir sie wandern lassen. Ein einmal angelegter Obstgarten bedarf lediglich der Pflege, während Gemüse alljährlich neu angebaut werden muß. Wenn dieses Kapitel wesentlich kürzer ist als das vorangegangene, dann also nicht wegen der grundsätzlich geringeren Bedeutung von Obst gegenüber Gemüse, sondern wegen der Dauerhaftigkeit der obsttragenden Pflanzen.
Neben der Düngung und ggf. einer Schädlingsbekämpfung umfassen die Pflegearbeiten vor allem den Schnitt. Während dieser bei den Beerensträuchern noch verhältnismäßig einfach ist, verlangt er bei Bäumen, insbesondere bei jungen Bäumen, theoretische und einige praktische Kenntnisse und Erfahrungen. Die theoretischen Kenntnisse kann man sich mit Hilfe von Fachbüchern aneignen, sollte aber nicht darauf verzichten, auch einen Praktiker zu Rate zu ziehen, um Fehler zu vermeiden.

10.1 Die Erdbeeren

Natürlich gehören die Erdbeeren, wie ja schon ihr Name verrät, zum Beerenobst. Da sie sich aber von dem anderen, an Sträuchern wach-

senden Beerenobst erheblich unterscheiden, sollen sie auch getrennt behandelt werden.
Erdbeeren sind im Garten das beliebteste Beerenobst, obwohl ihre Kultur vergleichsweise viel Mühe macht. Allerdings fügen sie sich gut in das Beetschema von Hausgärten ein, ohne angrenzende Gemüsebeete zu beschatten, und viele halten sie für das bestschmeckende Obst überhaupt.
Erdbeeren müssen, wie bereits erwähnt, spätestens nach zwei Jahren neu angelegt werden, weil sie den Boden dann so stark ausgelaugt haben, daß der Ertrag zurückgeht; fünf Jahre sollte die Anbaufläche dann anderweitig genutzt werden, bevor wieder Erdbeeren darauf kommen dürfen. Die Vermehrung erfolgt sehr einfach durch Ableger. Werden sie nicht entfernt, wachsen die Erdbeeren dicht an dicht und verbreiten sich auch über die angrenzenden Beete. Man kennzeichnet die am besten tragenden Pflanzen, um nur von diesen Ableger zu entnehmen und diese zu einer Neuanlage zu verwenden. Alle anderen Ableger müssen entfernt werden, um die Pflanze nicht zu schwächen. Sie sollten nicht abgerissen, sondern abgeschnitten werden, weil sonst leicht die Pflanze mit ausgerissen wird.
Wenn die Neuanlage bis spätestens Mitte August in einem mit Kompost nachgedüngten Beet als Folgekultur – etwa nach Frühkartoffeln – abgeschlossen ist, darf man im nächsten Jahr gleich eine gute Ernte erwarten. Erdbeeren sind wie praktisch alles Obst ehemalige Waldpflanzen, Kompost kommt ihren Bedürfnissen sehr entgegen.
Nach der Ernte im zweiten Jahr werden die Erdbeeren vom Beet genommen und eine Nachkultur angebaut. Es hat sich als zweckmäßig erwiesen, jährlich die Hälfte der Erdbeeren zu roden und durch eine Neuanlage zu ersetzen, sodaß man immer eine Hälfte im ersten und eine im zweiten Ertragsjahr hat.
Der Abstand der Erdbeeren untereinander sollte etwa 30 Zentimeter, der Abstand der Reihen 50 bis 60 Zentimeter betragen; ein Normbeet ist für zwei Reihen sehr reichlich, für drei Reihen etwas knapp, sodaß die Ernte erschwert werden kann. Eine Bodenabdeckung aus organischem Material wirkt sich positiv aus – sehr gut eignen sich die Blätter der im zeitigen Frühjahr geernteten Rhabarberstengel. Eine Schicht aus zerkleinertem Stroh verrottet nur langsam und hält überdies die Früchte sauber. Eine andere Methode besteht darin, auf dem für die Neuanlage vorgesehenen Beet eine schwarze Plastikfolie auszubreiten, in die im entsprechenden Reihen- und Pflanzenabstand kreuzweise Einschnitte gemacht wurden. Die Jungpflanzen werden nun in diese Einschnitte gepflanzt, der Boden erhält unter der Folie die Schatten-

gare, und die Früchte liegen später sauber auf der Folie. Allerdings wird das Bodenleben nicht – wie bei einer Abdeckung aus organischem Material – gefüttert, und die Ableger, die zur Neuanlage benötigt werden, müssen eigens in kleinen Töpfen, die auf der Folie stehen, gezogen werden.
Von dem anderen Beerenobst in unserem Garten unterscheidet sich die Erdbeere schon dadurch, daß sie nicht an einem Strauch wächst, sondern an einer Staude, deren Triebe nicht verholzen. Nicht alle Pflanzen tragen gleich gut, die Anlage dazu ist erblich. Nur die erste Pflanze eines Ablegers sollte verwendet werden. In der ersten Zeit nach dem Auspflanzen benötigt die Erdbeere einige Feuchtigkeit, später ist sie bescheidener. Gegen Vögel, die sich an der Ernte beteiligen wollen, helfen am besten Nylonnetze, gegen Schnecken gießt man mit einem Sud, der aus gekochten Schnecken bereitet wird. Das mag nicht sehr appetitlich sein, hilft aber. Gegen Wühlmäuse kann man sich mit Holunder-Stöckchen wehren, die in den Boden gesteckt werden.
Bei einer Neuanlage treten Krankheiten seltener auf, vor allem in natürlich gedüngtem Boden. Gefürchtet sind insbesondere die Pilzkrankheiten, wie der Grauschimmel. Am wichtigsten ist es, bei der täglichen Ernte sorgfältig alle befallenen Früchte zu entfernen. Pflanzenjauche aus vergorenen Zwiebeln oder Schachtelhalm hilft in Verbindung mit dem Abpflücken meistens, in schweren Fällen können Kupfer- und Schwefel-Mittel gespritzt werden, die für den biologischen Anbau erlaubt sind.
Neben den verschiedenen unter dem Begriff „Ananaserdbeeren“ zusammengefaßten Sorten gibt es die „immertragenden“ Monatserdbeeren, die widerstandsfähiger gegen Krankheiten sind; als enge Verwandte der Walderdbeeren tragen sie bis zum Frostbeginn, und ihre Früchte sind sehr aromatisch, aber der Ertrag ist deutlich geringer als bei den Ananas-Erdbeeren. Sie sind deshalb eine gute Ergänzung, aber kein Ersatz für die Ananas-Erdbeeren im Garten.

10.2 Die Strauchbeeren

Himbeeren sind häufig wild wachsend zu finden. Wer die Möglichkeit hat, sie in den Wäldern regelmäßig und reichlich zu sammeln, kann auf den Anbau im Garten bei beengten Platzverhältnissen verzichten. Ärgerlich ist es dann allerdings, wenn die wilden Himbeeren bereits andere Liebhaber gefunden haben ... Der Eigenanbau lohnt sich, weil

die Kulturformen sich wohl nicht so sehr im Geschmack von den Wildformen unterscheiden, aber teilweise zweimal im Jahr tragen. Normalerweise tragen Himbeeren an den zweijährigen Trieben. Bei den zweimal tragenden Kultur-Himbeeren tragen die einjährigen Triebe im Herbst bereits das erste Mal, im darauffolgenden Juli/August das zweite Mal. Danach sterben die Ruten ab und werden so dicht wie möglich am Boden abgeschnitten.
Himbeeren sind erstaunlicherweise weder bei Vögeln noch bei Schnecken sonderlich beliebt und auch wenig anfällig gegen Krankheiten. Neuere Züchtungen sind sogar kaum noch gegen die Rutenkrankheit anfällig, die bei Auftreten mit einem biologischen Kupferpräperat bekämpft werden kann. Zu den Pflegemaßnahmen gehört neben dem Abschneiden der abgestorbenen zweijährigen Ruten und dem Reduzieren auf fünf bis sechs Ruten pro Pflanze das Bedecken des Bodens mit einer Mulchschicht sowie das Anbinden der langen Ruten an in unterschiedlicher Höhe zwischen Pfählen gespannten Drähte. Bei Trockenheit wird gewässert.
Himbeeren vermehren sich durch Wurzeltriebe, die die abgestorbenen Ruten ersetzen. Für eine Neuanlage muß man nur die junge, gut verwurzelte Pflanze so ausstechen, daß sie von der Mutterpflanze getrennt wird. Am besten wird im Herbst gepflanzt, aber auch im zeitigen Frühjahr ist es noch nicht zu spät. Der Abstand der Pflanzen voneinander beträgt 50 Zentimeter, bei parallelen Reihen sind diese 150 Zentimeter voneinander entfernt. Allerdings gibt es erhebliche Unterschiede in der Rutenlänge, was natürlich Einflüsse auf den Abstand haben muß. Am besten pflanzt man Himbeeren entlang eines Zaunes einreihig, weil ihr Schatten sonst andere Kulturen beeinträchtigt. Neben der für Beerenobst üblichen Verwendung zum Frischverzehr und zu Marmelade wird aus Himbeeren und Johannisbeeren gemeinsam die bekannte „Rote Grütze“ gemacht. Himbeeren lassen sich gut einfrieren.
Auch Brombeeren wachsen wild, weniger im Wald als vielmehr an Wegrändern. Ihre Dornen sind ein recht wirksamer Schutz, die Beeren reifen später als Himbeeren und benötigen viel Sonne, um wirklich auszureifen und aromatisch zu werden.
Die Kultursorten haben sich weiter vom Ausgangsprodukt der Wildform entfernt als bei Himbeeren. Bei entsprechenden Bodenverhältnissen bilden sich sehr große, zarte Beeren, die allerdings ein wenig von ihrem Aroma eingebüßt haben. Es gibt rankende und nicht rankende, aufrecht wachsende Sorten. Der Ertrag kann außerordentlich hoch sein; bekannteste Sorte ist wohl die aus Amerika stammende „Theodor Reimers“.

In der letzten Zeit sind dornenlose Brombeeren stärker verbreitet worden. Allerdings hat sich gezeigt, daß diese noch mehr Sonne zum Ausreifen benötigen, wesentlich weniger tragen und weniger aromatisch sind. Bei frühem Eintritt kühler Witterung werden nur wenige Beeren reif.
Die Vermehrung der Brombeeren erfolgt durch Absenker. Eine Ranke wird an der Spitze U-förmig oder zu einer Schleife gebogen und so in den Boden gesteckt, daß die Spitze herausschaut. Es bilden sich bald Wurzeln, und nach einiger Zeit kann die Jungpflanze dann von der Mutterpflanze abgetrennt werden. Da manche Sorten mehrere Meter lange Ruten bilden, ist auf entsprechenden Pflanzabstand zu achten. Mit Beginn der Ernte sind am besten die Ruten zu entspitzen, um das Ausreifen der restlichen Beeren vor den ersten kalten Tagen zu ermöglichen. Brombeeren und Himbeeren sind eng miteinander verwandt, es gibt sogar eine Kreuzung zwischen beiden, die Loganbeere. Auch Brombeeren tragen am zweijährigen Holz, ältere Ruten werden entfernt.
Wie die anderen Beeren haben auch Johannisbeeren stark an Bedeutung verloren, seit als Folge wachsenden Wohlstandes immer weniger Marmelade gegessen wird. Natürlich kann man Johannisbeeren auch roh essen, aber da sie etwas säuerlich sind, werden andere Beeren bevorzugt. Rote Grütze wurde bereits erwähnt; ein besonderer Verwendungszweck ergibt sich durch die Bereitung von Obstsäften (siehe Kapitel „Die Vorratswirtschaft"), vor allem aber von Wein für die schöneren Stunden des Lebens; man kann aus der Bereitung von Obstweinen ein sehr schönes Hobby machen. Im Prinzip das gleiche gilt auch für die Stachelbeeren.

Sowohl bei Johannisbeeren als auch bei Stachelbeeren ist die Sortenvielfalt groß. Besonders hervorzuheben wäre die schwarze Johannisbeere wegen ihres gesundheitlichen Wertes- sie hat einen außerordentlich hohen Vitamin C-Gehalt, leider aber ist sie für den Frischverzehr wegen ihres recht herben Geschmacks weniger beliebt. Johannis- und Stachelbeeren lieben die Sonne, vertragen aber auch Schatten, jedoch keine längere Trockenperiode. Am besten werden sie im Herbst gepflanzt, notfalls auch noch im zeitigen Frühjahr. Der Abstand der Pflanzen voneinander sollte nicht unter 150 Zentimetern liegen. Heutzutage zieht man statt der Büsche gern Kronenbäumchen. Diese müssen durch einen Pfahl gestützt werden.
Bei einem Pflanzenabstand von 200 Zentimetern kann man mächtige Johannisbeerbüsche ziehen, die teilweise mehr als zehn Kilogramm Ertrag bringen. Stachelbeeren werden nicht ganz so mächtig, aber

wenn man sich die Mühe macht, einen Teil des Fruchtansatzes trotz der störenden Stacheln beizeiten zu entfernen, erhält man auch hier einen recht hohen Ertrag.
Stachel- und Johannisbeeren haben einen verhältnismäßig hohen Kalibedarf, sind also dankbar für Holzasche oder andere kalihaltige organische Dünger. Eine permanente Mulchdecke, die immer wieder ergänzt wird und aus möglichst vielfältigen organischen Stoffen besteht, ist eine gute Grundlage für eine ausreichende Nährstoff-Versorgung. Auch der jährliche Schnitt, der schon kurz nach der Ernte erfolgen kann, gehört zu den Pflegemaßnahmen. Da die zwei- und dreijährigen Triebe am besten tragen, werden die älteren, dunkelrindigen Triebe ausgelichtet. Fünf bis sieben Haupttriebe genügen völlig.
Heidelbeeren wachsen in manchen Gegenden wild wie Himbeeren und Brombeeren. Die Kulturheidelbeere allerdings kommt aus Amerika zu uns. Bis zu zwei Meter hoch werden die Sträucher, kirschgroß die Früchte. Ein ähnlich kräftiges Aroma wie die Wildheidelbeeren haben die Kulturheidelbeeren freilich nicht. Da die Heidelbeere zu den Heidekrautgewächsen gehört, benötigt sie einen sauren Boden und reagiert allergisch auf Kalk; in Gartenboden, der den meisten Pflanzen optimal zusagt, wird sie ähnlich kümmern wie die Zierpflanze Rhododendron, die die gleichen Ansprüche stellt. Deshalb ist ihr Anbau nur in Ausnahmefällen ratsam.

10.3 Das Kernobst

Für Selbstversorger ist das Kernobst unter allen Obstarten am wichtigsten, da es sich besser als jedes andere Obst frisch lagern läßt; Nüsse und anderes Schalenobst sind wohl gleichfalls gut lagerbar, nehmen aber ohnehin eine Sonderstellung ein. Kernobst jedenfalls ist während des Winters eine sehr wichtige Vitaminquelle. Deshalb wird man als Selbstversorger auch bei beengten Platzverhältnissen bemüht sein, wenigstens an ein paar Spindelbüschen vitaminreiche Winteräpfel zu ziehen – eventuell auch auf Kosten der Beerensträucher, die meistens unter solchen Umständen aus Tradition noch bevorzugt angebaut werden. Früher nämlich wurden Äpfel praktisch ausschließlich von ausladenden Hochstämmen geerntet, sodaß bei einem kleineren Garten zwangsläufig darauf verzichtet werden mußte. Auch waren die im Handel erhältlichen Äpfel noch nicht so sehr mit Chemikalien behandelt wie heute und damit unbedenklich.

Bei den Äpfeln gibt es erhebliche Unterschiede im Vitamingehalt. Arm an Vitamin C ist beispielsweise der beliebte „Golden Delicious", reich hingegen der etwas in Vergessenheit geratene „Berlepsch". Auch im Geschmack unterscheiden sich die Äpfel. Es gibt die Klassen I bis IV, bei I sogar noch die Sonderklasse I a, womit allerdings keine Aussage über den Vitamingehalt verbunden ist, denn die beiden erwähnten Äpfel „Golden Delicious" und „Freiherr von Berlepsch" haben beide die Klasse I. Falls die Platzverhältnisse es erlauben, kann neben den verschiedenen Winteräpfeln noch ein Sommerapfel wie der „Weiße Klarapfel" angebaut werden, der bereits im Juli/August reif ist, keine großen Ansprüche stellt und der Güteklasse II zugerechnet wird. In dieser Zeit gibt es freilich genug anderes Obst, sodaß man sich auch noch etwas gedulden kann.

VITAMIN C-GEHALT EINIGER ÄPFEL:

Sorte	Vitamin C-Gehalt (mg/100 Gramm)
Winterkalvill	31,8
Graverenette	26,5
Ontario	20,6
Boskoop	16,4
Cox Orange	10,5
Jonathan	8,8
Golden Delicious	8,0
Geheimrat Oldenburg	3,1

In geschützter Lage sollte die „Cox Orangen-Renette" angebaut werden, die von wirklich unübertroffenem Geschmack ist und die Güteklasse I a hat. Die Äpfel halten sich bis in den April hinein – immer richtige Lagerung vorausgesetzt. Leider ist der Baum recht frostempfindlich. Das trifft allerdings auch auf die meisten anderen besonders schmackhaften und lagerfähigen Äpfel zu, von denen neben dem bereits erwähnten „Berlepsch" noch der „Boskoop" (Pardon, richtig heißt er „Schöner aus Boskoop") hervorgehoben werden soll. Auch er hat die Güteklasse I, und er läßt sich bis in den Mai lagern, obwohl er durch seine rauhe Schale leicht runzelig wird. Der Ertrag ist bei dem „Berlepsch" gut, gelegentlich allerdings kommt es zu einem Zweijahres-Rhythmus mit guten und mittleren Ernten. Winteräpfel werden nicht vor Oktober geerntet.

An sich sind Äpfel weniger anspruchsvoll hinsichtlich der Bodenqualität. Verständlicherweise sind aber die stark tragenden und besonders wohlschmeckenden Sorten anspruchsvoller als andere. Da Äpfel zu den Flachwurzlern gehören, ist eine Mulchschicht aus Rohkompost auf der Baumscheibe sehr zu empfehlen. Sie wird im Herbst aufgebracht und sollte nicht zu dick sein, um den Wühlmäusen keinen Unterschlupf zu bieten. Während des Sommers kann man diese Mulchschicht laufend durch frisches organisches Material, etwa Rasenschnitt, ergänzen.

Apfelbäume und ihre Zwergformen, die Büsche, sollten regelmäßig geschnitten werden. Da sie aber sortentypisch unterschiedliche Wuchsformen haben, die beim Schnitt berücksichtigt werden müssen, sollte man sich auch als engagierter Selbstversorger, der gern auf fremde Hilfe verzichtet, von einem Fachmann einweisen lassen.
Ob man sich für Hoch- oder Halbstämme einerseits oder für Buschformen andererseits entscheidet, hängt bei einer Neuanlage vom Platz und von der vorgesehenen Nutzungsform ab. Wenn man den größeren Arbeitsaufwand für die Ernte und für eventuelle Pflegemaßnahmen nicht scheut und der Platz ausreicht, spricht manches für einen altmodischen Obstgarten mit Hochstämmen, unter denen Schafe weiden und Geflügel herumläuft. Apfel-Hochstämme werden wesentlich älter als Buschformen, 100 Jahre sind keine Seltenheit.

Birnen sind hinsichtlich der Bodenqualität und des Klimas etwas anspruchsvoller als Äpfel, vertragen dafür aber besser Hitze und gedeihen auch bei geringerer Luftfeuchtigkeit gut. Auch die Anfälligkeit gegen Krankheiten ist geringer als beim Apfel. Für unsere geographischen Breiten ist der Apfel meistens besser geeignet. Selbst späte Birnen halten im Lagerraum kaum länger als bis Ende Januar; die edelsten Sorten wie „Williams Christ" oder „Gellerts Butterbirne" sind sogar nur allenfalls zwei Wochen zu lagern. Je nach Sorte liegt die Ernte zwischen August und Oktober. Birnen sind Tiefwurzler, unterscheiden sich also auch hierin von den Äpfeln.

Große Birnbäume benötigen wie Äpfel eine Standfläche von 100 Quadratmetern; ihr Kronenaufbau ist höher. Auch sie erreichen das gleiche Alter, und sie benötigen bis zur ersten Ernte mindestens fünf Jahre. Früher fruchten auf schwachwüchsiger Quittenunterlage veredelte Birnen, die aber auch nur ein Alter von 30 Jahren erreichen. Edelsorten auf Quittenunterlagen lassen sich gut an der Südseite des Hauses als Spalier ziehen, sofern diese nicht für noch anspruchsvolleres Obst benötigt wird. Wie Äpfel werden Birnen am besten als Busch oder Spindel-

busch gezogen, wenn es darum geht, auf kleiner Fläche einen hohen Ertrag zu erzielen.
Quitten sind noch wärmebedürftiger als Birnen und reifen bei uns selten voll aus. Während Quitten als Unterlage von Birnen dienen, werden sie selbst meist auf Weißdorn veredelt. Sie werden so gut wie ausschließlich zu Gelee verarbeitet.

10.4 Das Steinobst

Steinobst kann nicht gelagert werden, wird also vor allem frisch verzehrt, ist aber auch bestens für alle möglichen Arten der Konservierung geeignet. Hinsichtlich des Frischverzehrs, der Most- und Marmeladenbereitung tritt Steinobst in Konkurrenz mit dem Beerenobst, sodaß es wegen seines höheren Platzbedarfs in kleineren Gärten nur vereinzelt zu finden ist, obwohl es gerade unter dem Steinobst besonders köstliche Früchte gibt.

Was der Apfel unter dem Kernobst, ist die Zwetsche unter dem Steinobst. Frisch kann sie wohl nicht gelagert werden, aber auch getrocknet ist sie beliebt und haltbar. Außerdem kann aus ihr ein Mus bereitet werden, das im Gegensatz zu den Marmeladen nicht unbedingt gezuckert werden muß. Zwetschen und ihre nahen Verwandten, die Pflaumen, zu denen auch die Mirabellen und die Renekloden gehören, werden als Baum oder Busch gezogen; ihr Platzbedarf liegt bei einem Drittel der für Äpfel- oder Birnbäume benötigten Fläche, also bei einem Baum etwa 30 Quadratmeter.

Den gleichen Platzbedarf hat ein Sauerkirschbaum, es sei denn, man würde die Buschform bevorzugen, was in Anbetracht der verhältnismäßig geringen Menge an Sauerkirschen, die benötigt werden, an sich genügt. Allerdings tragen auch die Sauerkirschen, wie die Pflaumen oder Birnen, oft im Zweijahresrhythmus mehr oder weniger reichlich. Am bekanntesten ist die Schattenmorelle, die freilich den Schatten durchaus nicht liebt; der Name ist vom französischen „Chateau" (Schloß) abgeleitet. Sauerkirschbäume werden bis zu 50 Jahre alt.

Süßkirschen gehören zu dem beliebtesten Frischobst. Selbst der recht seltene Busch (auf Mahaleb) hat aber bereits den gleichen Platzbedarf wie ein Sauerkirsch- oder Zwetschenbaum, und ein alter Kirschbaum breitet sich ebenso gewaltig aus wie ein Apfelbaum, ohne aber dessen Sonderstellung als Lagerobst zu haben. Manche Kirschen sind nicht

selbstfruchtbar, ebenso wie die meisten Pflaumen und Zwetschen, brauchen also eine Fremdbestäubung.
Pfirsiche, Nektarinen und – noch mehr – Aprikosen stellen sehr hohe Ansprüche an das Klima, sodaß sie in Deutschland nur in Weinbaugegenden frei gezogen werden können. Ansonsten aber hilft ein Spalier an der Südseite des Hauses, um mit einiger Sicherheit auch in weniger guten Lagen dieses Obst anbauen zu können.
Da gerade vom Wein die Rede war: natürlich gehören auch Weintrauben zum Obst und reifen bei uns in klimatisch günstigen Gegenden. Die als Frischobst im Handel erhältlichen, sehr wohlschmeckenden Trauben reifen allerdings nur in südlichen Ländern, weshalb Weintrauben in diesem Kapitel keine weitere Erwähnung finden sollen.

10.5 Das Schalenobst

In der nördlichen Hälfte von Deutschland reift die Eßkastanie nur in Ausnahmejahren, sodaß wir uns auf die Wal- und die Haselnüsse beschränken wollen.
Der Walnußbaum hat eine derart gewaltige Krone, daß er selbst in Obstgärten selten ist und vorwiegend als dekorativer Schattenspender angepflanzt wird. Die Nüsse lassen sich, von der grünen Hülle befreit und getrocknet, völlig problemlos lagern und sind, wie bereits erwähnt, durch ihren hohen Gehalt an Eiweiß und Fett außerordentlich nahrhaft. Es ist allerdings etwas umständlich und zeitraubend, die Schale zu knacken und den Kern herauszupulen.
Haselnußbüsche finden sich recht häufig wild wachsend. Für sie gilt das gleiche wie für die Walnüsse, sie sind also gut lagerbar und nahrhaft. Durch ihre Buschform kann man die Haselnuß aber besser in einem kleineren Garten unterbringen.
Streng genommen müßte man hier noch manche Baumsamen wie die Bucheckern erwähnen, die ähnliche Eigenschaften haben, aber wohl niemand wird auf die Idee kommen, wegen dieser Samen eine Buche in seinem Garten anzubauen.

11. Intensivnutzung und Mischkultur

Jede Nahrungsmittel-Erzeugung hat zwei Schwerpunkte: Qualität und Quantität – in dieser Reihenfolge. Was wir in diesem Buch unter Qualität verstehen, wurde bereits mehrfach erwähnt: unser Bestreben als naturgemäß-biologisch arbeitende Selbstversorger gilt der Erzeugung von Nahrungsmitteln, die gut schmecken, einen hohen Nährwert haben und physiologisch unbedenklich sind. Was die Quantität anbelangt, so werden wir vor allem dann durch besonders intensive Nutzung einen möglichst hohen Ertrag anstreben, wenn die verfügbare Anbaufläche knapp ist. Keineswegs werden wir versuchen, die Quantität auf Kosten der Qualität zu steigern, etwa durch gezielten Einsatz von Chemikalien.
Den Flächenertrag können wir steigern, indem wir die Wachstumsbedingungen optimieren – durch bessere Bodenverhältnisse oder durch Witterungsschutz. In tropischen Ländern wachsen die Pflanzen ununterbrochen, während bei uns durch das winterliche Klima eine Vegetationsruhe zwischen November und März eintritt. Es ist ja nur logisch, daß der Ertrag steigen muß, wenn es uns gelingt, durch Verkürzung der Vegetationspause die Anbaufläche länger zu nutzen. Wir sind ohnehin bestrebt, durch Vor-, Zwischen- oder Nachkulturen die Anbaufläche so lange wie möglich zu nutzen.
Die extremste Form des Witterungsschutzes ist der Ganzjahres-Anbau in einem vollklimatisierten Gewächshaus. Leider (oder glücklicherweise?) ist diese Möglichkeit begrenzt durch den außerordentlich hohen Energieverbrauch. Auch die erzeugten Nahrungsmittel sind ja Träger einer bestimmten Energie, ausgedrückt in Kalorien oder Joule. Es kann nun einfach nicht vertretbar sein, mehr Energie in die Erzeugung von Nahrungsmitteln hereinzustecken, als wir trotz der Hilfe von Sonne und Boden wieder erhalten!

Im intensiven Getreideanbau nähern wir uns dem Punkt, bei dem ebensoviel Energie investiert wird, wie geerntet werden kann, während bei der Mastviehhaltung bereits zwanzigmal so viel Energie aufgewendet wie erzeugt wird; bei dem Gewächshaus-Anbau kann das Verhältnis zwischen der aufzuwendenden und der erzeugten Energie bis auf 100 : 1 steigen! Umgekehrt liegt dieses Verhältnis zwischen „technischer“ Energie und „biologischer“ Energie im naturgemäßen Gartenbau bei etwa 1 : 20! Ganz abgesehen davon: im klimatisierten Gewächshaus gezogenes Gemüse, das keinen wechselnden Temperaturen ausgesetzt war und vielleicht noch die Nährstoffe ohne sonderliche Anstrengung in Form von leicht löslichen Nährsalzen im Boden vorgefunden hat, hat auch jenes schwer definierbare Etwas verloren, das wir Aroma nennen.
Der höchste energiewirtschaftlich vertretbare Luxus für Selbstversorger ist das ungeheizte Gewächshaus. In ihm verlängert sich die Vegetationsperiode immerhin um sechs bis acht Wochen – das ist ein Drittel der Vegetationspause, in dem uns neben dem Lagergemüse und den wenigen klassischen Freiland-Wintergemüsen auch andere Gemüse zur Verfügung stehen.

ANBAUPLAN

	Jan.	Feb.	März	April	Mai	Juni	Juli	Aug.	Sept.	Okt.	Nov.	Dez.
Winterkopfsalat	●	●	●							●	●	●
Endiviensalat	●	●	●						●	●	●	●
Feldsalat	●	●	●							●	●	●
Winterspinat	●	●	●							●	●	●
Kresse	●	●									●	●
Radieschen		●	●	●	●					●	●	
Rettiche			●	●	●	●	●					
Kopfsalat			●	●	●	●						
Kohlrabi				●	●	●						
Blumenkohl					●	●						
Karotten			●	●	●	●					●	●
Stangenbohnen						●	●	●	●	●		
Tomaten						●	●	●	●	●		
Gurken						●	●	●	●			
Paprika								●	●	●		
Auberginen								●	●	●		
Melonen						●	●	●				
Herbstrettiche									●	●	●	●

Schnittlauch und Petersilie das ganze Jahr über (Quelle: Messerschmidt Gewächshaus Fibel)

Dieser Anbauplan soll die Anbaumöglichkeiten der wichtigsten Gemüsearten aufzeigen und zwar in einem unbeheizten Gewächshaus (Kalthaus)

Leider ist die Anbaufläche in den üblichen Kleingewächshäusern begrenzt. Bei guter Planung und geschickter Aufteilung ist es allerdings erstaunlich, wieviel man auf wenigen Quadratmetern ernten kann. Der Flächenertrag ist durchschnittlich zwei- bis dreimal so hoch wie im Freiland! Außerdem kann man ja durch Töpfe und Kästen in mehreren Ebenen anbauen.

Der Anbau in Kästen und Töpfen wird wohl weniger dazu benutzt, unmittelbar der Ernährung dienendes Gemüse zu erzeugen, als vielmehr für die Anzucht von Jungpflanzen. Alle Samen haben eine ganz bestimmte Keimtemperatur, und die erreichen sie unter dem schützenden Glas eines Gewächshauses drei bis vier Wochen früher als im Freiland. Wenn es dann draußen so warm ist, daß der Samen aufläuft, haben die im kalten Gewächshaus vorgezogenen Pflanzen bereits einen entsprechenden Vorsprung, können ausgepflanzt und wesentlich früher geerntet werden. Besonders empfindliche Pflanzen mit langer Entwicklungszeit, wie etwa Knollen-Sellerie, werden unter ungünstigen Verhältnissen kaum richtig reif, wenn sie nicht rechtzeitig vorgezogen, sondern gleich in das Freiland gesät werden.

Nun ist ein Gewächshaus ja nicht ganz billig, und wer bereit ist, auf die in der verlängerten Vegetationszeit dort zu erntenden Gemüse zu verzichten, kann gut mit einem Frühbeet auskommen. Ein solches Frühbeet ist praktisch nichts anderes als ein in der Höhe geschrumpftes Gewächshaus, das so gut wie ausschließlich der Jungpflanzen-Anzucht dient; erst wenn es diesen Zweck erfüllt hat, wird es im Sommer noch dazu benutzt, um empfindliche und anspruchsvolle Pflanzen wie Gurken, Kürbis oder Melonen anzubauen.

Sowohl bei dem Gewächshaus als auch bei der Abdeckung des Frühbeetes ist die Schutzwirkung vor der Witterung entscheidend vom Isoliervermögen abhängig. Glas ist schwer und zerbrechlich, das Isoliervermögen nur bei Doppelfenstern wirklich gut. Ideal, aber auch außerordentlich teuer sind Plexiglas-Stegdoppelplatten; in den meisten Fällen muß es genügen, über Einfach-Glas oder ein ähnliches Material als Wärmeschutz eine Plastikfolie zu ziehen, am besten mit Noppen, bei denen Lufteinschlüsse das Isolationsvermögen verbessern. Die billigste Lösung ist zweifellos ein mit Klarsichtfolie bespannter Rahmen. Wer ihn selbst baut, sollte sicher sein, daß die Folie UV-stabilisiert ist und nicht nach kurzer Zeit zerbröselt. Das Isoliervermögen ist gering, die Haltbarkeit auf wenige Jahre begrenzt.

Es ist sogar möglich, das Frühbeet ohne Energiekosten zu beheizen und dadurch noch früher mit der Jungpflanzen-Anzucht beginnen zu können! Dabei bedienen wir uns der bei der Verrottung entstehenden

Wärme und machen aus dem „Kalten Kasten" einen „Warmen Kasten" – das klassische Mistbeet. Dazu wird der Boden im Frühbeet ausgehoben, eine Laubschicht auf der Sohle ausgebreitet und nun schichtweise Pferde- oder Schafmist eingebracht und festgetreten. Die Stärke dieser Mistschicht beeinflußt die Höhe der entstehenden Verrottungs-

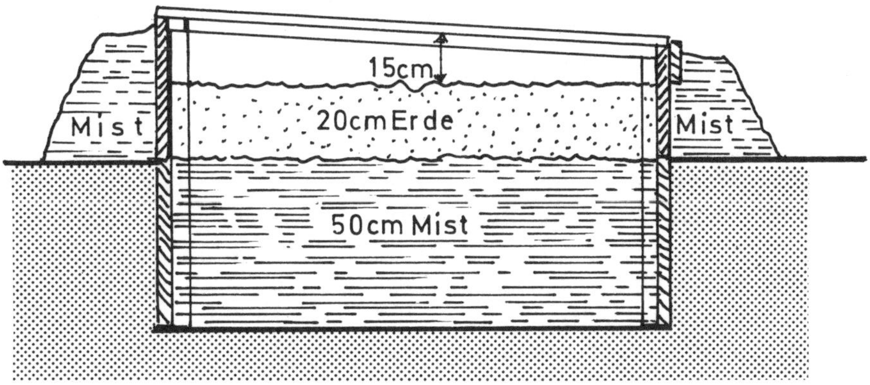

wärme: üblich sind 40 bis 60 Zentimeter. Auf die Mistschicht, die in Bodenhöhe abschließt, kommt eine 20 Zentimeter hohe Erdschicht bester Qualität in das Frühbeet, dessen Seitenwände gleichfalls mit einer Mistpackung vor Wärmeverlust geschützt werden. Zwischen der Erde im Frühbeetkasten und der abdeckenden Scheibe sollten nicht mehr als 20 Zentimeter liegen, damit die zu erwärmende Luftmenge nicht zu groß wird. Das Mistbeet wird im Februar/März angelegt; einige Tage nach dem Einbringen, wenn es etwas ausgelüftet ist, kann gesät werden.

Ganz offensichtlich ist bereits die Anlage eines solchen Mistbeetes sehr arbeitsintensiv, zumal das Beet auch nicht zu klein sein darf, weil dann die Packungswärme zu rasch abgestrahlt wird. Es werden für die Dauer von sechs bis acht Wochen immerhin Temperaturen von bis zu 40 Grad erreicht! Statt der Mistfüllung kann man auch nasses Laub einstampfen, aber die Temperatur ist dann geringer; wohl wird Wärme dafür länger abgestrahlt, aber davon hat man im Sommer nichts.

Da die Wärmeabgabe nur wenige Wochen anhält, muß logischerweise das Mistbeet im Herbst ausgeräumt und im kommenden Frühjahr neu angelegt werden. Der Aushub kommt als besonders wertvolle Bereicherung auf den Komposthaufen. Auch während der Zeit, da das Mistbeet seinen eigentlichen Zweck erfüllt, Wärme abgibt und wir trotz

ungünstiger Außentemperatur Jungpflanzen anziehen können, dürfen wir es keineswegs sich selbst überlassen. Durch die Wärme verdunstet viel Feuchtigkeit, also ist häufig mit temperiertem Wasser zu gießen, aber maßvoll und immer vormittags, weil die Pflänzchen bei der abendlichen Abkühlung nicht mehr feucht sein sollten. Tagsüber müssen die Fenster mehr oder weniger weit geöffnet werden, um durch Lüftung für eine konstante Temperatur zu sorgen, ein Verbrennen bei Sonneneinstrahlung zu verhindern und einen Austausch von Kohlendioxyd und Sauerstoff zu ermöglichen. Dabei ist eventuell auch die Windrichtung zu berücksichtigen. Bei direkter Sonneneinstrahlung genügt auch ein Öffnen der Fenster nicht mehr, dann müssen Schattenmatten ausgerollt werden.
Das Lüften kann man sich erheblich erleichtern durch Fensterheber, die ohne Stromanschluß durch Temperatureinwirkung völlig selbsttätig das Fenster öffnen und schließen. Lichtdurchlässiges, aber undurchsichtiges, genörpeltes Glas oder entsprechender Kunststoff vermindert die Gefahr einer Verbrennung, sodaß nur noch bei wirklich intensiver Mittagssonne vorübergehend zu beschatten ist. Zum Beschatten empfehlen sich zusammenrollbare Matten aus dauerhaftem Kunststoff.
Auch für das Frühbeet gilt, daß ein „Kalter Kasten“ ebenso wie ein ungeheiztes Gewächshaus die Vegetationszeit verlängert, wenn auch nicht so sehr wie das „geheizte“ Mistbeet. Dafür ist der Arbeitsaufwand geringer.
Sehr praktisch sind versetzbare Frühbeetkästen aus leichtem, lichtdurchlässigem Kunststoff, oder zusammenlegbare, mit Klarsichtfolie bespannte Drahtbögen. Sie werden immer dort aufgestellt, wo es gerade gilt, heranwachsende Pflanzen vor Witterungs-Einflüssen zu schützen. Schon eine einfache Folie, die über ein frisch eingesätes Beet gelegt wird, führt dazu, daß die Samen einige Tage früher auflaufen. Dann allerdings muß sie rasch entfernt werden, weil die Pflänzchen sonst ersticken. Nun kann es leicht passieren, daß die jetzt ungeschützten Pflänzchen eingehen. Seit einiger Zeit ist aber auch dieses Problem recht elegant gelöst durch eine Folie mit unzähligen, winzigen Schlitzen. Diese Folie wird flach über das Beet gelegt und an den Rändern beschwert. Sobald die Samen auflaufen, heben die Pflänzchen die Folie an, die mitwächst und ihre Schlitze dabei immer weiter öffnet, um Kohlendioxyd und Regenwasser hinein- bzw. Sauerstoff herauszulassen. Wenn man Pech hat, geht jedoch der auf diese Weise gewonnene Wachstumsvorsprung rasch wieder verloren. Durch den Schutz der Folie wird es nämlich während der normalerweise wachstumsintensivsten Mittagszeit unter der Folie so warm, daß die Pflänzchen das

Wachstum unterbrechen, um sich vor Wasserverlust zu schützen. Bei warmem Frühlingswetter sollte man also tagsüber die Folie entweder völlig entfernen oder so weit anheben, daß es darunter nicht zu warm wird.

Besonders konsequente Selbstversorger stehen den zugegebenermaßen „unnatürlichen“ Kunststoffen sehr ablehnend gegenüber, aber nach Ansicht des Autors kann man sich ihrer durchaus maß- und sinnvoll bedienen.

Jede Form der Intensivnutzung bedeutet Mehrarbeit, beruht sie doch darauf, den Pflanzen durch Veränderung der natürlichen Gegebenheiten unnatürlich günstige Verhältnisse zu schaffen. Das gilt nicht nur für die bisher erwähnten Maßnahmen zur Verlängerung der Vegetationsperiode, sondern auch für Anbaumethoden, die über verbesserte Bodenverhältnisse zu höheren Ernten führen.

Als Beispiel dafür mag eine besonders extreme Form des Intensivanbaus dienen, nämlich die Hügelkultur. Sie liefert höchste Flächenerträge, wird aber nur dort sinnvoll sein, wo es wirklich am Platz fehlt, Arbeitszeit hingegen vorhanden ist. Es wird behauptet (BEBA, 1974), daß auf knapp 200 Quadratmeter Gartenfläche ein „Hundertprozent-Selbstversorgergarten geschaffen“ worden sei. Das eröffnet im Zeitalter maßlos überhöhter Baulandpreise und damit bis auf ein Minimum schrumpfender Grundstücksgrößen sicherlich in manchen Fällen neue Perspektiven.

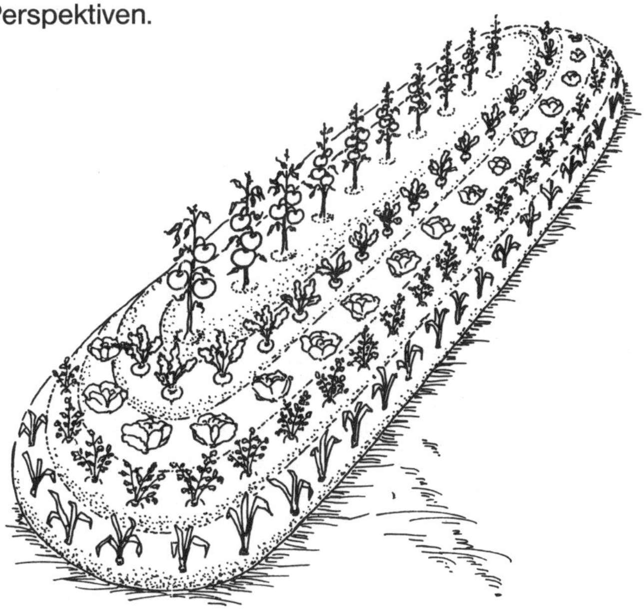

Schematische Darstellung eines bepflanzten Hügels

Zunächst einmal sei die Anlage eines Hügelbeetes beschrieben. Auf einer Breite von 150 bis 180 Zentimetern wird der Mutterboden ausgehoben – ein oder zwei Spaten tief und möglichst in Nord-Süd-Richtung. Die Länge richtet sich nach den örtlichen Gegebenheiten und dem Bedarf. Auf die Mitte der Sohle kommt eine Schicht aus zerkleinerten Ästen, sodaß bei abfallenden Flanken und Stirnseiten bereits der Kern des künftigen Hügels erkennbar wird. Dieser Hügelkern aus zerkleinerten Ästen überragt das Bodenniveau um ca. 25 Zentimeter.
Über diesen inneren Kern kommt die nächste Schicht, bestehend aus ausgestochenen 15 Zentimeter dicken Grassoden, die mit der Grasfläche nach unten aufgelegt werden. Darüber wiederum kommt eine 30 Zentimeter dicke Schicht aus nassem Herbstlaub, gefolgt von einer Schicht Grob- und einer Schicht Fein-Kompost, jeweils mit Muttererde gut gemischt und 15 Zentimeter stark. Daraus errechnet sich eine Hügelhöhe von ca. einem Meter über dem Bodenniveau, aber der Hügel sackt allmählich immer mehr in sich zusammen.
Es gibt einige Gründe, warum bei einer Hügelkultur der Flächenertrag deutlich höher liegt als bei der üblichen Flachkultur. Der wichtigste ist wohl die Vergrößerung der Anbaufläche durch die Hügelflanken. Eine gewisse Rolle mag auch die durch die Verrottung entstehende Wärme spielen, obwohl ein Hügelbeet nach der üblichen Methode bereits im Herbst angelegt wird, sodaß ein wesentlicher Teil der Wärme bis zum Frühjahr nutzlos verpufft. Durch seinen Aufbau entspricht das Hügelbeet einem sich über einige Jahre hinweg regenerierenden Komposthaufen, zumal seine Oberfläche durch Mulch und Kompostgaben ständig angereichert werden sollte; es läßt sich denken, daß ein Komposthaufen besonders günstige Wachstumsverhältnisse bietet. Insgesamt soll die vollständige Verrottung fünf bis sechs Jahre dauern, danach muß der Hügel neu angelegt werden. Hans Beba, ein Hügelbeet-Pionier, gibt an, von drei Hügelbeet-Tomatenpflanzen rund den doppelten ansonsten möglichen Ertrag (über hundert Pfund von drei Pflanzen) geerntet zu haben; das diese Behauptung illustrierende Foto ist zweifellos sehr eindrucksvoll. Schließlich ist der Hügel locker genug aufgebaut, um das tiefe Eindringen der Wurzeln zu erleichtern. Das Hügelbeet hat den zusätzlichen Vorteil, den Boden tief und dauerhaft zu verbessern und von den ursprünglichen Bodenverhältnissen unabhängig zu machen.
So weit, so gut. Skeptiker aber werden gleich den größten Nachteil entdeckt haben, nämlich den Arbeitsaufwand bei der Anlage eines Hügelbeetes. Für ein Beet von nur vier Meter Länge ist selbst bei einem Aushub von nur 15 Zentimetern bereits mehr als ein Kubikmeter (!) Erde

zunächst zur Seite zu schaffen und später wieder aufzubringen, von Ästen, Grassoden, Laub und Kompost ganz zu schweigen. Es sind also mehrere Tonnen für ein solches verhältnismäßig kleines Beet zu bewegen – das Beet bedeckt nur eine Grundfläche von rund sieben Quadratmeter. Stellen Sie sich vor, Sie wollten nun auf einer Anbaufläche von 200 Quadratmetern Hügelbeete anlegen!

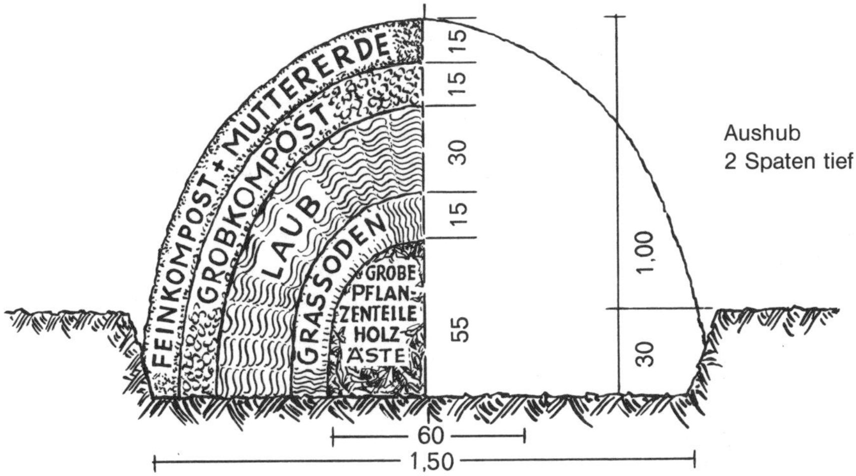

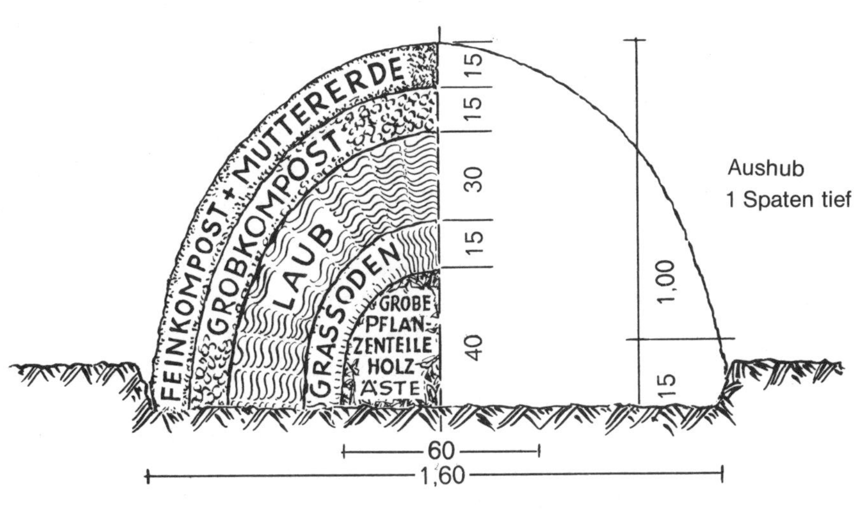

Hügelbeete sind geradezu ideale Zucht- und Vermehrungsstätten für Wühlmäuse. Unkraut ist in der geneigten Flanke nicht gut durch Hakken zu bekämpfen und muß ausgezupft werden. Da das Wasser schlecht gehalten wird, muß häufig gegossen werden. Und schließlich:

naturgemäß ist der Aufbau eines Hügelbeetes nicht; unverrottetes Material liegt in der Natur nicht unter, sondern über der Erde. Es steht jedenfalls fest, daß trotz der eindrucksvollen Erträge die erste Euphorie über Hügelbeete rasch nachläßt und sie überwiegend für kleinste Anbauflächen ihre Berechtigung behalten.
In dem Hügelbeet können die Pflanzenwurzeln leicht in die lockere Schichtung eindringen und Nährstoffe sowie Luft aufnehmen. Ähnlich ist das auch bei der „Tiefkultur“, die seit einiger Zeit auch bei uns wieder häufiger propagiert wird. Dabei werden die Beete „rigolt“, auf gut Deutsch: der Boden wird reihenweise spatentief ausgehoben, der Untergrund mit Hilfe der Grabgabel gelockert, dann die Erde der nächsten Reihe daraufgeworfen, der Untergrund dieser Reihe gelockert, usw. Gleichzeitig mit dem Umgraben der oberen Schicht wird reichlich organischer Dünger, also Mist oder Kompost, eingearbeitet. Entscheidend ist, daß das Tiefkulturbeet nach dem Umgraben bis zur Ernte nicht mehr betreten wird. Da die Pflanzenwurzeln sich nicht, wie üblich, in der lockeren Oberschicht ausbreiten müssen, sondern in die Tiefe dringen können, soll ihr Abstand voneinander auf ein Viertel der Normalwerte reduziert werden können; dementsprechend hoch soll der Ertrag sein, also das Vierfache gegenüber dem konventionellen Anbau!
Nun ja. Ein gut gedüngtes und durch Rigolen mühsam tiefgründig gelockertes Beet wird selbstverständlich einen wesentlich höheren Ertrag bringen als ein schlecht gedüngtes und nur oberflächlich gelokkertes Beet mit fest gepacktem Untergrund. Das ist logisch und schon ebenso lange bekannt wie die Technik des Rigolens. Es ist auch logisch, daß durch das spätere Betreten eine Bodenverdichtung erfolgt, die die Lockerung durch das Rigolen teilweise wieder aufhebt. Wer seine Beete derart aufwendig vorbereitet, wird gewiß, wie erwähnt, mit einem wesentlich höheren Ertrag belohnt werden, aber wohl kaum mit dem vierfachen Ertrag rechnen können!
Bei allen arbeitsaufwendigen Anbauverfahren, die der Ertragssteigerung dienen, ob Mistbeet, Hügel- oder Tiefkultur, stellt sich die Frage nach der Verhältnismäßigkeit zwischen Mehrarbeit und Mehrertrag, zumal hinsichtlich der Qualität keinerlei Zugeständnisse gemacht werden dürfen. Bei konsequenten Selbstversorgern ist die Arbeitszeit oft noch knapper als die Anbaufläche, denn neben ihrem Beruf und der Erzeugung der Nahrungsmittel werden sie ja auch noch in anderen Bereichen des Lebens unabhängig sein wollen. Deshalb werden sie besonders an der Beschreibung einer Anbaumethode interessiert sein, die nicht nur gute Erträge verspricht, sondern auch noch arbeits-

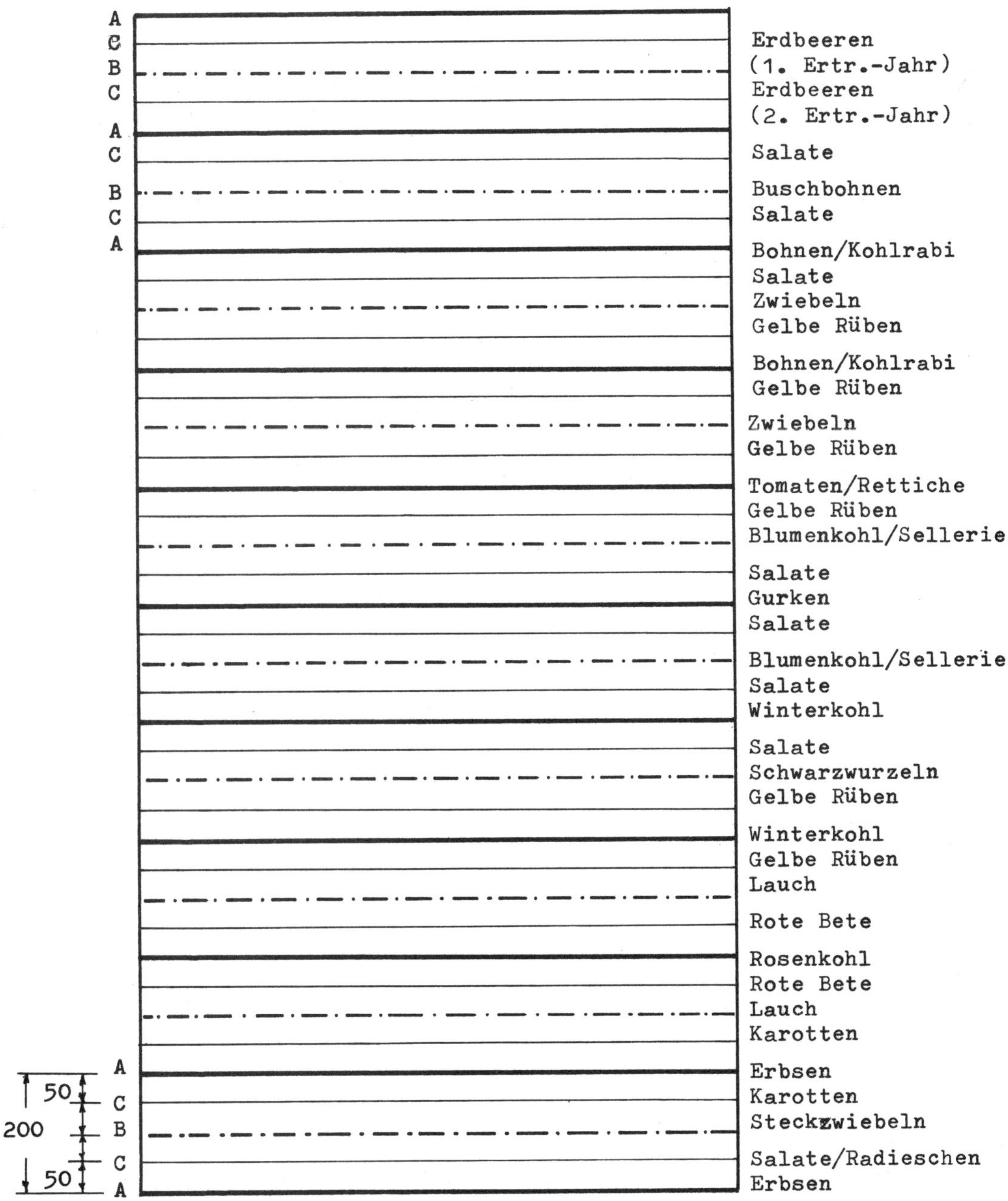

Der Gemüse- und Erdbeeren-Teil des Gartenplans aus dem Kapitel „Das Gemüse im Garten“ ist hier in Anlehnung an Getrud Franck nach den Grundsätzen der Mischkultur aufgeteilt worden. Es gibt doppelt so viele „C“-Reihen wie „A“- oder „B“-Reihen. Die einzelnen Reihen sind jeweils 50 Zentimeter voneinander entfernt.

sparend und vor allem naturgemäßer ist als alle anderen Anbauweisen: der Mischkultur.

Ursprünglich sollte die Mischkultur zur Grundlage der Anbaubeschreibungen dieses Buches gemacht werden, und nur die Tatsache, daß in diesem Buch der Platz fehlt, eine den meisten Lesern völlig neue Anbauweise mit der nötigen Ausführlichkeit zu schildern, hat zur Übernahme der allgemein vertrauten Beetkultur geführt. Wem die folgende Kurzbeschreibung zusagt, der sollte sein theoretisches Wissen durch die Lektüre von Fachbüchern vertiefen, wie sie beispielsweise im Anhang erwähnt sind.

In der Natur gibt es keine Monokultur. Wird Land sich selbst überlassen, siedeln sich dort die unterschiedlichsten Pflanzen nebeneinander an und nutzen mit ihren spezifischen Ansprüchen das im Boden vorhandene Nährstoff-Angebot optimal. Herrscht aus irgendwelchen Gründen ein Mangel an einem bestimmten Nährstoff, siedeln sich nur Pflanzen an, deren Ansprüche an diesen Nährstoff gering sind. Es gibt ausgesprochene Zeigerpflanzen, deren Vorhandensein auf bestimmte Bodenmängel hindeutet. Umgekehrt werden bei einem überreichlich vorhandenen Nährstoff diejenigen Pflanzen, die ihn in großer Menge aufnehmen können, andere Pflanzen unterdrücken. In gut gedüngtem, lockeren und humusreichen Boden mittleren pH-Wertes gedeihen praktisch alle unsere Gartenpflanzen gut.

Bei der Mischkultur verzichtet man auf ordentlich angelegte Beete mit Monokulturen, die den Boden einseitig beanspruchen. Die verschiedenen Gemüsepflanzen (und Erdbeeren) werden reihenweise angebaut. Das allein freilich macht noch keine Mischkultur, allenfalls aus einer Beetkultur eine Reihenkultur. Entscheidend ist die gemischte Anbauweise der verschiedenen Pflanzen, nicht nur in nebeneinander liegenden Reihen, sondern teilweise sogar innerhalb der Reihen. Allerdings müssen dabei bestimmte Regeln beachtet werden. Es gibt einige – glücklicherweise wenige – Pflanzen, die sich nicht miteinander vertragen und die deshalb nicht nebeneinander angebaut werden dürfen, und es gibt – wir wissen es bereits – andere, deren Duft und Wurzelausscheidungen positive Auswirkung aufeinander haben. Solche Pflanzen werden wir bevorzugt nebeneinander anbauen.

Damit wäre das Grundprinzip der Mischkultur bereits beschrieben. Bei richtiger Zusammenstellung gedeihen Pflanzen miteinander besser als allein; sie laugen den Boden nicht einseitig aus, sodaß es keine Fruchtfolge-Probleme gibt. Die Mischkultur ist keine Intensivnutzung, bei der der Ertrag durch „unnatürlich“ günstige Wachstumsverhältnisse erheblich gesteigert wird, sondern es gilt dabei lediglich, die natürlichen Verhältnisse so weit zu optimieren, wie das mit unserer Absicht vereinbar ist, den Ertrag zum überwiegenden Teil zu ernten und zu essen.

VERTRÄGLICHKEIT VON GEMÜSEN UND ERDBEEREN BEI MISCHKULTUR *)

	Buschbohnen	Endivien	Erbsen	Erdbeeren	Gurken	Karotten/Möhren	Kartoffeln	Kohl	Kopfsalat	Lauch	Radieschen	Rote Beete	Sellerie	Spinat	Stangenbohnen	Tomaten	Zwiebeln
Buschbohnen			−		+			+	+	−	+	+	+			+	−
Endivien								+		+					+		
Erbsen						+	−	+	+	−	+				−	−	
Erdbeeren								+	+	+	+						+
Gurken								+	+		−	+	+		+	−	+
Karotten/Möhren			+							+	+					+	+
Kartoffeln			−					−				−	−	+		−	
Kohl		+	+	+	+		−	−	+	+	+		+	+	+	+	−
Kopfsalat			+	+	+			+		+	+		−		+	+	+
Lauch		+	−	+		+		+	+			−	+		−	+	
Radieschen			+	+	−	+		+	+					+	+	+	
Rote Beete					+		−			−							+
Sellerie					+		−	+	−	+			−		+	+	
Spinat							+	+			+				+	+	
Stangenbohnen		+	−		+			+	+	−	+		+	+			−
Tomaten			−		−	+	−	+	+	+	+		+	+			
Zwiebeln				+	+	+		−	+			+			−		

*) = nach Stiedel — = negativ
+ = positiv Rest = neutral

Pionierin der Mischkultur ist Gertrud Franck, die dieses Anbauverfahren in dreißigjähriger Praxis erprobt und perfektioniert hat. Sie hat sich insbesondere darum bemüht, so naturnah wie möglich zu arbeiten. Das drückt sich etwa darin aus, daß sie nicht mehr umgräbt, sondern nur noch den Boden lockert; soweit möglich, wird der Boden mit Vor- und Nachkulturen ständig bedeckt gehalten und die Mulchschicht ständig ergänzt; mit wenigen Ausnahmen plädiert Gertrud Franck für die Direktsaat, verzichtet also auf ein Vorziehen im Frühbeet. Auf diese Weise betrieben, ist die Mischkultur nicht nur ertragreich und naturnahe, sondern spart auch Arbeit!

Getrud Franck beginnt im Frühjahr, sobald das Land einigermaßen abgetrocknet ist, Reihen im Abstand von 50 Zentimetern zu ziehen, ohne eine weitere Unterteilung der Anbaufläche in Beete vorzunehmen oder Wege anzulegen. Diese Reihen werden ausnahmslos mit Spinat

eingesät. Spinat läuft rasch auf. Sobald er zu erkennen ist, wird das dazwischenliegende Land flach durchgezogen, um Unkraut beizeiten zu vernichten.
Die Spinat-Einsaat dient nicht nur der Versorgung mit diesem Gemüse. Vor allem markiert sie die Reihen, zwischen denen dann die eigentliche Kultur angebaut wird. Wenn diese Hauptkultur aufläuft, bekommt sie zunächst durch den Spinat Schutz und Schatten. Später, wenn die Hauptkultur sich stärker entwickelt hat, wird der restliche Spinat, soweit er noch nicht geerntet ist, einfach abgehackt und als Mulch liegengelassen. Die bisher von ihm gebildeten Reihen können jetzt zur Pflege und Ernte der Hauptkultur begangen werden. Im nächsten Jahr tauschen die Spinat- und die Kulturreihen ihren Platz.
Bei den Hauptkulturreihen unterscheidet Gertrud Franck nach der erforderlichen Vegetationszeit. Gemüse, die praktisch während der gesamten Vegetationszeit ihren Platz brauchen, kommen in die „a"-Reihen, die einen Abstand von zwei Metern voneinander haben, also durch vier Spinatreihen getrennt sind. Zu den „a"-Gemüsen gehören Tomaten, Stangenbohnen, Puffbohnen, Gurken, evtl. frühe Erbsen.
Genau in die Mitte zwischen den „a"-Reihen kommen die „b"-Reihen mit Gemüsen, die entweder eine Vor- oder eine Nachkultur ermöglichen und somit zwei Ernten tragen: Lauch, Zwiebeln, Blumenkohl, Sellerie, Buschbohnen, Frühkohl, Rote Bete, Erbsen. Zwischen „a"- und „b"-Reihen liegen jeweils zwei Spinatreihen. Abermals in der Mitte zwischen den „a"-Reihen und den „b"-Reihen liegen die „c"-Reihen, nur durch eine Spinatreihe getrennt und damit genau 50 Zentimeter von der Nachbarkultur entfernt; es gibt also doppelt so viele „c"-Reihen wie von den anderen Kulturreihen. In diesen „c"-Reihen werden Gemüse mit nur kurzer Vegetationszeit angebaut, die überdies nicht allzu hoch wachsen dürfen: Frühkarotten, späte Salate, verschiedene Kopfsalate, Endiviensalat, Kohlrabi, Lauch und Steckzwiebel-Ansaat. Jede „c"-Reihe sollte mindestens zwei Ernten bringen, lediglich neben einer mit Gurken bestellten „a"-Reihe bleiben die beiden benachbarten „c"-Reihen nach der ersten Ernte frei, um den Gurken ausreichend Platz zu lassen.
Es entspricht dem Zweck der Mischkultur, die verschiedenen Gemüse nicht nur reihenweise nebeneinander anzubauen, sondern sie auch innerhalb der Reihen zu mischen, wobei natürlich ihre Zugehörigkeit zu den „a"-, „b"- und „c"-Reihen ebenso berücksichtigt werden muß wie ihre Verträglichkeit untereinander. Bei einer Nachkultur sollten keine eng miteinander verwandten Pflanzen hintereinander angebaut werden. Als etwas ungewöhnliches Beispiel für den Mischanbau innerhalb

einer Reihe erwähnt Gertrud Franck das Pflanzen von Lauch oder Zwiebeln zwischen Erdbeeren! Manche Pflanzengemeinschaften begünstigen sich wohl nicht wechselweise, aber doch einseitig: Tomaten oder Sellerie etwa schützen die Kohlpflanzen, sodaß einige solcher Pflanzen zwischen einer Kohlkultur sich sehr positiv auswirken werden.
Durch die konsequente Flächennutzung mittels hintereinandergeschalteter Kulturen werden dem Boden natürlich viele Nährstoffe entzogen. Der Verzicht auf das Umgraben erfordert eine lockere, humose Bodenstruktur. Deshalb ist der Erfolg einer Mischkultur entscheidend davon abhängig, daß genug organischer Dünger in Form von Gründüngung oder einer Mulchdecke aufgebracht wird und ein aktives Bodenleben für die Umwandlung in Humus und Nährstoffe sorgt. Auf die im Frühjahr umgehackten Spinatpflanzen kommt grundsätzlich alles, was wir sonst auf den Komposthaufen bringen würden, ggf. vorher zerkleinert, manuell oder mit einem Komposthäcksler. Ebenso sollte abgelagerter Mist dazukommen, ersatzweise anderer organischer Dünger tierischen Ursprungs. Getrud Franck spricht von Flächenkompost im Gegensatz zu dem üblichen Haufenkompost und verweist auf das Vorbild des Waldes, wo es ja auch keine Komposthaufen gibt, sondern einen Flächenkompost in Form der Mulchdecke.
Nicht weniger wichtig als dieser Flächenkompost ist für die Erhaltung der Bodenfruchtbarkeit eine Gründüngung. Während die Flächenkompost-Decke auf dem Raum zwischen den Kulturen ausgebracht wird, wo die Spinatreihen standen und die Kulturreihen des nächsten Jahres stehen werden, wird im zeitigen Frühjahr zwischen den Spinatreihen eine Voraussaat und im Herbst eine Nachsaat mit Gründüngungspflanzen eingebracht. Gertrud Franck plädiert aus mancherlei Gründen für Senf, läßt aber daneben auch die Leguminosen, insbesondere die Acker-, Pferde- und Saubohne, gelten. Das erscheint auf den meisten Böden zweckmäßiger, denn eine ausreichende Stickstoff-Versorgung dürfte bei der konsequenten Mehrfachnutzung der Kulturreihen sonst etwas kritisch werden.
Die Mischkultur ist als naturgemäße Alternative zur konventionellen beetweisen Monokultur gewiß sehr interessant. Sie wirft aber viele Dinge über den Haufen, die für Generationen von Gärtnern unantastbar waren. Deshalb bedarf es einer eingehenden theoretischen Vorbildung, bevor man sich mit einiger Aussicht auf Erfolg in die rauhe Praxis stürzen sollte.

12. Der feldmäßige Anbau

Es ist garnicht so einfach, den Unterschied zwischen einem feldmäßigen Anbau und dem normalen Garten-Anbau exakt zu definieren. Praktisch alle Gemüse, die wir im Garten ziehen, werden in Erwerbsbetrieb feldmäßig angebaut, auch die Erdbeeren; es gibt sehr kleine Felder und sehr große Gärten. Der wesentliche Unterschied dürfte darin liegen, daß im Garten verhältnismäßig kleine Parzellen mit einer Vielzahl von Gemüsen bestellt werden, während bei feldmäßigem Anbau diese Parzellen größer sind. Da Selbstversorger für den Eigenbedarf anbauen, gibt es nur recht wenige der Ernährung dienende Pflanzen, die in solchen Mengen benötigt werde, daß man von einem feldmäßigen Anbau sprechen kann. Insbesondere trifft das auf solche Pflanzen zu, die nicht nur direkt unserer Ernährung dienen, sondern auch an Haustiere verfüttert werden und dann nur indirekt zu unserer Ernährung beitragen.

12.1 Das Getreide

Getreide ist vor allem – zu Mehl gemahlen – als Grundlage unseres Brotes bekannt, dient aber daneben in unterschiedlichen Formen der Aufbereitung auch für mancherlei andere Gerichte der gesunden Küche, auf die hier nicht näher eingegangen werden kann. Gerade Getreide wird im großflächigen landwirtschaftlichen Anbau unter massivem Einsatz von Chemikalien erzeugt, sodaß eine Eigenversorgung bei einer ausreichenden Grundstücksgröße keine schlechte Idee ist. Über die Schwierigkeiten einer Ernte von Hand wurde bereits in anderem Zusammenhang berichtet; falls kein Mähdrescher in Lohnarbeit eingesetzt werden kann oder soll, muß man sich eben viel Mühe machen und nach alter Väter Sitte verfahren.

Getreide ist nach wie vor das weltweit weitaus wichtigste Nahrungsmittel; auch heute noch entscheidet die jährliche Getreideernte darüber, ob viele Millionen Menschen hungern müssen oder nicht. Für die meisten Menschen der Erde ist Reis das wichtigste Getreide, obwohl der Weizen die größte Anbaufläche beansprucht. Reis wächst bei uns nicht, dafür aber fast alle anderen Getreidesorten von einiger Bedeutung.
Zu den wertvollsten Eigenschaften von Getreide gehört es, daß es problemlos lange Zeit gelagert werden kann. Die Getreidekörner enthalten Stärke und Eiweiß, Vitamine und Mineralstoffe, der Getreidekeim auch Fett. Unser Verdauungstrakt ist jedoch nicht in der Lage, rohe, unzerkleinerte Getreidekörner aufzuschließen. Andererseits wissen wir, daß wertvolle Nährstoffe verloren gehen, wenn die Getreidekörner zu stark ausgemahlen werden, wie die Tabelle auf Seite 22 beweist, in der (grobes) Vollkornmehl und (feines) Weißmehl einander gegenüber gestellt wurden. Getreide muß auch nicht unbedingt zu Mehl gemahlen werden, um von uns verdaut werden zu können – es gibt Schrot, Graupen, Flocken, Grieß usw. Backfähig ist ohnehin nur Weizen- und Roggen-Mehl, weil dessen Eiweiß nicht wasserlöslich ist, sondern als sogenannter Kleber auftritt und verhindert, daß das bei der Gärung entstehende Gas entweicht. Dadurch bilden sich im Brotteig die bekannten Blasen, die das Brot luftig-locker machen. Anderes Getreidemehl ergibt lediglich Fladen ohne den Teig lockernde Gaseinschlüsse.
Fast alle Getreide gehören zu den Gräsern. Es wurden früher sehr viel mehr solcher Grassorten kultiviert, die aber fast alle von unseren „klassischen" Getreiden Weizen, Roggen, Gerste und Hafer verdrängt worden sind. Das Einkorn gehört mit seiner einblütigen Ähre ebenso dazu wie der Emmer mit einer zweiblütigen Ähre. Etwas bekannter ist heutzutage noch der Dinkel, weil aus seinen gedörrten Körnern Grünkern für die Grünkernsuppe gemacht wird. Früher wurde Dinkel mit Roggen und Weizen gemischt und gemahlen und daraus ein Brot gebacken, heute ist dieses Mischbrot leider nicht mehr zu haben.
Hirse war bei uns in Mitteleuropa früher ein sehr wichtiges Nahrungsmittel, ist also keineswegs ein typisch afrikanisches Getreide. Als Grundnahrungsmittel wurde Hirse bei uns fast völlig verdrängt, als die Kartoffel ihren Siegeszug antrat. Die kleinen Körner müssen vor einer Weiterverwendung geschält werden.
Buchweizen gehört nicht zu den Gräsern, sondern ist ein Knöterichsgewächs, wird aber dennoch den Getreiden zugerechnet. Er ist derart anspruchslos, daß man ihn sogar noch auf Grenzertragsböden

anbauen kann, auf denen sonst keine Kulturpflanze mehr wächst. Insbesondere ist er bei uns noch auf norddeutschen Torfböden zu finden, wenn der Bauer die Imkerei betreibt, denn die kleinen, rot-weißen Blüten gelten als gute Bienenweide. Buchweizen ist auch als Heidekorn bekannt und hat ein dreieckiges Korn, das ebenfalls erst geschält werden muß. Außerhalb von Deutschland ist Buchweizen vor allem in der Bretagne, aber auch in Osteuropa noch recht beliebt.

Gerste hat unter den klassischen europäischen Getreiden den höchsten Flächenertrag; mit etwas Glück und unter guten Verhältnissen kann man mehr als einen Zentner von hundert Quadratmetern ernten. Verglichen mit dem Ertrag mancher Gemüse ist das nicht sehr eindrucksvoll, aber wir dürfen nicht nur nach dem Gewicht, sondern müssen nach der darin enthaltenen Trockenmasse urteilen; Wasser hat keinen Nährwert. Bei Getreide liegt die Trockensubstanz um 85 Prozent; rund 15 Prozent sind Wasser, während es bei Gemüsen fast umgekehrt ist. Gerste dient in Form von Graupen gelegentlich direkt der menschlichen Ernährung, und auch als Braugerste findet sie für die Bierbereitung Verwendung. Das Malz, neben dem Hopfen wesentlicher Bestandteil des Bieres, ist nichts anderes als gekeimte und geröstete Gerste, die besonders eiweiß- und stärkehaltig ist.

Durch ihren hohen Eiweißgehalt wird Gerste vor allem geschrotet für die Schweinemast verwendet. Darin liegt auch ihre besondere Bedeutung, die dazu führt, daß Gerste nach Weizen (wenn man Reis ausklammert) weltweit am meisten angebaut wird. Neben der ertragreichen Wintergerste wird auch Sommergerste angebaut, vorwiegend als Braugerste. Ihr Ertrag ist mit ca. 35 kg/100 Quadratmeter wesentlich geringer als jener der Wintergerste.

Auch Hafer wird überwiegend verfüttert, obwohl Haferflocken ein sehr gesundes Grundnahrungsmittel sind. Hafer verträgt wohl rauhere und vor allem feuchtere Lagen als Gerste, kann aber bei uns nicht überwintern und wird folglich ausschließlich als Sommergetreide angebaut. Seine Erträge sind unter vergleichbaren Verhältnissen etwas höher als bei den anderen Sommergetreiden (Ausnahme: Mais), aber da bei geeignetem Boden oft dem Weizen der Vorzug gegeben wird, liegt der statistische Ertrag von Sommerweizen höher. Hafer kann die Bodennährstoffe dank seines ausgedehnten Wurzelsystems viel besser aufschließen als Gerste, hat aber einen hohen Feuchtigkeitsbedarf, insbesondere während der Ausbildung des Fruchtstandes. Um einen zu starken Schädlingsbefall

(Nematoden) zu vermeiden, sollte Hafer nur alle vier Jahre auf dem gleichen Schlag angebaut werden. Haferstroh ist das beste Futterstroh. Soll Sommergetreide zu Futterzwecken angebaut werden, ist statt einer Reinsaat eine Gemengesaat vorzuziehen. Da die Ansprüche der verschiedenen Getreidearten an den Boden unterschiedlich sind, ist der Gesamt-Ertrag höher. Neben Hafer und Sommergerste kann auch Sommerroggen an einem solchen Gemenge beteiligt werden, allerdings nur mit einem Minderheits-Anteil, weil er sonst die anderen Getreide unterdrückt.
Hafer kann auch zusammen mit Leguminosen angebaut werden, wobei Hafer als Stützfrucht für Erbsen oder Wicken dient und selbst von den stickstoffsammelnden Leguminosen profitiert. Bei jedem Gemenge- oder Mischanbau muß natürlich der Boden den Bedürfnissen aller daran beteiligten Sorten entsprechen.

Es wurde bereits erwähnt, daß neben dem Weizenmehl lediglich Roggenmehl das bei der Gärung entstehende Gas bindet und folglich als Brotgetreide geeignet ist. Bei uns ist Roggen auch verhältnismäßig stark vertreten, weltweit aber trotz dieser Tugend und seiner bemerkenswerten Anspruchslosigkeit recht selten. Zum Teil mag das daran liegen, daß er die geringsten Erträge bringt – als Winterroggen zwischen 30 und 40 kg/100 Quadratmeter. Die Hauptanbau-Gebiete sind neben Deutschland die Sowjetunion und insbesondere Polen; in Polen wird so viel Roggen angebaut wie Weizen und Gerste zusammen! Rund 80 Prozent der Welt-Roggen-Produktion wird in diesen Ländern erzeugt, was zeigt, daß unser Klima dem Roggen ganz besonders zusagt und umgekehrt wir Brot mit Roggenmehl-Beimischung ganz besonders schätzen (unser übliches Graubrot enthält ca. 30 Prozent Roggenmehl). Roggen ist im Gegensatz zu den anderen europäischen Getreiden kein Selbstbefruchter, sondern auf Fremdbestäubung angewiesen. Dafür ist er als einziges unter diesen vier „klassischen" Getreiden relativ selbstverträglich und kann mehrere Jahre hintereinander angebaut werden, auch nach anderem Getreide. Wohl wird man solche Kulturen meiden, aber die Anspruchslosigkeit des Roggens an die Vorfrucht ist doch zuweilen recht nützlich.

Zweifellos unser wichtigstes Getreide ist der Weizen. Die überwiegende Menge des auf dem Weltmarkt gehandelten Weizens kommt aus dem amerikanischen Mittelwesten und aus Kanada, wo er auf den ehemals unendlichen Präriefächen hervorragende Bedingungen findet. Man sollte also meinen, der Hektar-Ertrag wäre dort entsprechend hoch. Während aber bei uns ein Hektarertrag von 100 Zentnern keineswegs ungewöhnlich ist, wird dort nur etwa ein Drittel davon geerntet! Zum Teil liegt das wohl an der extensiven Bewirtschaftung und an dem Boden, der nur eine behutsame Bearbeitung erlaubt, sicherlich aber auch daran, daß man sich um Fruchtfolge wenig kümmert.

Weizen ist das klassische Brotgetreide schlechthin, allerdings auch das anspruchsvollste Getreide unserer Breiten. Sein Ertrag erreicht fast jenen von Gerste. In Mitteleuropa ist Weizen schon seit der Steinzeit bekannt, ebenso Gerste; früher, als die Möglichkeiten der Bodenbearbeitung und Düngung noch nicht so weit entwickelt waren wie heute, konnte er sich weniger eindeutig gegen den anspruchsloseren Roggen durchsetzen als heute. Roggen wird bei uns erst seit der Bronzezeit angebaut.

Eine Vollverpflegungs-Person in einem Selbstversorger-Haushalt benötigt jährlich etwa 60 Kilogramm Getreide, vorwiegend für Brot (ein Kilo Brot enthält etwa 0,7 Kilo Mehl). Um dieses Getreide zu erzeugen, wird eine Anbaufläche von 120–140 Quadratmetern benötigt – im Vergleich zur Anbaufläche für alle anderen Vegetabilien ist das außerordentlich viel. Oft ist der geringe Flächenertrag neben den Problemen bei der Ernte der entscheidende Grund, auf einen Getreide-Anbau zu verzichten. Es gibt allerdings Möglichkeiten, durch intensive Kultur „nach Gärtnerart" den Ertrag ganz wesentlich zu steigern. Die folgende Beschreibung basiert auf einem Beitrag der Zeitschrift „garten organisch" (Ausgabe 3/80).

Bereits im Altertum soll es außerordentlich ertragreiche Weizensorten gegeben haben. Eine römische Sorte „Centigranum" enthielt 100 Körner pro Ähre, eine andere Sorte, die in einem ägyptischen Sarkophag

gefunden wurde, soll sogar bis zu 320 Körner pro Ähre enthalten haben; es wird ein Dr. Sauvageot zitiert, der bis zu 294 Körner pro Ähre und bis zu 6375 Körner pro Samenkorn, d. h. bis zu 265 Gramm, aus diesem alten, ägyptischen Weizen gezogen haben soll. Zum Vergleich: eine normale Ähre enthält zwischen 30 und 60 Körnern. In einem französischen Versuchsbetrieb sollen 175 kg auf einer Fläche von 210 Quadratmetern erzeugt worden sein, das entspricht etwa dem doppelten ansonsten üblichen Ertrag.

Neben anderen Methoden (Teilen des aus einem Samenkorn entstandenen Wurzelbündels, Verpflanzen der bewurzelten Stiele, Anhäufeln und Hacken; Treiben der Wurzelschößlinge, Stutzen und Verpflanzen) wird eine Vorzugsmethode zur Ertragssteigerung geschildert: es werden zunächst 20 Zentimeter tiefe Nord-Süd-Furchen gezogen, jeweils in einem Abstand von 50 Zentimetern. In diese Furchen

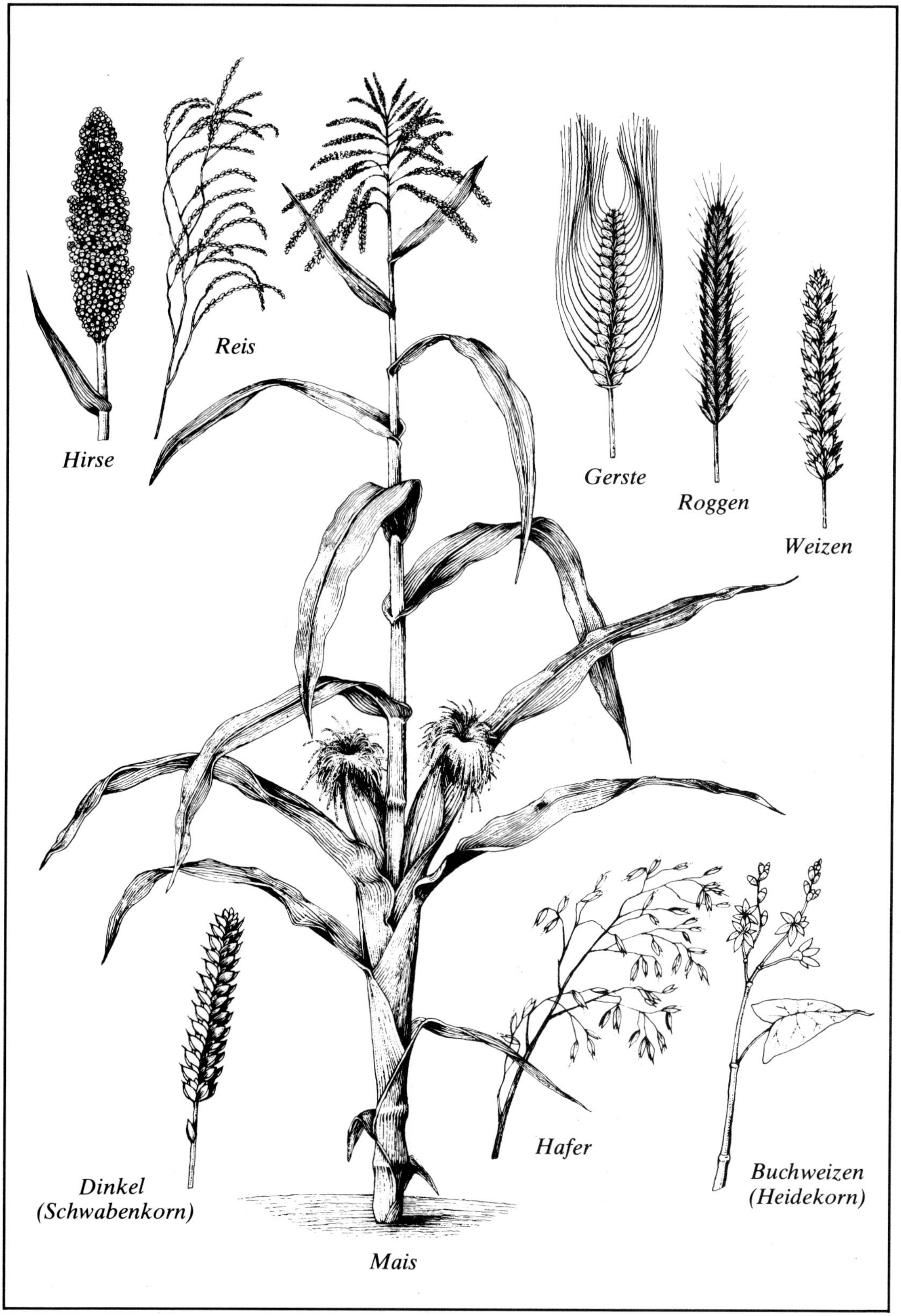
Hirse
Reis
Gerste
Roggen
Weizen
Dinkel
(Schwabenkorn)
Mais
Hafer
Buchweizen
(Heidekorn)

12.2 Der Mais hätte bei uns eine größere Verbreitung verdient. Gegenüber den „klassischen“ Getreidearten (siehe auch Bild 12.1 Vorderseite) bringt er – auf den Nährwert bezogen – den doppelten Flächenertrag. Der hier abgebildete Zuckermais (Goldprinz) eignet sich hervorragend für den Frischverzehr.

13.1 Ein „Bienenstall“ für sechs Völker.

13.2 Das Milchschaf ist das wohl wichtigste Haustier für Selbstversorger. Es liefert Milch und Molkereiprodukte, Fleisch, Wolle und Dünger.

13.3. Die portionsweise Zuteilung einer eingezäunten Weide durch versetzbare Hürden ist die wohl intensivste Form der Weidenutzung.

13.4 Kombinierter Stall für Hühner, Kaninchen, Ziegen und Schweine

Gesamtansicht des Stalles

I Stall für 25–30 Hühner
II Stall für 6 Kaninchen
III Stall für 2–3 Ziegen
IV Stall für 2 Schweine
V Offener, gedeckter Vorraum
VI Querschnitt A–B
VII Querschnitt E–F
VIII Querschnitt G–H
XII Sitzstangen im Hühnerstall
XIII Futtertrog Schweinestall
XIV Sockel-Detail

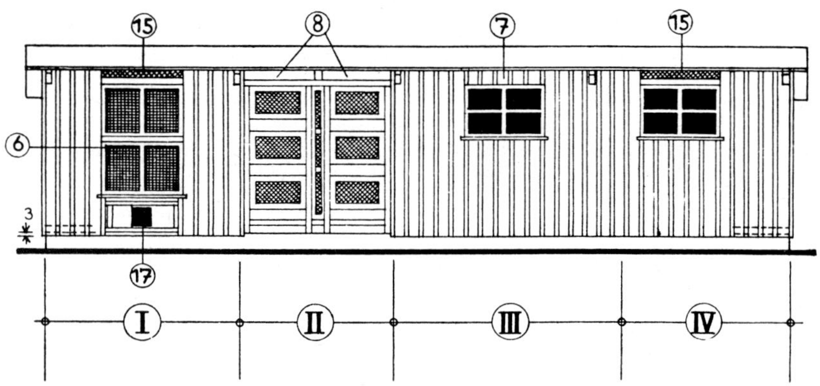

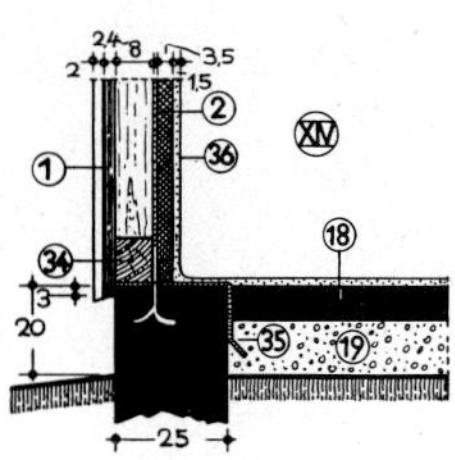

Wandeinzelheit

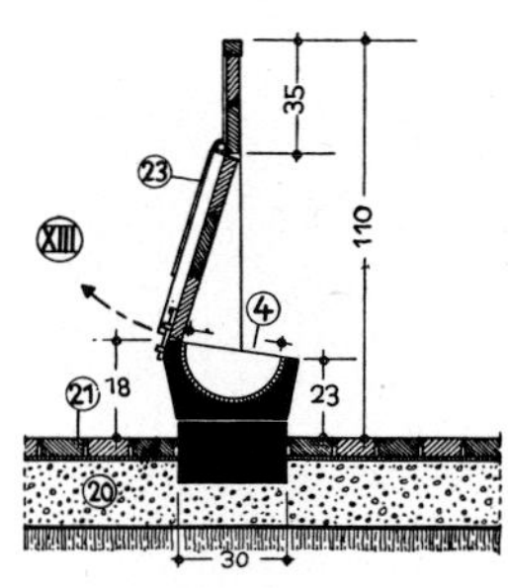

Schnitt durch Wand zwischen Ziegen- und Schweinestall

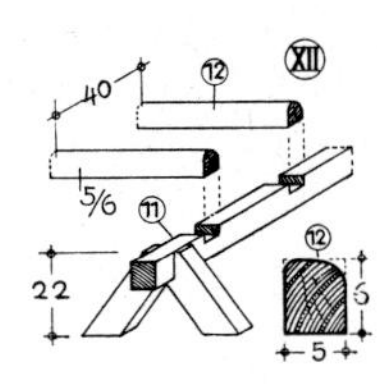

Querschnitt A–B
Sitzstangen-Einzelheit
Hühnerstall

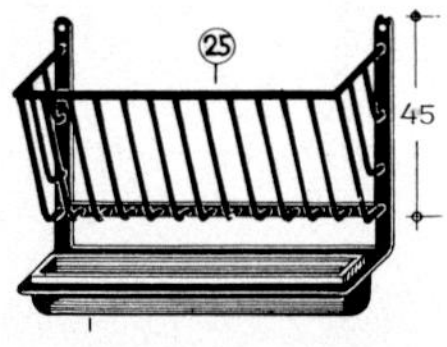

Futterraufe Ziege

Erläuterung zu den Abb.

1 = 24 mm Rauhspund mit Deckleisten
2 = Isolierplatten
3 = Schlafkoje
4 = Tonschale 30 cm ∅
5 = Bohlenverkleidung 1,10 m hoch
6 = Fenster 1,00 x 1,50 m
7 = Eiserne Fenster 1,00 x 0,65 m
8 = Kaninchenstall
9 = Durchgehende Futterraufe
10 = Kottisch mit Pappauflage
11 = Bock für die Sitzstangen
12 = Sitzstangen 5 x 6 cm
13 = Klappfallennester
14 = Futterautomat
15 = Frischluftöffnungen
16 = Lüftungsklappen
17 = Auslauföffnung 25 x 22 cm
18 = Betonestrich 6 – 8 cm
19 = Schlacken- oder Kiesunterlage
20 = Lehmschlag 20 cm
21 = Vollziegelpflaster
22 = Pappeindeckung
23 = Absperrvorrichtung, 3,5 cm Bretter
24 = Buchtentür, 80 x 110 cm
25 = Eiserne Futterraufe und Trog für Ziegen
26 = Bitumenfilz, Rückwand Kaninchenstall
34 = Schwellenkranz, karboliniert
35 = Isolierpappe auf Sockelgleiche
36 = Kalkmörtelputz 1 · 3, 1,5 cm stark

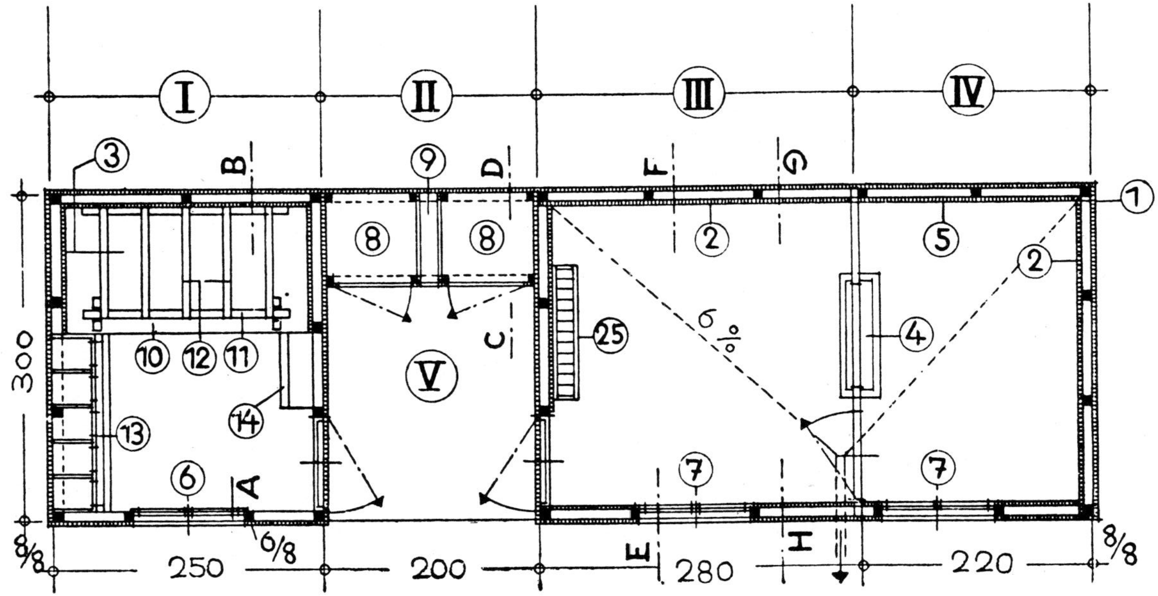

Grundriß

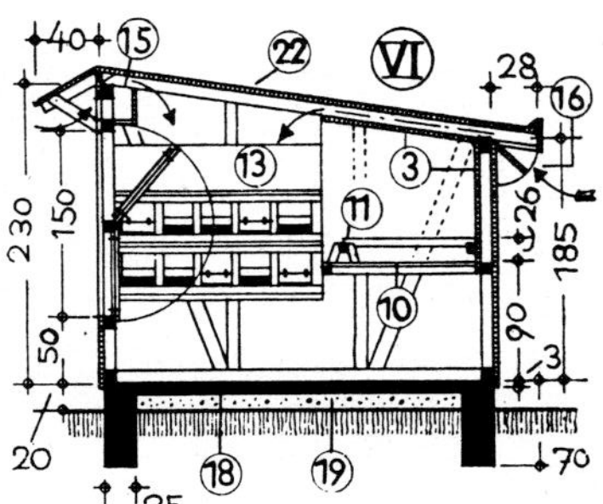

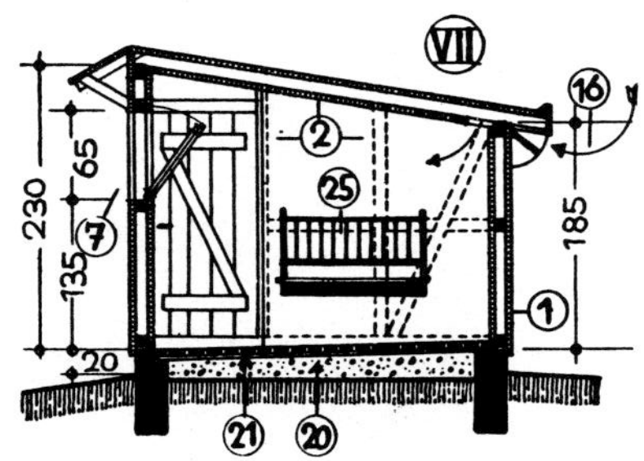

Querschnitt E – F

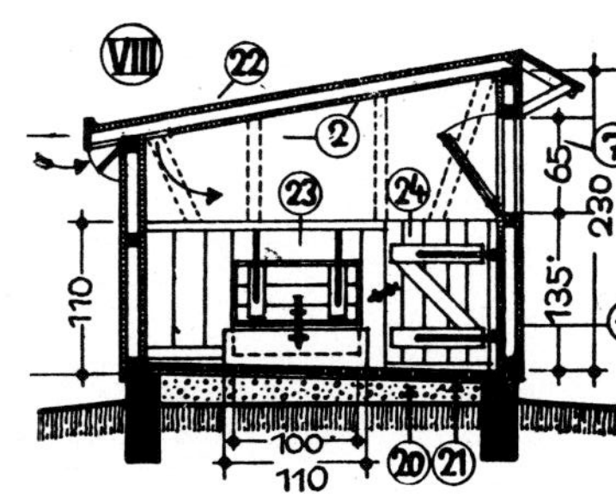

Querschnitt G – H

14.2 Ein Dampfentsafter (im Hintergrund) und ein Einwecktopf mit Thermometer, davor verschiedene Einweckgläser, Klammern und Gummiringe.

14.1 (linke Seite) Äpfel können durch Trocknen an der Luft (im Hintergrund die an einer Schnur aufgehängten Ringe) oder durch Dörren im Backofen konserviert werden.

14.3 Das Konservieren von Schnippelbohnen oder Sauerkraut mit Hilfe von Salz.

werden die Samenkörner im Abstand von 25–40 Zentimetern jeweils fünf Zentimeter tief gelegt. Schließlich wird im Zeitabstand von mindestens 15 Tagen fünf- bis sechsmal angehäufelt, bis die Furche geschlossen ist. Dadurch bilden sich immer neue Austriebe und Wurzelschichten. Häufiges Lockern der Erde durch Hacken unterstützt das Wachstum. Als Ertrag werden bei 70 Gramm Saatgut immerhin 175 kg von einer Fläche von 230 Quadratmeter angegeben, das entspricht gut 75 kg/100 Quadratmeter und liegt damit um mindestens 50 Prozent über der Ernte, die bei der herkömmlichen Anbaumethode erzielbar wäre. Leider konnte der Autor noch keine eigenen Erfahrungen mit diesen Anbauverfahren machen, doch scheint die Ertragssteigerung als Folge der beschriebenen Maßnahmen durchaus glaubhaft, Wer als Selbstversorger auch sein Brotgetreide selbst erzeugen möchte, aber wenig Anbaufläche hat, wird hier sicherlich eine interessante Möglichkeit finden. Allerdings sei warnend darauf hingewiesen, daß relativ kleine, in Hausnähe gelegene und mit Getreide bestellte Flächen rechtzeitig mit Netzen vor den Spatzen geschützt werden müssen, um überhaupt etwas ernten zu können, was den ohnehin beträchtlichen Arbeitsaufwand nochmals vergrößert, von den Kosten für das Netz ganz zu schweigen.

Bei gemischter Ernährung kann man, wie erwähnt, etwa mit einem Jahresbedarf von 60 Kilogramm pro Person an Getreide rechnen; der Bezugsartikel in „garten organisch“ legt sogar 175 Kilo zugrunde, aber das setzt eine vegetarische Ernährung mit einem Schwerpunkt auf Getreideprodukten voraus. Für die Erzeugung von rund 250 Kilo für vier Personen würden wir also nur eine Anbaufläche von 350 Quadratmetern benötigen, und auf dieser geringen Fläche mag der absolute Arbeitsaufwand noch vertretbar sein. Wer übrigens auch selbst dreschen möchte, kann sogar ohne Dreschflegel nach Art unserer Vorväter im grauen Altertum vorgehen. Dazu werden die getrockneten Garben auf dem Boden ausgebreitet und darauf herumgetrampelt oder Vieh darüber getrieben. Nach einiger Zeit sind die Körner weitgehend ausgefallen, und die Spreu wird mit Hilfe des Windes getrennt. In der Bibel wird erwähnt, daß man dem Ochsen, der da drischt, nicht das Maul verbinden soll, und in Homers Ilias wird diese Technik des Dreschens folgendermaßen beschrieben:

> „Wie wenn ein Mann ins Joch breitstirnige Stiere gespannet, weiße Gerste zu dreschen auf rundgeebneter Tenne; leicht wird zermalmt das Getreide vom Tritt der brüllenden Rinder.“

Wie wir wissen, sind unzerkleinerte Getreidekörner für uns Menschen, und teilweise auch für unser Vieh, schlecht verdaulich. Es gibt Hand-

und Elektromühlen, die das Getreide ganz nach Wunsch von grobem Schrot bis zu feinem Mehl verarbeiten, auch zu allen Zwischenstufen.
Zusammengefaßt bleibt festzustellen, daß man in einem Selbstversorger-Haushalt das benötigte Brotgetreide sehr wohl selbst anbauen, ernten und gebrauchsfertig verarbeiten kann, selbst auf relativ kleinen Flächen, daß aber der Arbeitsaufwand dafür außerordentlich hoch ist und man sich gut überlegen sollte, ob man nicht zumindest für die Ernte Maschinenhilfe in Anspruch nimmt.
Mais ist aus Amerika zu uns gekommen, ebenso wie die Kartoffel, die Tomate und die meisten Bohnen. Zweifellos wäre seine Bedeutung noch weit größer geworden, wenn er nicht einige Ansprüche an das Klima stellt. Wohl gibt es mittlerweile Sorten, die sogar in Norddeutschland relativ sicher zu Körnermais ausreifen, aber das wirkt sich dann meistens auf den Ertrag aus, sodaß er sich dort im Erwerbsanbau oft nicht rentiert. Wir Selbstversorger haben es da etwas besser, denn die geringen von uns benötigten Mengen sollten in sonniger, geschützter Lage bei richtiger Sortenwahl eigentlich überall ausreifen. Je nördlicher das Anbaugebiet, um so früher reifend sollte die Sorte sein.
Für die menschliche Ernährung spielt Mais in Mitteleuropa nur eine geringe Rolle, da sein Mehl nicht backfähig ist. Wir kennen ihn vielleicht als aus Amerika zu uns gekommene „Corn flakes“ und essen die milchreifen Kolben gelegentlich als Delikatesse, das ist so ziemlich alles. Hier schätzen wir ihn vor allem als Viehfutter, weil sein Nährwert deutlich über jenem unserer „klassischen“ Getreide liegt. Da er zudem auch wesentlich höhere Erträge liefert und damit auf den doppelten Nährwert pro Flächeneinheit kommt wie Gerste, wird klar, warum wir uns etwas ausführlicher mit diesem unter Selbstversorgern noch relativ wenig verbreiteten Getreide beschäftigen sollten. Das gilt nicht zuletzt auch für die direkte menschliche Ernährung, wo Mais derzeit noch „unter Wert“ gehandelt wird.
Betrachten wir uns zunächst einmal die unter günstigen Verhältnissen erzielbaren Getreide-Erträge:

Getreideart	Ertrag (kg/100 m^2)
Sommerroggen	30
Sommergerste	40
Hafer	40
Winterroggen	40
Sommerweizen	45
Winterweizen	50
Wintergerste	55
Mais	75

Mit dem hohen Flächenertrag aber sind die Vorteile eines Maisanbaus noch keineswegs erschöpft. Für uns Selbstversorger mag seine gute Selbstverträglichkeit nur von geringer Bedeutung sein, weil wir ohnehin Wechselanbau betreiben werden, aber sein hoher Vorfruchtwert ist auch für uns nicht zu unterschätzen. Wird auch noch das Maisstroh gehäckselt und flach eingearbeitet, entspricht das fast einer Stallmistdüngung! Da wir nie genug organischen Dünger haben werden, ist das gewiß ein starkes Argument.
Trotz seines hohen Ertrages und seines Nährwertes ist Mais ein reines Sommergetreide, das je nach Lage zwischen Anfang April und Anfang Mai gesät wird, eventuell also auch noch eine Gründüngung zuläßt; bei einer Wachstumszeit zwischen 120 und 150 Tagen mit einer Durchschnittstemperatur zwischen 14,5 und 15,5 Grad Celsius beginnt die Ernte ab Mitte September, sodaß es für eine Gründüngung noch nicht zu spät ist.
Es sollten nicht mehr als acht Maispflanzen pro Quadratmeter stehen bleiben, der Reihenabstand beträgt ca. 70 Zentimeter, der Pflanzenabstand in der Reihe knapp 20 Zentimeter, die Saattiefe fünf Zentimeter. Mais ist ein ausgesprochener Fremdbefruchter, deshalb sollte man schmale, lange Reihen meiden und die Anbaufläche möglichst quadratisch anlegen. So verführerisch es für nach Autarkie strebende Selbstversorger auch sein mag, das Saatgut selbst zu erzeugen: jährlich neu gekaufte Hybridsaat bringt einen Mehrertrag von etwa 25 Prozent und ist überdies standfester. Falls Körnermais aus irgendwelchen Gründen einmal nicht ausreifen sollte, kann man ihn sehr gut noch als Viehfutter silieren. Auf die Technik des Silierens wird an anderer Stelle in diesem Kapitel noch etwas näher eingegangen.

12.2 Die Kartoffel

Während Mais in Europa mit unseren „klassischen" Getreiden konkurriert, hat die mit ihm zusammen aus Amerika „eingewanderte" Kartoffel hier keine solche Konkurrenz angetroffen. Als die Spanier sie Anfang des 16. Jahrhunderts mitbrachten, wurden die eßbaren Pflanzen aus Samen gewonnen; die zu den teilweise giftigen Nachtschattengewächsen gehörende Kartoffel war den Bauern derart verdächtig, daß sie nur unter Zwang dazu gebracht werden konnten, sie anzubauen. Ende des 18. Jahrhunderts war es in Deutschland Friedrich der Große, der den Kartoffelanbau unter seinen Bauern durchsetzte, um neben dem

Getreide eine Nahrungsmittelreserve zu haben. Wie so oft war aber dann die Reaktion, nachdem die Kartoffel sich erst einmal durchgesetzt hatte und die ursprünglichen Vorurteile überwunden waren, etwas heftig. Allenthalben wurde sie angebaut, verdrängte teilweise das Getreide, vor allem die Hirse, und in für sie besonders günstigen Gebieten, etwa in Irland, war sie schließlich so ziemlich das einzige Nahrungsmittel, das in größerem Maßstab erzeugt wurde. Als dann Kartoffelkrankheiten auftraten, die man noch nicht zu kontrollieren gelernt hatte, war die Abhängigkeit bereits so groß geworden, daß 1846 in Irland mehr als eine halbe Million Menschen verhungerten, nachdem Mehltau praktisch die gesamte Kartoffelernte vernichtet hatte.
Die Kartoffel bringt auch dann noch den etwa 1,5fachen Flächenertrag von Getreide, wenn man nicht das Gewicht, sondern den reinen Nährwert zugrunde legt. Auf 100 Quadratmetern lassen sich acht Zentner – eventuell sogar mehr – Kartoffeln ernten. Wohl ist der Wassergehalt recht hoch, aber neben 20 Prozent Kohlenhydraten und ca. zwei Prozent Eiweiß enthält die Kartoffel auch noch Fett, Mineralstoffe und Vitamine, sodaß man sich von ihr auch über einen längeren Zeitpunkt hinweg ausschließlich ernähren kann, ohne daß Mangelerkrankungen auftreten. Für Selbstversorger ist sie meistens das wohl wichtigste Grundnahrungsmittel.

Zu der Bedeutung, die die Kartoffeln seit rund 200 Jahren für uns haben, hat zweifellos ihre verhältnismäßig gute Lagerfähigkeit beigetragen. Da frühe Sorten bereits ab Juni geerntet werden können, stehen uns während des ganzen Jahres Kartoffeln zur Verfügung. Wenn man nun auch noch berücksichtigt, daß die Kartoffel eine hervorragende Vorfruchtwirkung hat und den Boden nachhaltig verbessert, dann wird klar, daß man in keinem Selbstversorger-Haushalt auf ihren Anbau verzichten sollte, wenn die Anbaufläche groß genug ist.
In den Notzeiten nach dem letzten Weltkrieg lag der durchschnittliche Kartoffelverbrauch in Deutschland bei 224 kg! Seit damals freilich ist mit wachsendem Wohlstand der Kartoffelkonsum immer stärker zurückgegangen, und als Folge davon natürlich auch der Kartoffelanbau. Im Jahre 1950 waren es noch 186 kg, 1960 noch 132 kg, aber 1970 nur 102 kg, und mittlerweile sind wir bei ca. 80 kg angelangt. Auch als Viehfutter, insbesondere also für die Schweinemast, werden immer weniger Kartoffeln verwendet, weil deren Verarbeitung aufwendiger und das Verfüttern umständlicher ist als Getreidemast.

In einem Selbstversorger-Haushalt sind selbst dann mindestens 100 Kilo Kartoffeln pro Person und Jahr anzusetzen, wenn wir reichlich tierische Produkte verzehren und für eine vielseitige Ernährung durch Obst und Gemüse sorgen. Eventuelle Futterkartoffeln sind dabei noch nicht berücksichtigt.

In diesem Selbstversorger-Haushalt sind für die menschliche Ernährung etwa 25 Prozent Frühkartoffeln und 75 Prozent Spätkartoffeln anzubauen. Die Frühkartoffeln sollen nur von Mitte Juni bis zum Beginn der Spätkartoffel-Ernte, also etwa Mitte Oktober, reichen. In dieser Zeit stehen auch genug andere Gemüse zur Verfügung, sodaß statt des rechnerisch auf vier Monate entfallenden Anteils ein Viertel an Frühkartoffeln genügt. Frühkartoffeln haben einen geringeren Stärkegehalt und damit Nährwert und sind nur begrenzt lagerfähig, auch ihr Ertrag ist wesentlich geringer.

Frühkartoffeln können nur dann schon im Juni geerntet werden, wenn sie vier bis sechs Wochen lang im Keller vorgekeimt worden sind. Da man sie ab Mitte März legen kann, wird mit dem Vorkeimen etwa um die Februarmitte begonnen. Zunächst ist Licht wichtiger als Wärme (8–10°C), später sollte auch die Temperatur bis 15°C ansteigen. Durch das Vorkeimen kann nicht nur (bei noch grünem Kraut) früher geerntet werden, sondern auch der Ertrag ist um rund 20 Prozent höher. Spätkartoffeln werden ab Mitte April bis Mitte Mai gepflanzt – je früher, um so höher ist der Ertrag, jedoch darf die Nachtfrostgefahr nicht zu einem Rückschlag führen.

Zum Pflanzen werden im Abstand von 60 Zentimetern acht Zentimeter tiefe Furchen gezogen und die Kartoffeln im Abstand von 30 Zentimetern hineingelegt. Zumindest bei den angekeimten Frühkartoffeln ist das Wort „legen" wörtlich zu nehmen; wirft man die Kartoffeln, brechen die Keime ab. Für den Bedarf unserer Selbstversorger-Musterfamilie benötigen wir bei einer Anbaufläche von 100 Quadratmetern und mittelgroßen Kartoffeln rund 25 Kilogramm Saatgut.

Insgesamt sollten Kartoffeln zwei- bis dreimal angehäufelt werden, bis sie etwa 20 Zentimeter hoch sind. Dadurch werden sie nicht nur zu einer verstärkten Knollenbildung angeregt, sondern gleichzeitig wird der Boden gelockert und das Unkraut bekämpft. Spätkartoffeln wird man möglichst spät ernten, um die Lagerzeit zu verkürzen; erst wenn das Kraut völlig gelb ist, sollte man damit beginnen. Die geringen Mengen, die wir für den Eigenbedarf benötigen, sind gut mit Hilfe einer Grabgabel zu ernten; im Erwerbsanbau ist das Lesen der Kartoffeln auch heute noch sehr arbeitsintensiv, wenn kein automatischer Sammelroder vorhanden ist bzw. wegen schweren oder steinigen Bodens

nicht eingesetzt werden kann. Drei Personen lesen hinter einem Schleuderroder, der die Kartoffel nur auswirft, aber nicht sammelt, pro Tag etwa einen Morgen – das sind rund zehn Tonnen! Jede Person muß dabei rund 50000 Kartoffeln aufheben!
Üblicherweise werden Kartoffeln während des Winters im Keller gelagert. Wenn der Platz dazu nicht ausreicht, der Keller zu warm ist oder man auch noch Futterkartoffeln anbaut, ist das Einlagern in Mieten zu empfehlen. Es muß nur sichergestellt sein, daß die frostempfindlichen Kartoffeln nicht erfrieren, zu feucht lagern und faulen, die Temperatur aber auch nicht zu hoch ist. Am günstigsten ist eine Lagertemperatur zwischen 3 und 5° C. Dennoch verderben mehr Kartoffeln durch zu hohe als durch zu niedrige Temperaturen. Bei Mietentemperaturen über zehn Grad ist mit Verlusten um 50 Prozent zu rechnen! Meistens entstehen solche hohen Temperaturen durch zu frühes oder zu starkes Abdecken der Mieten, obwohl im allgemeinen die Verluste in Mieten geringer sind als im Keller.
Bei sachgemäßer Lagerung sind diese Verluste zunächst sowohl im Keller als auch in der Miete gering. Bis Mitte März sollten es nicht mehr als zehn Prozent sein. Dann aber beginnt eine kritische Zeit: bis zur Ernte der Frühkartoffeln, also bis Mitte Juni, sind es 25 Prozent, bis zum Beginn der Spätkartoffel-Ernte Mitte September 75 Prozent. Der Vitamin C-Gehalt vermindert sich von 35 mg/100 Gramm bis auf 10 mg/100 Gramm nach 6 Monaten Lagerzeit! Auch durch das Kochen geschälter Kartoffeln treten Vitamin-Verluste auf; werden geschälte Kartoffeln über Nacht in Wasser aufbewahrt, haben sie am nächsten Tag alles Vitamin C verloren!
Da Futterkartoffeln überwiegend für die Schweinemast verwendet werden und Schweine rohe Kartoffeln schlecht verwerten, müssen diese gedämpft werden. Früher, als auch in größeren Erwerbsbetrieben Schweine noch häufiger mit Kartoffeln gemästet wurden, hat man die Kartoffeln gedämpft und eingesäuert (siliert). Dadurch wurde die Haltbarkeit verbessert und die Verluste konnten auch bei längerer Lagerung auf etwa zehn Prozent begrenzt werden. Außerdem kann man dabei – höchst zeitgemäß – rund die Hälfte der Energie sparen, die das Dämpfen der Tagesportionen erfordert. Bei den wenigen für den Eigenbedarf gehaltenen Schweinen in einem Selbstversorger-Haushalt wird das nur selten sinnvoll sein, und wenn noch ein Feststoff-Herd zum Kochen dient, kann im Backofen die tägliche Futterkartoffel-Ration auch ohne zusätzliche Energiekosten gedämpft werden.
Nachdem die Kartoffeln zur Miete aufgesetzt sind, sollten sie, sofern kein Frost droht, zunächst einige Tage auslüften. Die Miete hat eine

Sohlenbreite von 125 und eine Höhe von 80 Zentimetern. Sie wird anschließend mit einer 50 Zentimeter dicken Strohschicht abgedeckt, auf die eine Erdschicht aufgebracht wird. Wer will, kann die Kartoffeln zur Verbesserung der Haltbarkeit mit Ätzkalk (1 kg/pro 100 kg Kartoffeln) einpudern. Vor Frostbeginn wird die abdeckende Erdschicht auf 20 Zentimeter verstärkt, danach eine zweite Strohschicht aufgebracht und abermals mit einer – dünneren – Erdschicht abgedeckt. Bei dieser Gelegenheit sollte auch der Boden im Umkreis von etwa einem Meter um die Miete herum mit Stroh bedeckt werden, damit der Frost nicht von unten in die Miete eindringen kann. Statt der letzten Erdschicht kann auch eine Folie verwendet werden.
Es ist kaum möglich, Mäuse von den Mieten fernzuhalten, da das warme, trockene Stroh ihnen beste Überwinterungsmöglichkeiten bietet. Sie stören weniger durch die Kartoffeln, die sie annagen, als dadurch, daß sie die Strohdecke an manchen Stellen zerstören, sodaß der Frost eindringen kann. Am besten bekämpft man sie, indem man beim Aufbau der Miete Drainage-Tonröhren zwischen Kartoffeln und Stroh einsetzt und mit in Papier eingewickeltem Giftweizen ködert. Da es immer einige Zeit dauert, bevor der Giftweizen restlos aus dem Papier herausgefressen ist, finden auch später eintreffende Mäuse noch genug vor.
Die Abdeckung der Miete hat eine temperaturregulierende Wirkung, wärmt also nicht nur im Winter, sondern hält auch die Frühjahrswärme fern und sollte nicht zu früh entfernt werden. Da eine zum Verbrauch geöffnete Miete der Temperatur ausgesetzt ist, legt man bei entsprechendem Verbrauch lieber mehrere kleine als eine große Miete an. Andererseits sollten Mieten auch nicht zu klein sein – meist werden sechs Meter als Mindestlänge angegeben. Das aber sprengt für Selbstversorger bereits jedes Maß. Eine solche Miete enthält pro Meter Länge rund 500 Kilo Kartoffeln; ein überwiegend mit Kartoffeln gemästetes Schwein frißt bis zur Schlachtreife zwischen 750 und 1000 Kilogramm. Höchstens zwei Schweine pro Jahr werden für den Eigenbedarf gemästet, und diese Schweine werden zum Teil mit Wirtschaftsabfällen ernährt, sodaß unsere Selbstversorger-Futterkartoffel-Miete nicht länger als drei, höchstens vier Meter sein dürfte, selbst wenn man Lagerverluste berücksichtigt.
Kartoffeln sind nicht gerade anspruchslos, weder hinsichtlich der Nährstoffe noch ihres Wasserbedarfs, der insbesondere während der Zeit der Knollenbildung (beginnt drei bis vier Wochen nach dem Auflaufen) recht hoch ist. Ihre vielen guten Eigenschaften sichern ihr aber im Selbstversorger-Haushalt einen Ehrenplatz.

12.3 Der Futter-Anbau

Sowohl Getreide als auch Kartoffeln können hervorragend als Futter verwendet werden, wie wir bereits festgestellt haben. Auf die Tierhaltung wird im nächsten Kapitel ausführlicher eingegangen; hier soll nur so viel festgestellt werden, daß die Nutztiere im Selbstversorger-Betrieb sich mit Ausnahme der Schweine und eventuell der Kaninchen während der Vegetationsperiode ihr Futter überwiegend selbst suchen. Der Futteranbau hat also vor allem die Aufgabe, die Versorgung unserer Tiere im Winter sicherzustellen. An sich gilt das auch für die Schweine, aber diese wühlen einen ihnen zugeteilten Auslauf derart erbarmungslos um, daß man sie ständig im Stall hält, es sei denn, man teilt ihnen vorübergehend ein abgegrenztes Stück zu, das sie umgraben, unkrautfrei machen und gleichzeitig düngen, sodaß uns Arbeit erspart bleibt.
Während Wiederkäuer wie die Schafe ballaststoffreiches Futter – Heu und Futterstroh – benötigen und Kraft- oder Saftfutter nur in mäßigen Mengen erhalten, sollen Schweine schnell zunehmen und bekommen deshalb nährstoffhaltigeres Futter. Bei überwiegender Getreideschrot-Fütterung benötigen wir zur Mast eines Schweines ca. 325 Kilogramm; wird teilweise Mais mitgeschrotet, kann diese Menge reduziert werden. Allerdings muß noch etwas für die Eiweiß-Versorgung getan werden; wer kein Futter zukaufen will und Milchvieh hält, gibt täglich mindestens zwei Liter Magermilch. Das gilt auch für die bereits beschriebene Mast mit ca. 900 Kilo Kartoffeln.
Ein wesentlicher Teil der Winterfütterung aller im Selbstversorger-Betrieb gehaltenen Nutztiere kann aus Rüben bestehen, die sich durch ihre milchtreibende Wirkung auch für Kuh, Ziege oder Milchschaf sehr empfehlen. Rüben lassen sich in ihrer Haltbarkeit und Lagerfähigkeit etwa mit Kartoffeln vergleichen, ihr Ertrag pro Flächeneinheit ist aber noch deutlich höher. Er stellt alles in den Schatten, was bisher erwähnt wurde, auch wenn durch den geringeren Trockensubstanz-Gehalt vor allem bei den besonders ertragreichen Massenrüben der Nährwert im Verhältnis zum Gewicht bescheiden ist. Massenrüben tragen bis zu 25 Zentner auf einer Anbaufläche von 100 Quadratmetern!
Am bekanntesten unter den Feldrüben ist die Zuckerrübe. Bei ihr kann man wohl „nur" mit acht bis zehn Zentnern Ertrag rechnen, kaum mehr als bei Kartoffeln, aber durch den Zuckergehalt ist der Nährwert sehr hoch. Wenn die Selbstversorger-Familie ihren eigenen Zucker für das Konservieren von Obst einschließlich der Marmeladen-Herstellung erzeugen möchte, benötigt sie gut

einen Zentner pro Jahr. Diese Menge kann leicht durch Einkochen der geschnitzelten Zuckerrüben aus dem Ertrag von 100 Quadratmetern gewonnen werden, und der Abfall an Schnitzeln, Köpfen und Blättern entspricht im Futterwert noch mindestens dem, was bei Getreideanbau auf dieser Fläche hätte erzeugt werden können!

Noch besser für den reinen Futteranbau geeignet als Zuckerrüben sind die Runkelrüben. Wohl ist die Trockenmasse und damit der Nährwert geringer, aber dafür sind auch die Erträge weitaus höher! Es werden mehrere Sorten unterschieden, bei denen der Ertrag und die Trockenmasse jeweils im umgekehrten Verhältnis zueinander stehen, aber das für den Nährwert entscheidende Produkt aus diesen beiden Werten ist verhältnismäßig einheitlich. Die Entscheidung über die anzubauende Sorte wird deshalb vor allem davon abhängen, wie leicht sie von Hand zu roden ist.

- Massenrüben: Trockenmasse 10–13%, Ertrag 20–25 Zentner/100 Quadratmeter. Massenrüben wurzeln flach und entwickeln sich vor allem über der Erde, sind also leicht von Hand zu roden.
- Mittelrüben: Trockenmasse 13–15%, Ertrag 15–20 Zentner/100 Quadratmeter. Auch Mittelrüben sind noch recht gut von Hand zu roden.
- Gehaltsrüben: Trockenmasse 15–17%, Ertrag ca. 15 Zentner/100 Quadratmeter. Das Handroden der tief verwurzelten Rüben ist nicht ganz einfach.
- Zuckerfutterrüben: Trockenmasse: über 17%, Ertrag weniger als 15 Zentner. Das Handroden ist schwierig.

Den gleichen Gehalt an Nährstoffen haben:

23 kg Zuckerrüben; 32 kg Zuckerfutterrüben; 36 kg Gehaltsrüben; 50 kg Massenrüben.

Rüben müssen wie Kartoffeln im Keller oder in Mieten vor Frost geschützt werden. Ihr Düngerbedürfnis ist sehr hoch, Stallmist ist im Rübenanbau von ganz besonderer Bedeutung und sollte bereits im vorausgegangenen Herbst ausgebracht worden sein. Auch Gründüngung, vor allem mit Leguminosen, wirkt sich sehr vorteilhaft aus, kann aber Stallmist nicht ersetzen.

Rüben werden früh im April gesät – ca. 15 Gramm Samen pro Quadratmeter. Die Reihen haben einen Abstand von 50 Zentimetern, innerhalb der Reihen soll der Abstand bei 25 Zentimetern liegen. Nach dem Auflaufen muß auf diesen Abstand vereinzelt werden, wobei gleichzeitig das Unkraut durch Hacken bekämpft wird.

Die Mindest-Vegetationszeit beträgt bei Rüben 180 Tage; Anfang April gesät, könnten sie also Anfang Oktober geerntet werden. Da aber im Oktober noch einmal eine wesentliche Speicherung von Stärke und Zucker erfolgt, sollte wirklich erst dann geerntet werden, wenn die Blätter sich verfärben und damit die Reife anzeigen. Allerdings sollte die Ernte vor den ersten Frösten abgeschlossen sein, da sonst die Haltbarkeit beeinträchtigt wird. Bei den geringen Mengen eines Selbstversorger-Betriebes ist eine späte Ernte im Vergleich mit dem Erwerbsanbau unproblematisch.

Die Rüben werden geköpft und eingelagert – in einem Kellerraum oder in Mieten, wie bei den Kartoffeln beschrieben, wobei die Abdeckung vielleicht nicht ganz so sorgfältig durchgeführt werden muß; die Rüben halten ohnehin nicht länger als bis März/April und in der Miete weitaus besser als im Keller. Werden sie nicht geköpft, sondern das Blatt nur abgedreht, schlagen sie leicht aus. Gefrorene Rüben sollten zuerst verfüttert werden, da ihre Haltbarkeit gering ist. Ebenfalls rasch verfüttert wird das Rübenblatt mit den Köpfen, wenn man nicht so viel davon hat, daß es siliert werden muß.

Grundsätzlich können alle Vegetabilien, soweit sie nicht giftig oder verholzt sind, verfüttert werden: alle Gemüse und das Obst, abgemähte Gründüngungspflanzen oder Gras, Samenkörner von Getreide oder Leguminosen und so weiter. Obwohl bei der Veredelung der Vegetabilien über den Tiermagen erhebliche Nährstoff-Verluste auftreten, sind die Futtermengen bei einer Tierhaltung für den Eigenbedarf verhältnismäßig gering.

Haltbar gemacht wird Grünfutter entweder durch Trocknung (z. B. Heu) oder durch Einsäuerung (zu Silage). Die Umwandlung zu Silage tritt ein, wenn das Grünfutter unter Luftabschluß gärt. Das bei der Zuckerrüben-Ernte anfallende Rübenblatt wird in der Landwirtschaft meist einfach auf einen Haufen gebracht, auf dem ein Traktor herumfährt und es durch sein Gewicht zusammenpreßt. Anschließend wird der Haufen durch eine Folie abgedeckt und ist nach einiger Zeit zu Silage geworden.

Rasenabfälle kann man gut silieren, indem man sie fest in Plastiksäcke preßt und diese zubindet.

13. Die Haltung der Haustiere

Nahrung tierischen Ursprungs gilt gegenüber pflanzlicher Nahrung als höherwertig. Da zur Erzeugung von 100 Kalorien an Nahrungsmitteln tierischen Ursprungs die mehrfache Menge an pflanzlichen Nährstoffen benötigt wird, ist diese Nahrung tierischen Ursprungs auch entsprechend teuer. Es kommt erschwerend hinzu, daß die Erzeugung solcher Nahrungsmittel, wie Fleisch oder Molkereiprodukte, mit verhältnismäßig hohem Arbeitsaufwand verbunden ist. Denken wir nur an die Arbeiten des Melkens, Fütterns und Mistens, die im Kuhstall täglich zu festliegenden Zeiten durchzuführen sind und wenig Spielraum lassen. Schließlich benötigen wir auch noch einen Stall und einen Lagerraum für das Futter, sodaß das Privileg, selbst erzeugte Nahrung tierischen Ursprungs essen zu dürfen, mit hohem Aufwand bezahlt werden muß.

Andererseits soll mit dieser erneuten Aufzählung von Argumenten gegen eine Tierhaltung nur ein Plädoyer für diese Tierhaltung eingeleitet werden. Eine Ernährung, die auch aus Nahrungsmitteln tierischen Ursprungs besteht, ist vielseitiger und der menschlichen Anatomie gemäßer als eine rein vegetarische Kost. Nur „eingefleischte" Vegetarier werden bestreiten, daß tierische Produkte, also Fleischwaren, Eier, Butter, Käse und so weiter besonders gut schmecken und ein Verzicht darauf nicht leichtfällt. Gerade bei der Tierhaltung aber wird von professionellen Erzeugern durch mancherlei teilweise recht zweifelhafte Zusätze zum Futter versucht, die Produktivität zu verbessern. Das wirkt sich bei Fleisch besonders nachteilig aus, weil die Rückstände dieser Zusätze sich summieren. Im Interesse einer gesunden Ernährung ist die Erzeugung von tierischen Nahrungsmitteln für Nicht-Vegetarier ebenso wichtig wie der Anbau pflanzlicher Nahrungsmittel. Überdies hat die Tierhaltung noch eine angenehme Nebenwirkung: durch den

Mist und die Jauche wird die Bodenfruchtbarkeit außerordentlich positiv beeinflußt – ein Miteinander von Fauna und Flora entspricht am besten den natürlichen Gegebenheiten.
Und noch ein Argument spricht nach Meinung des Autors für die Tierhaltung, auch wenn es sich einer rein sachlichen Beurteilung entzieht. Die Haltung, Pflege und Aufzucht von Lebewesen bereitet ein ganz besonderes Gefühl der Befriedigung, mehr noch, als dies ein gepflegter Garten zu vermitteln vermag. Die Verbundenheit mit den Tieren wird auch nicht dadurch hinfällig, daß wir sie im Gegensatz zu den Haustieren Hund und Katze irgendwann einmal schlachten und verzehren, so seltsam das zunächst auch scheinen mag. Gewiß ist die innere Bindung zu einem Hund, eventuell auch zu Katze und Pferd, tiefer als zu einem Nutztier, aber dessen Haltung ist ja auch kein Selbstzweck, sondern ein Mittel zum Zweck der Selbstversorgung mit Nahrungsmitteln tierischen Ursprungs. Die Notwendigkeit der täglichen Beschäftigung mit Lebewesen, die von uns abhängig sind, mag zuweilen lästig sein, ist aber auch gewissermaßen die Krönung eines erfüllten Selbstversorger-Daseins.
Was den Umfang der Tierhaltung angeht, so ist eine große Vielfalt naturgemäßer als die Haltung nur einer Art, ähnlich wie bei den Vegetabilien in unserem Garten. Vom Standpunkt der reinen Nützlichkeit her gibt es jedoch gewisse Prioritäten – manche Haustiere sind uns nützlicher als andere. In den meisten Selbstversorger-Betrieben mit Tierhaltung sind freilich die Pflatzverhältnisse entscheidend; ein paar Kaninchen, Hühner oder andere Kleintiere sind nun einmal leichter unterzubringen als ein Schwein oder gar eine Kuh!

13.1 Die Milcherzeugung

Den Molkereiprodukten gebührt unter den Nahrungsmitteln tierischen Ursprungs zweifellos der erste Platz. Der Verzicht auf Milch, Butter, Käse, Quark oder Joghurt würde den meisten von uns besonders schwer fallen. Sie werden sich noch an die lacto-vegetabile Ernährungsweise erinnern, bei der neben den pflanzlichen Nahrungsmitteln nur solche Molkereiprodukte erlaubt sind. Dadurch wird genug tierisches Eiweiß und Fett gegessen, um unseren Bedürfnissen gerecht zu werden. Auch sind vor allem Milch und Butter bei unseren Ernährungsgewohnheiten kaum durch selbst erzeugbare, andere Nahrungsmittel zu ersetzen. Allerdings bereitet die Haltung milchgebender Haustiere, wie bereits im Kapitel „Jeder kann zum Selbstversorger werden“ erwähnt wurde, mit Abstand die meiste Arbeit, und wer solche Haustiere hält, der wird auch weitere Tiere halten können.

Nicht grundlos wird Milch bei uns fast ausschließlich durch die Kuh erzeugt. Eine lange Auslese und eine Hochleistungszucht, deren Breitenbasis durch künstliche Besamung ermöglicht wurde, haben uns bei der Kuh einen unvorstellbaren Leistungsstandard gebracht. Aus dem Wildrind, dessen Laktationsperiode ursprünglich nur so lange dauerte, wie das Kalb die Muttermilch benötigte, ist unsere heutige Kuh herausgezüchtet worden, die während ihres Lebens mehr als 150 Tonnen Milch geben kann oder in einem Jahr mehr als eine Tonne Fett zu erzeugen vermag! Gehobener Durchschnitt ist heute eine jährliche Leistung von 5000 Litern Milch mit vier Prozent Fettgehalt, vor 50 Jahren war es die Hälfte. In der Rentabilität kann kein anderes milchgebendes Haustier an die Kuh herankommen. Allerdings verlangt eine Hochleistungskuh nicht nur erstklassiges und reichliches Futter, sondern auch einen zweckmäßigen Stall, in dem sie rund 200 Tage pro Jahr gehalten werden will.

Für eine vierköpfige Selbstversorger-Familie ist die Kuh schon zu produktiv. Selbst wenn man großzügig von den 5000 Litern Jahresleistung 500 Liter für das Kalb abzieht, bleiben noch 4500 Liter Vollmilch übrig (eine Kuh muß jährlich kalben, sonst versiegt der Milchfluß; üblicherweise wird in Erwerbsbetrieben das Kalb sofort von der Mutterkuh getrennt und mit billigerer Milchaustauschtränke aufgezogen). Maßgebend für den Wert der Milch ist vor allem ihr Fettgehalt. Bei einem Fettgehalt von vier Prozent sind das 180 Kilo Fett; auch wenn jede Person täglich einen Liter Vollmilch trinkt, bleiben noch rund 3000 Liter

Vollmilch und damit 120 Kilo Fett übrig. Nehmen wir einmal der Einfachheit halber einen Fettgehalt von 80 Prozent bei Butter und von 40 Prozent bei Käse an, dann wären das, wenn jeweils die Hälfte der verbliebenen Vollmilch zu Butter und zu Käse verarbeitet wird, 75 Kilo Butter und 150 Kilo Käse, viel mehr also als der Jahresbedarf.
Nun kann man den Milchertrag recht einfach verringern, indem man etwas knapper füttert oder die Kuh arbeiten läßt. Bei Kleinbauern war es früher üblich, mit ihren ein oder zwei Milchkühen alle jene Arbeiten auszuführen, die ansonsten von Pferden oder Ochsen verrichtet wurden. Es bleibt aber immer noch ein hoher Futter-Grundbedarf, und der wird keineswegs geringer, wenn die Kuh arbeitet, statt nur Milch zu geben. Durch Arbeitsleistung kann der Milchertrag auf die Hälfte zurückgehen, ohne daß der Futterbedarf geringer würde.
Ihrer Größe entsprechend ist der Futterbedarf einer Kuh sehr hoch. Unter durchschnittlichen Verhältnissen legt man einen Hektar Futterfläche pro Kuh zugrunde, also 10000 Quadratmeter. Wenn Sie bedenken, daß für den vegetarischen Teil unserer Ernährung vier Personen mit 1200 Quadratmetern auskommen, ist das gewiß eine ganze Menge. Rund 40 Prozent der Futterfläche dienen der Kuh während des Sommers als Weide. Da sie mehr als ein halbes Jahr im Stall verbringt, rechnet man für die Gewinnung des Winterfutters 60 Prozent, zumal dabei noch Verluste auftreten. 35 Prozent der Fläche dienen der Heugewinnung, 15 Prozent werden für Saftfutter und 10 Prozent für Grünfutter benötigt. Durch die lange Zeit, die die Kuh im Stall verbringt, ist nicht nur der Aufwand für die Winterfutter-Gewinnung hoch, sondern auch für das Füttern selbst und für die Stallpflege. Die Haltung auf der Sommerweide macht in jedem Fall weniger Arbeit.
Bei allem Respekt vor der enormen Laktationsleistung der Kuh ist sie für den normalen Selbstversorger-Haushalt eindeutig „eine Nummer zu groß", dürfte also nur in Ausnahmefällen zu empfehlen sein, wenn man nicht von Anfang an plant, einen Teil ihrer Produkte zu verkaufen. Dagegen spricht an sich nichts, wenn genug Platz auf der Weide und im Stall vorhanden ist; auch das Kalb wird man ja verkaufen, wenn es nicht aufgezogen und später für den Eigenbedarf geschlachtet werden soll. Ein im März geborenes Kalb wiegt, wenn es im Oktober vor der Aufstallung geschlachtet wird, reichlich 200 Kilo; bei 40 Prozent Schlachtverlusten bleiben 120 Kilo verwertbares Kalbfleisch übrig.
Die Ziege gilt als die „Kuh des kleinen Mannes". Die Umsetzung des Futters in Eiweiß und Fett ist bei ihr nicht ganz so gut wie bei der Kuh, dafür hat sie aber eine „handlichere" Größe. Eine Ziege gibt durchschnittlich bei guter Fütterung etwa 800 Liter Milch im Jahr. Vor dem

Lammen steht sie mindestens sechs bis acht Wochen lang trocken, danach beansprucht das Lamm mindestens zehn Wochen lang einen Teil der Milch. Rund 100 Liter Vollmilch entfallen auf das Lamm, einen Teil der Vollmilch kann man aber durch Magermilch ersetzen. Für die menschliche Ernährung verbleiben rund 700 Liter Milch, deren Fettgehalt etwa jenem der Kuhmilch entspricht. Bei drei Ziegen sind das abgerundet 2000 Liter im Jahr. Die Hälfte davon brauchen wir für die Herstellung des Jahresbedarfs von 50 Kilo Butter, ein Viertel für Käse, sodaß neben sehr viel Magermilch noch 500 Liter Vollmilch zum Trinken übrig bleiben. Wem das nicht genügt, der kann entweder eine weitere Ziege halten oder weniger Butter und Käse erzeugen. Die Milch schmeckt ungewohnt, etwas streng, aber nicht unangenehm.
Wenn das Lamm im Herbst vor dem Aufstallen geschlachtet wird, liefert es rund 20 Kilo verwertbares Fleisch; Zwillingslämmer kommen öfter vor. Hinsichtlich des Futterbedarfs gilt mehr oder weniger das gleiche, was anschließend über das Milchschaf gesagt wird, die Ziege ist allerdings etwas anspruchsvoller und bleibt auch nicht so lange auf der Weide wie das Milchschaf. Im Stall braucht die Ziege mehr Platz als das Schaf – drei Ziegen benötigen mindestens vier Quadratmeter, besser mehr. Zu melken ist die Ziege ebenso einfach wie die Kuh (oder ebenso schwierig, je nach Standpunkt). Bei mehreren Ziegen (oder Milchschafen) kann man durch Verschieben des Decktermins die Zeit des Trokkenstehens oft so beeinflussen, daß mindestens eine Ziege immer frische Milch gibt, was bei einer Kuh natürlich nicht möglich ist.

Das Milchschaf sollte in einem Selbstversorger-Haushalt eigentlich das wichtigste Nutztier überhaupt sein. Gegenüber der Ziege hat es vor allem den Nachteil, etwas schwerer zu melken zu sein, weil die Zitzen kürzer und schlechter zu greifen sind. Auch scheint es zunächst, als sei die Ziege in ihrer Laktationsleistung überlegen, denn das Milchschaf kommt nur auf 600 Liter Jahresleistung, unter Berücksichtigung der Lämmeraufzucht sogar nur auf 500 Liter. Schafmilch hat jedoch mit 6 Prozent einen weitaus höheren Fettgehalt als Ziegenmilch oder Kuhmilch.
Von drei Milchschafen können wir nach Abzug der von den Lämmern beanspruchten Milch etwa 1500 Liter im Jahr erwarten. Für Butter und Käse benötigen wir 1000 Liter, sodaß wie bei den Ziegen noch 500 Liter (allerdings wesentlich fettreichere und damit wertvollere) Vollmilch zum Trinken übrig bleibt, die Bilanz also zumindest ausgeglichen ist. Schaf-

milch hat übrigens wenig Eigengeschmack; es wird ihr ein hoher gesundheitlicher Wert nachgesagt.
Die Milchnutzung ist jedoch nur einer der Vorzüge des Milchschafes. Auch der Fleischertrag ist bemerkenswert hoch. Milchschafe sind ganz außerordentlich fruchtbar und bringen mehr Drillings- als Einzellämmer, sodaß man von drei Mutterschafen durchaus sieben Lämmer erwarten darf. Alle zwei Jahre wird ein Schaflamm aufgezogen, um ein sechs Jahre altes Mutterschaf zu ersetzen. Milchschafe sind derart frühreif, daß ein im Frühjahr geborenes Schaflamm bereits im Herbst mit sechs bis sieben Monaten erstmals gedeckt werden kann und dann im folgenden Frühjahr zusammen mit den Altschafen lammt. Auch genügt an sich eines der Bocklämmer vom Frühjahr, um im Herbst alle Schafe zu decken, aber man wird zur Vermeidung allzu enger Inzucht lieber ein Bocklamm mit einem anderen Milchschaf-Züchter tauschen.
Bei einem Gewicht der schlachtreifen Lämmer von 50 Kilo und einem Schlachtverlust von etwa 50 Prozent sowie unter anteiliger Berücksichtigung des Mehrgewichts der auszumerzenden Mutterschafe (ca. 85 Kilo) erhält man fast 200 Kilo Fleisch im Jahr neben der Milch!
Den Schafmist haben wir ja bereits als besonders wertvollen Dünger kennengelernt. Die Wolle sei hier nur beiläufig erwähnt, weil sie nicht direkt der Ernährung dient (indirekt insofern, als wir sie verkaufen können; ihr Wert beläuft sich auf etwa zehn Prozent des Fleischwertes).
Schafe sind bekannt für ihre Anspruchslosigkeit. Ein Schaf verbringt höchstens 120 Tage im Stall, bei milden Wintern und in etwas geschützten Lagen kann man auch völlig auf den Stall verzichten. Die weitaus meisten Schafe auf der Welt sehen nie einen Stall von innen, selbst in klimatisch weniger günstigen Gegenden. Allerdings werden die Weideflächen dadurch sehr strapaziert, und Milchschafe verlangen schon etwas mehr Aufwand, sodaß wir um einen Stall kaum herumkommen. Immerhin kommen aber auch die Milchschafe noch mit Futter aus, das Ziegen oder Kühen nicht mehr genügt, wenn man keine Spitzenleistungen von ihnen erwartet.
Wieviel Futterfläche benötigt man für drei Milchschafe mit ihren Lämmern? Unterstellt wird, daß die Lämmer im Oktober, wenn die Vegetation nachläßt, geschlachtet oder verkauft werden, sodaß jeweils nur drei Mutterschafe während des Winters gefüttert werden müssen. Da bereits im April wieder ausgetrieben wird, fällt der Winterfutterverbrauch der im Februar/April geborenen Sauglämmer praktisch nicht ins Gewicht. Unter solchen Umständen genügt ein Morgen guter Futter-

fläche, wobei man von diesem Morgen (2500 Quadratmeter) auch noch das Winterfutter gewinnt. Was aber ist eine „gute“ Futterfläche? Wie aus der nachstehenden Tabelle ersichtlich wird, sind das mindestens 4500 KStE.

		Besatzstärke pro Morgen Mutterschafe mit jeweils 2 Lämmern
schlecht	(1500 KStE)	1,0
mäßig	(2500 KStE)	1,6
mittel	(3500 KStE)	2,2
gut	(4500 KStE)	3,0
sehr gut	(5500 KStE)	3,5

Zu einer vernünftigen Weidenutzung durch Schafe gehört eine Unterteilung in Koppeln. Erst wenn eine Koppel gründlich abgeweidet ist, wird die nächste Koppel freigegeben, während die bisher beweidete Koppel sich erholen kann. Ideal ist eine Unterteilung der Weidefläche in acht bis zehn Koppeln, deren Nutzungsdauer je nach Jahreszeit unterschiedlich ist und die auch zur Gewinnung des Winterfutters in Form von Heu oder Silage herangezogen werden können. Würde man die gesamte Weidefläche den Schafen überlassen, wäre die Nutzung wesentlich schlechter. Sie würden herumwandern, fressen, wo es ihnen gerade gefällt und das andere Gras niedertrampeln oder zu lang werden lassen, sodaß sie es erst recht verschmähen. Diese Form der Weideführung wird als Standweide bezeichnet und hat nur dort ihre Berechtigung, wo es gilt, Flächen mit sehr dürfigem Futter zu beweiden. Eine Zuteilung der Weidefläche in Einzelkoppeln, die nach durchschnittlich fünf Tagen (zwischen zwei und neun Tagen) abgeweidet sind, wird Umtriebsweide genannt.

Geht man davon aus, daß die gesamte Futterfläche von 2500 Quadratmeter in Koppeln unterteilt wird, die abgeweidet oder gemäht werden, dann entfallen auf eine Koppel zwischen 250 und 300 Quadratmeter. Die tatsächliche Nutzungsdauer einer solchen Koppel wird entscheidend von dem jahreszeitlichen Vegetationsrhythmus beeinflußt, also nicht nur von der Besatzstärke und von der Weidequalität. Am kräftigsten und schnellsten wächst das Gras im Mai, nachdem das Wachstum Ende März/Anfang April spontan eingesetzt hat. Auf der Basis des Mai-Wachstums (100 Prozent) ergibt sich für die Haupt-Wachstumsmonate die folgende Tabelle:

Monat	April	Mai	Juni	Juli	August	Sept.	Okt.
Prozent	60%	100%	92%	79%	58%	54%	31%

Bei unseren klimatischen Verhältnissen herrscht zwischen November und März praktisch ein Vegetationsstillstand. Schafe bleiben dennoch meistens bis in die zweite Dezemberhälfte auf der Weide, um diese völlig blankzufressen. Ggf. muß abends im Dezember etwas zugefüttert werden. Ausgetrieben wird mit dem Beginn des Gras-Wachstums Ende März/Anfang April.
Noch intensiver als bei der Umtriebsweide ist die Weidenutzung bei der Portionsweide, bei der die Schafe täglich eine Weidefläche zugeteilt bekommen. Gegenüber der Umtriebsweide wird der höhere Arbeitsaufwand durch einen um 15–20 Prozent höheren Fleischzuwachs der Lämmer unter ansonsten gleichen Verhältnissen belohnt, wie Untersuchungen (Schneider/Voigtländer) bewiesen haben. Unter Berücksichtigung der Winterfutter-Gewinnung kann die Portionsweide unabhängig von der Jahreszeit noch besser als die Umtriebsweide stets in der richtigen Wuchshöhe (15–25 Zentimeter) gehalten werden.
Eine feste Einzäunung der Weidefläche ist wichtig. Es genügen Holzpfähle (möglichst Eiche oder Lärche) und ein (relativ) billiges Schafknotengitter als Draht, das es in 78 und 102 Zentimeter Höhe gibt. Wichtig ist, daß der Draht gut gespannt bleibt, weil die Schafe sonst bei dem Versuch, außerhalb stehendes Futter zu erreichen, so lange dagegen drücken, bis der Zaun ruiniert ist. Eine feste Unterteilung der Weidefläche in Koppeln ist weniger zweckmäßig, weil die Anspassung an unterschiedliche Vegetationsverhältnisse und die Bearbeitung erschwert wird. Ein versetzbarer Elektrozaun hilft nur dann, wenn die Nachbarfläche keinen allzu großen Reiz ausübt und er zwei Drähte hat. Am zuverlässigsten sind versetzbare, meterhohe Lattenhürden.
Wenig zweckmäßig ist das „Tüdern" oder die Anbindehaltung, bei der die Schafe tagsüber die ihnen erreichbare Fläche abweiden und abends meistens in den Stall getrieben werden. Wohl kann dadurch eine Weidefläche sehr exakt zugeteilt werden, aber neben der Mehrarbeit ergibt sich ein Problem durch die frei herumlaufenden Lämmer.
Im Idealfall werden die Lämmer im Februar/März im Stall geboren, sodaß sie neben ihrer Muttermilch praktisch kein Winterfutter benötigen und erst auf der Weide damit beginnen, feste Nahrung aufzunehmen. Im Alter von sechs bis sieben Monaten, wenn der Graswuchs stark nachläßt, haben sie dann ihr Schlachtgewicht von ca. 50 Kilo erreicht. Um im Februar/März abzulammen, müssen die Schafe im September/Oktober gedeckt werden. Bei den frühreifen Milchschafen

können das, wie erwähnt, notfalls die im gleichen Frühjahr geborenen Bocklämmer erledigen!
Einmal im Jahr müssen die Schafe geschoren werden. Kommen sie über den Winter drei bis vier Monate in den Stall, dann ist der beste Zeitpunkt dafür kurz nach dem Aufstallen gekommen; das Lammen ist bei geschorenen Schafen sauberer, die Wolle wird weniger durch Heu und Stroh verunreinigt und ist bis zum erneuten Austrieb nachgewachsen, um auch bei kühlem Aprilwetter ausreichend Schutz zu geben. Nach entsprechender Einweisung kann man Schafe ohne weiteres von Hand scheren, aber ein professioneller Scherer mit Elektromaschine ist natürlich ungleich schneller. Falls aus irgendeinem Grund das Scheren im Winter nicht möglich war, wird es ab der zweiten Maihälfte durchgeführt, weil es dann zunächst warm genug ist, die Wolle aber bis zum Beginn der kühleren Witterung wieder nachgewachsen sein sollte; gefürchtet bleibt die zuweilen Mitte Juni auftretende, entsprechend benannte „Schafkälte".
Das Melken ist von Anfängern wohl am meisten gefürchtet, nicht nur bei

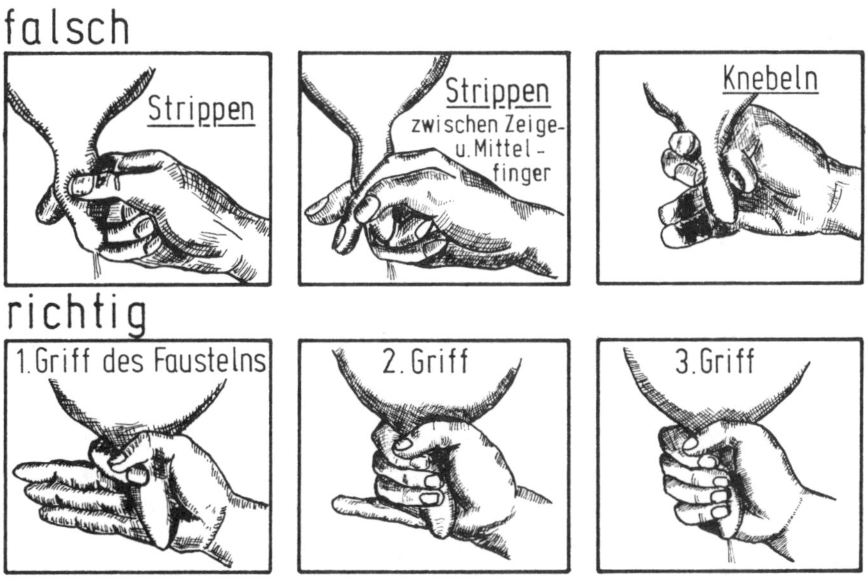

den Milchschafen, sondern auch bei allen anderen milchgebenden Haustieren. Bei den Milchschafen kommt hinzu, daß die Zitzen kurz und etwas schwierig zu greifen sind. Bevor man sich zur Haltung von Milchvieh entschließt, sollte man unbedingt das Melken von Hand gelernt haben. Wohl gibt es auch für Schafe elektrische Melkmaschinen, vor allem in Frankreich und in manchen Balkanländern, aber bei den weni-

gen Milchschafen eines Selbstversorger-Betriebes ist das höchst unwirtschaftlich. In Deutschland gibt es Melkanlagen für Milchschafe bei Westfalia Separator.
Grundsätzlich muß täglich zweimal gemolken werden, am frühen Morgen und am Abend, Ausnahmen gibt es nicht. Am einfachsten wird im Stall gemolken, obwohl Milchschafe während der Weideperiode nachts nicht aufgestallt werden müssen. Man kann sich das Melken auf der Weide oder im Stall vereinfachen, wenn man sich einen versetzbaren oder fahrbaren Melkstand baut. Dabei handelt es sich um eine 50 Zentimeter hohe Rampe, die an den Längsseiten und an der Stirnseite von einem Geländer eingefaßt ist und die so groß ist, daß ein Schaf bequem darauf stehen kann. An der Stirnseite befindet sich ein Futtertrog, an der gegenüberliegenden Schmalseite eine klappbare, mit Leisten besetzte Schräge, um dem Schaf das Betreten der Rampe zu erleichtern. Durch das Futter im Trog wird das Schaf zum Betreten des Melkstandes veranlaßt, und während es frißt, kann man es durch das Geländer an den Längsseiten hindurch bequem melken. Eventuell kann man auch noch an der hinteren Schmalseite die Schräge hochklappen, nachdem das Schaf den Melkstand betreten hat, um es am vorzeitigen Verlassen zu hindern, aber bald wird es sich an das Melken gewöhnt haben.

13.2 Die Fleischerzeugung

Die Haltung milchgebender Haustiere, also von Milchschafen, Ziegen oder einer Kuh, versorgt uns nicht nur mit den Molkereiprodukten, sondern durch das Schlachten der Jungtiere im Herbst auch mit Fleisch. Wie wir gesehen haben, liefern Milchschafe neben der Milch jährlich noch fast 200 Kilo Fleisch, was allein schon genügen würde, ihre Haltung lohnend zu machen. Wenn es allerdings nur um die Fleischversorgung geht und eine begrenzte Futterfläche durch erhöhten Arbeitsaufwand ausgeglichen werden kann, ist das Schwein nicht zu schlagen. Überdies ist seit vielen Jahrhunderten die Technik der Haltbarmachung von Schweinefleisch perfektioniert worden, was auch im Zeitalter der Tiefkühltruhen gerade für Selbstversorger bedeutsam ist: Schinken werden geräuchert, Würste der unterschiedlichsten Geschmacksrichtungen gemacht, Sülze eingelegt, Speck gesalzen, usw. Nur wenig Schweinefleisch dient üblicherweise dem Frischverzehr, wie die Koteletts, das Filet oder das Nackenstück. Ein solches Wurstschwein ist

also die ideale Ergänzung zu dem Frischfleisch anderer Tiere, wie Schafen, Kaninchen oder Geflügel. Auch in anderer Hinsicht ist das Schwein eine gute Ergänzung zu den Milchschafen, wie wir noch sehen werden.
Ein Ferkel wird im Alter von sechs Wochen abgesetzt und mit knapp drei Monaten zum Mästen verkauft. Es wiegt dann etwa 20 Kilo und wird in Erwerbsbetrieben innerhalb von fünf Monaten auf 100–110 Kilo gebracht. Hausschlachtschweine für die Wurstbereitung sollten allerdings mehr Fett haben als die Fleischschweine, wie sie vom Handel bevorzugt werden, und wiegen deshalb um 125 Kilo. Dementsprechend müssen sie länger gemästet werden. Das zusätzliche Fett ist nicht ganz billig anzufüttern, denn während für ein Kilo Fleischzuwachs 1350 Kalorien erforderlich sind, werden für ein Kilo Fettzuwachs 9500 Kalorien benötigt! Da wirtschaftseigenes Futter ohne Zusätze wohl festeres und in jeder Hinsicht unbedenkliches Fleisch gibt, aber nicht zu einer so schnellen Gewichtszunahme führt wie ausgeklügeltes käufliches Mastfutter-Gemisch, sollten Selbstversorger sich auf eine Mastdauer von sechs bis sieben Monaten einrichten.
Geschlachtet wird traditionell vor Weihnachten, also Mitte Dezember. Einerseits, weil das Futter jetzt knapper wird und für das Schlachten mehr Zeit erübrigt werden kann, andererseits, weil die kühle Witterung die Haltbarkeit begünstigt. Außerdem ist es ja schön, zum Weihnachtsfest aus dem Vollen schöpfen zu können.
Rechnet man von der Dezembermitte sieben Monate zurück, beginnt die Mast Mitte Mai. Gefüttert wird vor allem mit Hackfrüchten (Kartoffeln und Rüben) und mit Getreideschrot. Hackfrüchte werden im Mai meistens nicht mehr vorhanden oder brauchbar sein, sodaß zumindest in der Anfangszeit auf Getreideschrot kaum verzichtet werden kann, obwohl der flächenbezogene Futterertrag bei Hackfrüchten größer ist. In jedem Fall muß zusätzliches Eiweiß verfüttert werden, was bei Milchschaf-Haltung durch die reichlich vorhandene Magermilch in geradezu idealer Weise geschehen kann.
Ein Schwein mit einem Lebendgewicht von 125 Kilo liefert rund 80 Prozent, also 100 Kilo, nutzbares Fleisch, nur 20 Prozent sind Abfall (zum Vergleich: beim Schaf sind es 50 Prozent). Um diese 100 Kilo Fleisch zu erzeugen, werden neben der Magermilch mindestens 325 Kilo Getreideschrot benötigt, vorwiegend Gerste, noch besser wäre zumindest teilweise Mais. Legen wir einen Getreide-Ertrag von 50 kg/100 Quadratmeter zugrunde, dann benötigen wir zum Anbau des Schweinefutters und damit indirekt für 100 Kilo Schweinefleisch eine Fläche von 650 Quadratmetern. Ist keine Magermilch vorhanden, muß sie durch Soja-

mehl, Fischmehl oder ein anderes Eiweißfutter ersetzt werden.
Bei überwiegender Fütterung mit Kartoffeln benötigen wir mindestens 900 Kilo neben 100 Kilo Getreideschrot und der Magermilch. Die Kartoffeln können auch zur Hälfte durch Rüben ersetzt werden, wodurch die Anbaufläche weiter verringert wird. Um 900 Kilo Kartoffeln anzubauen, sind reichlich 200 Quadratmeter erforderlich, für 100 Kilo Getreideschrot etwa ebensoviel. Durch das teilweise Ersetzen von Gerste durch Mais und von Kartoffeln durch Rüben kann die Anbaufläche bis auf ca. 350 Quadratmeter gedrückt werden.
In der Praxis sind diese knapp angesetzten Futtermengen und Anbauflächen bei einem gut geführten Selbstversorger-Haushalt immer noch ausreichend, weil das Schwein in bunter Folge mit allem gefüttert wird, was gerade vorhanden ist: mit Küchenabfällen, Gemüseresten, Getreideschrot, Rübenschnitzeln, sauer gewordener Milch, Magermilch und so weiter. Wenn man die Möglichkeit hat, ihm dort Auslauf zu geben, wo es keinen Schaden anrichten kann, frißt es sogar Gras. Leider neigen Schweine dazu, Grasflächen auf der Suche nach Mäusen, Engerlingen und anderem Getier umzubrechen. Wie bereits erwähnt sollten Kartoffeln unbedingt gedämpft verfüttert werden, Rüben gemust, weil sonst die Verwertung ihrer Nährstoffe durch das Schwein zu schlecht ist.
Die Befürchtung, daß ein Schwein sprichwörtlich schmutzig ist und stinkt, trifft nicht zu. Wohl suhlen Schweine gern im Schlamm, um Ungeziefer zu bekämpfen, aber wenn sie Gelegenheit dazu haben, lassen sie ihren Kot im Stall stets an der gleichen Stelle, wo er leicht entfernt werden kann.
Auf den Kleintierstall eines Selbstversorger-Betriebes werden wir noch zurückkommen. Ein Schwein nutzt nicht nur hervorragend die reichlich vorhandene Magermilch aus, die durch die Butter- und Käsebereitung abfällt, sondern es kann sich auch bestens mit den Schafen den gleichen Stall teilen. Die Schafe benutzen den Stall nämlich selbst in extremen Wintern nur von Mitte Dezember bis Mitte April. Das Ferkel zieht dann ein, nachdem der Stall gesäubert worden ist, und wird nach sieben Monaten Mastdauer in der ersten Dezemberhälfte geschlachtet, sodaß der Stall jetzt wieder für die Schafe frei ist.
Mit dem Fleisch der Milchschaf-Lämmer und des Schweines kann selbst eine anspruchsvolle vierköpfige Familie sehr gut leben, sogar vielleicht schon zu gut, wenn man sich die in dem Kapitel „Gesunde Ernährung“ nachzulesenden Bedenken gegen einen zu hohen Fleischanteil (insbesondere Fett) in unserer Ernährung zu Herzen nimmt. Gerade das Hausschlachtschwein hat ja sehr fettes Fleisch, während die Lämmer bekömmlicher sind. Bei überdurchschnittlich schwerer Arbeit

ist aber Fett der beste Energiespender, und wer das Schweinefleisch nicht mag, kann es ja verkaufen.
Wirklich mageres Fleisch haben junge Kaninchen. Unsere zahlreichen, recht unterschiedlichen Hauskaninchen stammen vom Wildkaninchen ab. Je nach Rasse schwanken ausgewachsene Kaninchen im Gewicht zwischen drei und 14 Pfund! Am wirtschaftlichsten sind die mittelgroßen Rassen, die ab einem Alter von vier Monaten geschlachtet werden können und dann zwischen vier und fünf Pfund wiegen. Sie würden wohl weiter bis zu ihrem Endgewicht von ca. sieben Pfund zunehmen, aber das dauert dann noch ein halbes Jahr, denn die Gewichtszunahme verläuft nach dem vierten Monat langsamer.
Über die Zahl der Kaninchen, die eine Zuchthäsin (so wird das weibliche Kaninchen genannt) jährlich wirft, kursieren abenteuerliche Angaben. Mit einigem Glück und in nicht zu strengen Wintern kann man jährlich auf drei Würfe kommen. Normal sind zwei Würfe im Jahr bei unseren Hauskaninchen. Legt man durchschnittlich fünf Jungkaninchen pro Wurf zugrunde, wären das fünfzehn Kaninchen im Jahr mit einem Lebendgewicht von 60 bis 75 Pfund, was einem Nettogewicht von etwa 40–50 Pfund entspricht (ca. ein Drittel ist Schlachtabfall).
Vom Deckakt bis zum Absetzen der Jungen vergehen mindestens drei Monate. Eine Mitte Januar gedeckte Häsin trägt 31 Tage und wirft im Februar. Sie säugt die Jungen acht bis zehn Wochen, anschließend werden diese einige Zeit gemästet, während die Häsin sich zwei Wochen erholt. Erst in der ersten Maihälfte wird sie zum zweitenmal gedeckt, Ende August/Anfang September das drittemal, wobei um diese Zeit Häsinnen oft nicht aufnehmen.
Die Haltung in einem versetzbaren Freigehege wäre an sich nicht nur artgemäß, sondern auch arbeitssparend, da das Futter nicht geerntet und zu den Kaninchen gebracht werden müßte. Leider aber besteht die große Gefahr, daß sie eine Röhre unter dem Drahl hindurchgraben und entkommen. Deshalb bleibt wohl nichts anderes übrig, als sie im Stall zu halten und ständig zu füttern, und es ist wirklich erstaunlich, welche Mengen ein Kaninchen frißt! Bis zu einem Kilo Grünfutter verputzt ein mittelgroßes Kaninchen als Tagesration. Zuchtkaninchen sollten zusätzlich etwas Kraftfutter bekommen. Während der Trächtigkeit rechnet man 100 Gramm Heu (das ist bei dem leichten Heu eine ganze Menge), 50 Gramm Kraftfutter und 600 Gramm Saftfutter – auch Rüben oder gedämpfte Kartoffeln. Eine säugende Häsin hat einen noch höheren Bedarf. Kaninchen sind so klein, daß sie überall gehalten werden können. Das Angorakaninchen wird viermal im Jahr geschoren und liefert etwa 700 Gramm feinster Angorawolle.

13.3 Das Geflügel

Die Notzeiten während des letzten Krieges und danach zwangen viele Menschen, sich einen Teil ihrer Nahrung selbst zu erzeugen – zu Teil-Selbstversorgern zu werden. Die weitaus beliebtesten Tiere waren das Kaninchen und das Huhn. Beide haben den Vorteil, praktisch überall, selbst auf einem Balkon in der Großstadt, gehalten werden zu können. Wie es so schön heißt: Raum ist auch in der kleinsten Hütte, aber während Kaninchen keinen großen Bewegungsbedarf haben, sollten Hühner einen Auslauf bekommen, obwohl die Hühner in den Legebatterien beweisen, daß es auch ohne Auslauf geht.

Hühner werden insbesondere der Eier wegen gehalten, und tatsächlich ist das Ei neben der Milch das wohl vollwertigste Nahrungsmittel. Von seiner Bedeutung her würde dem Huhn hinter einem milchgebenden Haustier wohl in der Nützlichkeit für uns Menschen der zweite Platz zukommen, aber wegen seiner geringeren Platzansprüche (und weil Eier von selbst gelegt werden, ohne daß wir „melken“ müßten) ist es bei Selbstversorgern sogar noch beliebter. Die Hühnerhaltung kostet wesentlich weniger Zeit als die Milchviehhaltung, und die „Produktionseinheiten“ sind kleiner. Allerdings ist die Annahme trügerisch, daß bei der Hühnerhaltung weniger Anbaufläche benötigt wird.

Auch bei den Hühnern gibt es eine Viehlzahl von Rassen, die sich in Form, Farbe, Größe, Gewicht und vor allem in der Legeleistung unterscheiden. Vom Standpunkt der Wirtschaftlichkeit her kommt es darauf an, wieviel Gramm Futter aufgewendet werden müssen, um ein Gramm Ei zu erzeugen. Das Verhältnis wird vor allem von der Zahl der Eier beeinflußt, aber auch von ihrer Größe, die abhängig ist von Gewicht und Größe der Hühnerrasse. Den besten Kompromiß bieten wieder, wie bei den Kaninchen, die mittelgroßen Rassen, wie Leghorn oder Italiener; noch etwas produktiver sind die gleichfalls mittelgroßen Hybridrassen. Das Standard-Ei hat ein Gewicht von 58 Gramm, zehn Prozent davon entfallen auf die Schale, 33 Prozent auf den Dotter, 57 Prozent sind Eiweiß.

Je mehr Eier ein Huhn legt, um so geringer wird der Futterverbrauch pro Ei, wie die folgende Tabelle zeigt:

Eier/Jahr	100	140	180	200	250
Futter/Ei	330 g	240 g	210 g	200 g	170 g

Bei einem „fleißigen" Huhn halbiert sich also der Futteraufwand pro Ei; eine Jahresleistung von 200 Eiern sollte ein Minimum sein.
Natürlich bleibt auch die Zusammensetzung des Futters nicht ohne Einfluß auf die Legeleistung. Körnerfutter kann aus einem bunten Gemenge sämtlicher Getreidearten bestehen, aber zur Verbesserung der Legeleistung benötigen die Hühner zusätzliches Eiweiß. Wenn sie einen unbeschränkten Auslauf haben, sorgen sie zwischen Frühjahr und Herbst zum großen Teil selbst für diese Eiweißkomponente durch allerlei Insekten, Würmer und Schnecken, ansonsten empfiehlt sich, wie bei dem Schwein, Magermilch von den Milchschafen.
Bei einer solcherart ergänzten Getreidefütterung frißt ein Huhn 45 Kilo Getreide im Jahr, rund 125 Gramm am Tag. Ist der Auslauf begrenzt, sodaß sie sich kein zusätzliches Futter suchen können, müssen wir ihren vollen Futterbedarf decken. Das aber ist zumindest bei reiner Getreidefütterung nicht mehr wirtschaftlich, entspricht doch der Jahresbedarf eines Huhnes dem Getreideertrag von 100 Quadratmetern. Dafür liefert es uns dann 200 Eier. Für unsere vierköpfige Musterfamilie sei ein Bedarf von 2000 Eiern angenommen, das sind knapp zwei Eier pro Tag und Nase. Wir benötigen folglich zehn Hühner einer gut legenden Rasse. Da Hühner nur zwei Jahre lang wirklich gut legen, muß jährlich die Hälfte unserer zehn Hühner ersetzt werden; wir müssen also jedes Jahr fünf Junghennen aufziehen. Nun sind aber die Hälfte der Küken Hähnchen, und das Geschlecht erkennt man erst nach einiger Zeit. Zusätzlich sind nicht immer alle Eier befruchtet und es gibt Aufzuchtverluste, sodaß man schließlich zufrieden sein darf, wenn man von den 12–15 Eiern, die eine Henne auszubrüten vermag, tatsächlich fünf Junghennen erhält. Als Eierlieferantin fällt die Glucke weitgehend aus, muß aber mitgefüttert werden, desgleichen ein Hahn, ohne den die Eier ja nicht befruchtet werden können. Es sind also zur Produktion von 2000 Eiern nicht zehn, sondern ein Dutzend Hühner zu füttern. Hinzu kommen die Küken, wobei zur Vereinfachung einmal angenommen wird, daß genau zehn Küken aufgezogen werden, von denen die Hälfte Hähnchen sind, und diese Hähnchen bis kurz vor Beginn der Legereife ihrer Schwestern mitgefüttert werden. Sie wiegen dann 1500–2000 Gramm, die Hennen sind etwas leichter. Eine wirklich sichere Unterscheidung der Geschlechter ist manchmal erst im Alter von 20 Wochen möglich, die Legereife beginnt ungefähr mit 24 Wochen. Ohne großen Auslauf und damit die Möglichkeit, dort Futter zu suchen, benötigt eine Junghenne bis zur Legereife zwischen 10 und 12 Kilo Futter, die Hähnchen, die ja erst kurz vorher geschlachtet werden, ebensoviel. Insgesamt sind das gut 100 Kilo, während die zehn Legehennen, die Glucke

und der Hahn etwa 550 Kilo vertilgen, sodaß wir für 2000 Eier, fünf Hähnchen und fünf Suppenhühner 650 Kilo Getreide benötigen!
An dem Futterverbrauch sind die Hähnchen mit rund 50 Kilo beteiligt. Setzt man den Anteil der fünf Suppenhühner am Futter einmal willkürlich ebenso hoch an, bleiben 550 Kilo, die für die Erzeugung von 2000 Eiern benötigt werden; das sind also pro Ei nicht 200, sondern 275 Gramm! Für den Futteranbau bedeutet das (bei reiner Körnerfütterung) eine Anbaufläche von knapp einem halben Morgen (1250 Quadratmeter).
Ein Ei hat nach Abzug der Schale und des Wassergehalts eine Trokkensubstanz von 17 Gramm, 2000 Eier habe also eine Trockensubstanz von 34 Kilo. Schafmilch enthält weitaus mehr Wasser und hat nur einen halb so hohen Trockensubstanz-Anteil, nämlich etwa 17 Prozent. Bei drei Schafen hatten wir nach Abzug der von den Lämmern getrunkenen Milch 1500 Liter im Jahr zugrundegelegt, das würde dann reichlich 250 Kilo Trockensubstanz entsprechen (spez. Gewicht der Milch 1,036). Als Futterfläche hatten wir 2500 Quadratmeter zugrundegelegt, das Doppelte also, was unsere Hühner für die Eierproduktion benötigen. Auf die gleiche Fläche bezogen würde das bedeuten, daß die Milchproduktion fast viermal so ergiebig ist wie die Eierproduktion! Hinzu kommt noch der Fleischertrag der Schlachtlämmer, deren Futter ja in der Anbaufläche von 2500 Quadratmeter enthalten war, während wir den Futterbedarf der Suppenhühner und Hähnchen abgezogen hatten. Natürlich wird gegen diese Rechnung der Vorwurf zu erheben sein, daß unzulässig vereinfacht wurde, daß gewissermaßen Äpfel mit Birnen verglichen worden sind, aber es wird doch deutlich, warum die Hühnerhaltung in der Wirtschaftlichkeit nicht mit der Milchviehhaltung konkurieren kann, auch wenn diese wesentlich mehr Arbeit als das Einsammeln der Eier macht.
In der Praxis ist die Überlegenheit der Milchviehhaltung gegenüber der Hühnerhaltung nicht mehr so überwältigend, aber noch immer eindeutig. Erstens nämlich wird man bestrebt sein, den Hühnern einen größeren Auslauf zu ermöglichen, sodaß sie sich einen wesentlichen Teil ihres Futters selbst suchen können; zweitens bekommen Hühner vor allem dann, wenn kein Schwein gehalten wird, viele Küchenabfälle und Magermilch von den Milchschafen, die nichts kosten; drittens wird man sich wohl in den meisten Fällen die Mühe machen und die Hühner zumindest teilweise mit Weichfutter versorgen, mit gedämpften Kartoffeln vor allem, sodaß der Futterflächen-Bedarf sich verringert; viertens schließlich ist es durchaus eine Überlegung wert, die Junghennen nicht selbst aufzuziehen, sondern zu kaufen. Fünf legereife Junghen-

nen kosten etwa ebenso viel, wie die Haltung von Glucke und Hahn sowie das Aufzuchtfutter für fünf Küken bis zur Legereife. Konsequente Selbstversorger werden natürlich davon nichts wissen wollen, aber das ist eine andere Sache.
Eine Gans ist der klassische Weihnachtsbraten, obwohl man Gänse besser schlachten sollte, wenn die Vegetation nachläßt, also im Oktober. Gänse sind nämlich das einzige Nutzgeflügel, das weidet und sich ausschließlich von Gras ernähren kann. Man kann mit Kraftfutter Gänse durchaus in zehn Wochen auf ein Gewicht von acht bis zehn Pfund mästen, aber das Fleisch wird fester und der Geschmack besser, wenn sie als sogenannte Laufgänse auf der Weide gehalten werden, sich überwiegend von Gras ernähren und Bewegung haben. Erst zwei Wochen vor dem Schlachten kann man die Bewegung beschränken und Kraftfutter geben, um noch für einen mäßigen Fettansatz zu sorgen.
Der Hauptvorteil der Gänse liegt darin, daß sie bei reichlich vorhandener Weidefläche ohne große Mühe und Arbeit gehalten werden können, heranwachsen und einen guten Braten liefern. Natürlich bietet es sich an, Gänse auf der gleichen Fläche weiden zu lassen wie Schafe (oder andere Weidetiere), was die Nutzung verbessert, da Tiere jenes Gras meiden, das auf ihrem eigenen Kot gewachsen ist, aber nichts gegen Gras haben, das von anderen Tieren gedüngt wurde. Wird nur eine Tierart auf der Weide gehalten, bilden sich deshalb ungenutzte Geilstellen, die vermieden werden, wenn mehrere Arten gemeinsam oder hintereinander die gleiche Fläche beweiden.
Eine Gans benötigt etwa 150 Quadratmeter Weidefläche, Junggänse begnügen sich mit der Hälfte. Bei gemeinsamer Nutzung der Weide durch Gänse und andere Weidetiere ist pro Gans nur eine zusätzliche Weidefläche von knapp 100 Quadratmetern einzuplanen. Ist die Weidefläche knapp, sind Milchschafe oder andere milchgebende Haustiere den Gänsen vorzuziehen.
Für konsequente Selbstversorger haben Gänse noch einen weiteren Vorteil: sie sind Lieferanten der ebenso teuren wie begehrten, wärmenden Daunen. Eine Gans liefert etwa ein halbes Pfund dieser winzigen Flaumfedern, und das ist bei den sprichwörtlich leichten Daunen vom Volumen her schon eine ganze Menge. Noch heute gibt es keine Kunstfaser, die bei gleichem Gewicht ebensogut isoliert wie Daunen.
Auch Enten liefern Daunen; die berühmtesten aller Daunen kommen von einer Wildente, der Eiderente. Die Daunen unserer Hausenten sind in der Qualität den Gänsedaunen vergleichbar, aber der unterschiedlichen Größe entsprechend liefert eine Ente natürlich viel weniger Dau-

nen als eine Gans. Enten weiden nicht, wie die Gänse, sondern werden wie die Hühner mit Getreideschrot und Weichfutter ernährt. Vor allem aber vertilgen sie im Garten zahlreiche Schnecken, machen sich also auch als Schädlingsvertilger nützlich. Um innerhalb von acht Wochen eine zwei Kilo schwere Mastente zu bekommen, muß man rund zehn Kilo Getreideschrot sowie zusätzlich Eiweiß füttern. Wasser ist vor allem für die Zucht wichtig, aber auch ansonsten für die Entenhaltung wünschenswert. Es gibt Enten, wie die Laufente, deren Legeleistung an jene von Hühnern heranreicht, und wenn natürliches Wasser mit der Möglichkeit vorhanden ist, einen Teil des Futters selbst zu suchen, kann eine Entenhaltung vorteilhafter sein als eine Hühnerhaltung.

Bei den Putern, die aus Südamerika zu uns gekommen sind, ist wohl kein Wasser erforderlich, aber ein sehr großer Auslauf, am besten in den Wald hinein, sodaß mehr als ein Drittel des Futters selbst gesucht werden kann. Ein Hahn aus einer Frühjahrsbrut kann im Spätsommer ein Gewicht von zehn Kilo erreichen, Hennen kommen auf sechs Kilo. Bis dahin haben sie 40 Kilo Futter aufgenommen; ein erwachsener Puter benötigt jährlich 60 Kilo.

Tauben müssen sich mit Ausnahme des Winters und der Zeit, wenn frisch gesät wurde und deshalb Taubensperre angeordnet wurde, überwiegend selbst versorgen. Darin liegt ihr entscheidender Vorteil, wenn man einmal davon absieht, daß jeder Dachboden zum Taubenschlag umfunktioniert werden kann, also kein eigenes Stallgebäude erforderlich ist. Selbst mitten in der Stadt können Tauben gehalten werden.

Ein Taubenpaar brütet fünfmal jährlich jeweils zwei Junge aus, die vier Wochen nach dem Schlüpfen mit einem Gewicht um 500 Gramm geschlachtet werden können; 20 Prozent des Lebendgewichtes sind Abfall. Das Taubenpaar und sein Nachwuchs (bis zur Schlachtreife) benötigen 50 Kilo hochwertiges Futter im Jahr, das neben Getreidekörnern auch Leguminosen enthalten soll. Die Erzeugung von zehn Schlachttauben wäre also recht teuer bezahlt, wenn das gesamte Futter gegeben werden müßte. Taubenhaltung wird erst dann wirtschaftlich sinnvoll, wenn mehr als die Hälfte des Futters von den Tauben selbst gesucht wird.

13.4 Die Bienen

Es fällt uns schwer, Bienen als „Haustiere“ anzusehen und gewissermaßen mit Schafen oder Hühnern gemeinsam im gleichen Zusammenhang zu nennen. Tatsächlich sind Bienen auch durch die Domestikation kaum verändert und könnten völlig problemlos ohne uns Menschen leben, was in dieser Form für kein anderes Haustier mehr zutrifft. Das einzige, was wir Menschen den Bienen zu bieten haben, ist eine für ihre Bedürfnisse bestens geeignete Unterkunft. Ohne sonst etwas für sie zu tun, können wir uns einen Teil des Honigs holen, den sie während des Sommers zusammentragen. Mindestens ebenso groß ist aber der Nutzen, den wir durch die Befruchtung der von den Bienen abhängigen Pflanzen haben. Die Bienenhaltung ist derart stark zurückgegangen, daß es in manchen Gegenden bereits zu einer mangelhaften Befruchtung kommt und in Obstbaugebieten die wenigen professionellen Imker für das Aufstellen ihrer Völker eine Leihgebühr verlangen, die fast halb so hoch ist wie der Kaufpreis eines Volkes! Den Honig kassiert der Imker natürlich zusätzlich zur Leihgebühr. Fast 90 Prozent der Blütenpflanzen werden durch Bienen befruchtet.
Bienen beanspruchen wenig Platz und Arbeitszeit. Sie können auch in einem kleinen Garten gehalten werden, in dem keine andere Tierhaltung möglich ist. Durchschnittlich kann man von einem Volk eine Honigernte von sieben bis acht Kilo erwarten, der neben dem Zucker noch zahlreiche Fermente, Vitamine, Mineralstoffe, Säuren und andere Wirkstoffe enthält, die ihn zu einem außerordentlich wertvollen Nahrungsmittel machen. Besonders gesundheitsbewußte Selbstversorger verzichten völlig auf Zucker und süßen ausschließlich mit Honig.
Ein Volk verursacht einen jährlichen Arbeitsaufwand von vier bis acht Stunden – je mehr Völker es sind, um so geringer wird der anteilige Arbeitsaufwand pro Volk. Von nichtprofessionellen Hobby-Imkern werden meist sechs bis zehn Völker gehalten, weil der Platzbedarf bei mehreren Völkern nur geringfügig größer wird, aber die Arbeitszeit sich rationeller verteilt und die Anschaffungskosten für Schutzkleidung, Geräte zur Honiggewinnung und für den „Bienenstall“ sich besser amortisieren. Es wurde ja bereits an anderer Stelle festgestellt, daß die Bienenhaltung sehr gut dazu geeignet ist, über den reinen Eigenbedarf hinaus etwas hinzuzuverdienen; steuerfrei, wie hinzugefügt werden muß, da eine nicht als Haupterwerb betriebene Imkerei steuerlich nicht erfaßt wird. Nicht nur Honig produzieren die Bienen, sondern auch Wachs, und zwar pro Volk ein halbes bis ein Pfund pro Jahr. Aus Wachs können Kerzen gezogen werden.

Der „Bienenstall“ wird vom Imker als „Beute“ bezeichnet. Die Bienenkörbe aus Stroh gehören schon lange der Vergangenheit an, da dabei ursprünglich die Bienen getötet werden mußten, um ihren Honig zu gewinnen. Während alle anderen Haustiere, die bisher beschrieben wurden, in einem gemeinsamen Stallgebäude untergebracht werden können, verlangen Bienen nach einer eigenen, allein stehenden Behausung. In einem Mini-Bienenhaus von etwa 200 x 50 x 125 Zentimetern können vier Beuten mit vier Völkern untergebracht werden. Wenn die Gefahr besteht, daß Menschen oder Tiere sich den Bienen unabsichtlich allzu sehr nähern und damit einen Angriff provozieren, kann man das Bienenhaus auch erhöht aufstellen, auf Pfählen oder auf einem Flachdach, sodaß es keine Bodenfläche beansprucht.
Die Bienenhaltung unterscheidet sich völlig von jener der anderen Tierarten, sodaß Interessenten sich unbedingt durch einschlägige Literatur und Besuche bei Imkern näher informieren sollten!

13.5 Der Stall

Ein Selbstversorger mit vielseitiger Tierhaltung wird Milchschafe oder Ziegen halten, dazu ein Schwein, Kaninchen, Hühner, eventuell weiteres Geflügel wie Tauben, Enten, Puter und vor allem Gänse, und schließlich Bienen. Wie muß ein Stall beschaffen sein, in dem alle diese Tiere – außer den Bienen – gemeinsam untergebracht werden können?
Der nachstehend beschriebene Kleintier-Stall ist dem Lehrmeister-Taschenbuch „Kaninchenställe“ entnommen. Er kann mit etwas Geschick wirklich in Eigenarbeit gebaut werden, außerdem ist es möglich, ihn durch entsprechende Modifikationen den individuellen Bedürfnissen anzupassen. Das Dach beispielsweise wird man heute wohl lieber mit Eternit decken, oder man kann einen Teil des sehr großen Hühnerstalles für anderes Geflügel abtrennen, dessen Auslauf-Öffnung an der Stirnseite oder der Rückseite angebracht wird. Im Winter würde man für die drei Milchschafe mit ihren sieben Lämmern die Zwischenwand im großen Stallraum entfernen; ggf. kann diese Zwischenwand auch bis zum Lammen eingesetzt werden, sodaß man den Hinterraum als Ablammbucht verwenden kann. Im Frühjahr kommen nach dem Austrieb der Schafe ein oder zwei Schweine in den Hinterraum und werden dort gemästet, während der vordere Raum anderen Zwecken dienen kann oder leersteht.
Dieser praktische und verhältnismäßig einfach zu bauende Vielzweck-

Stall ist nicht frei vom Kompromissen. Ein Nachteil für die Schafhaltung ist die geringe Höhe, die eine Haltung auf Tiefstreu schwierig macht. Entweder muß man häufiger misten, oder einen Spaltenboden in 30 Zentimeter Höhe einlegen. Durch die Spalten fallen die Kotkörner auf den Stallboden und werden nach dem Austrieb entfernt. Da bei einem Spaltenboden kein Stroh benötigt wird, genügt die Höhe von 30 Zentimetern. Ein Spaltenboden wirkt auch Klauenkrankheiten entgegen, ist aber leider recht teuer, da er wegen der Haltbarkeit aus (tropischen) Harthölzern bestehen sollte.

Bei der erwähnten Tiefstreuhaltung wird nicht täglich gemistet, sondern pro Schaf etwa ein halbes Pfund frisches Stroh auf den alten Mist gestreut. Es bildet sich eine ständig wachsende, saubere und warme Matratze, die bei dem mit 15 Quadratmetern in unserem Beispiel recht großen Stallraum und drei Mutterschafen über Winter etwa 40 Zentimeter hoch wird.

Da wir gerade bei dem Stroh sind: unser Stall hat keinen Lagerraum für Winterfutter und Einstreu. Vor allem Stroh und Heu nehmen viel Platz in Anspruch. Das Winterfutter sollte möglichst in einem Gebäude – einer Scheune oder einem Dachboden – gelagert werden, um vor Witterungs-Einflüssen geschützt zu sein.

Notfalls kann man sich auch ohne Gebäude behelfen. Kartoffeln und Rüben werden dann auf die bereits beschriebene Weise in Mieten gelagert, Silage braucht allenfalls Regenschutz durch eine Plane. Bei Heu und Stroh muß man sich etwas mehr Mühe geben, um es vor Feuchtigkeit zu schützen, aber auch das ist mit Hilfe von Plastikplanen verhältnismäßig einfach. Lediglich das Futtergetreide sollten wir unbedingt in einem Gebäude unterbringen, weil es zu wertvoll ist, um zu riskieren, daß es draußen verdirbt oder von den Mäusen gefressen wird. Auch wenn man also notfalls ohne Gebäude für die Winterfutter-Lagerung auskommt, ist eine Scheune doch unbedingt vorzuziehen, die dann auch gleich noch mit einem Schuppen für das Arbeitsgerät kombiniert werden kann.

Wieviel Platz wird für die Winterfutter-Lagerung benötigt? Das hängt sehr stark davon ab, ob unser Heu und Stroh lose gelagert oder maschinell unter Hochdruck zu Ballen gepreßt worden ist. Außerdem kommt es natürlich darauf an, ob wir die Schafe auf einem Spaltenboden halten oder Einstreu benötigen. Unter dieser letzteren Annahme und bei loser Lagerung benötigen wir pro Mutterschaft zwischen 2,1 und 3,3 Kubikmeter, für Heu zwischen 1,1 und 1,5 Kubikmeter. Hinzu kommt noch das Stroh für die Einstreu bei dem Schwein und den

Kaninchen, für letztere auch Heu. Der Platzbedarf für das Kraftfutter ist demgegenüber gering.

Die nachstehende Tabelle gibt den Stallraum-Bedarf der verschiedenen Haustiere an.

Tier	Stallfläche
Mutterschaf	1,0 m^2
Lamm	0,5 m^2
Kaninchen	0,7 m^2
Huhn	0,3 m^2
Schwein	1,5 m^2
Ente	0,3 m^2
Gans	0,5 m^2
Puter	0,7 m^2
Taube	0,35 m^2

Ziegen sollten mehr Platz haben als Schafe. Bei Schafen und Geflügel gelten die Angaben für die gemeinsame Haltung mehrerer Tiere. Bei Kaninchen genügt eine Stallhöhe von 50 Zentimetern.

14. Die Vorratswirtschaft

Im Frühjahr beginnt das Wachstum der Pflanzen, im Herbst endet es. Von diesem Vegetationsrhythmus hängt es ab, ob und welche Nahrungsmittel frisch verfügbar sind. Zwischen Juni und Oktober herrscht Überfluß, von Februar bis April Not, die Monate Mai (durch das erste Gemüse) und November bis Januar (durch das letzte, winterfeste Gemüse und Obst) könnte man auch ohne aufwendige Vorratswirtschaft überbrücken.
Es ist ein verständliches Bestreben, sich vom Vegetationsrhythmus weitgehend unabhängig zu machen und nicht nur immer genug zum Essen zu haben, um satt zu werden, sondern darüber hinaus stets das essen zu können, worauf man Appetit hat. Ganz läßt sich das nie verwirklichen, aber mit einer ausgeklügelten Vorratswirtschaft kommt man dem Ziel doch sehr nahe. Dennoch sollte immer der Frischverzehr bevorzugt werden; wenn die Erntezeit für ein bestimmtes Gemüse oder Obst gekommen ist, dann muß man als konsequenter Selbstversorger schon zu den an anderer Stelle in diesem Buch erwähnten Zugeständnissen bereit sein und seine Ernährungsgewohnheiten entsprechend anpassen. Die Vorratswirtschaft ist nicht nur arbeitsintensiver als der Frischverzehr, sondern es treten dabei auch mit Ausnahme des Tiefgefrierens Verluste an Substanz und Inhaltsstoffen ein.
Die einfachste Form der Vorratswirtschaft ist das *Einlagern.* Die Überschüsse der Erntezeit werden einfach für die Notzeiten aufbewahrt, wie es uns das Eichhörnchen vormacht, das im Herbst Nüsse „einlagert“. Leider aber klappt dieses Einlagern außer mit Nüssen und anderem Schalenobst nur mit wenigen Nahrungsmitteln wirklich problemlos. Getreide und ausgereifte Leguminosen sind sehr lange aufzubewahren, andere, wie Kartoffeln, Rüben oder Äpfel, bleiben einige Monate genießbar, wenn sie richtig gelagert werden. Gemüse kann teilweise,

ebenso wie für die Kartoffeln beschrieben, in Mieten eingelagert werden. Bei den geringen Mengen, die für einen Selbstversorger-Haushalt erforderlich sind, wird man eine Grube ausheben, mit Sand füllen und das Gemüse darin einlagern. Zwiebeln werden an einer Schnur aufgereiht, sodaß die bekannten Zöpfe entstehen, und aufgehängt; Äpfel lagert man luftig auf Lattengerüsten und sortiert von Zeit zu Zeit faule Äpfel aus. Viele Vegetabilien sind nur wenige Tage lagerbar und damit für eine Vorratswirtschaft ungeeignet.

Irgendwann einmal verderben alle Lebensmittel, weil winzige Lebewesen sie zersetzen. Wenn wir die Haltbarkeit von Lebensmitteln verbessern wollen, müssen wir entweder diese Mikroorganismen vernichten und die Lebensmittel vor erneutem Befall schützen, oder wir müssen den Mikroorganismen ihre Lebensgrundlage entziehen bzw. Bedingungen schaffen, unter denen sie nicht aktiv werden können.

Die Lebensgrundlage der Mikroorganismen können wir am einfachsten vernichten, indem wir den Nahrungsmitteln das in ihnen enthaltene Wasser möglichst weitgehend entziehen. Es kommt dabei zu einem Wettlauf zwischen uns und den Mikroorganismen: gewinnen sie, verderben die Nahrungsmittel, bevor das Wasser entzogen ist.

Bei normaler *Trocknung* verdunstet Wasser verhältnismäßig langsam. Apfelringe, Zwetschen oder Pflaumen, Weintrauben, aber auch Blattgemüse und Würzkräuter lassen sich trocknen, am besten im Schatten, bei mäßigem Wind und unter häufigem Wenden. Rascher und zuverlässiger klappt das, wenn wir zusätzliche Wärme zuführen, also durch *Dörren.* Bei maximal 70 Grad trocknet auch etwas empfindlicheres Obst, wie Pflaumen, sehr gut. Man kann im Backofen auf Blechen dörren, oder auf dem Ofen in übereinandergestapelten Horden, außerdem gibt es elektrische Dörrapparate, die die Sache weiter vereinfachen. Obst wird entweder im Stück gedörrt (Dörrpflaumen, Weintrauben) oder aufgeschnitten; bei Steinobst wird dann der Stein, bei Kernobst das Kerngehäuse entfernt. Kernobst, also in erster Linie Äpfel, wird überdies geschält und in Scheiben (Ringe) geschnitten. Da das Wasser bei Obst nicht vollständig verdrängt wird, sollte es bis zur nächsten Ernte verbraucht sein, hält aber bis dahin problemlos. Gemüse und Kräuter werden „rascheltrocken“, sollten aber vor Staub geschützt werden und zerbröseln leicht. Vor dem Verbrauch werden sie am besten einige Zeit eingeweicht, damit sie das ihnen entzogene Wasser wieder aufnehmen können. Viel konsequenter, als es uns durch Trocknen und Dörren möglich ist, kann Wasser industriell entzogen werden – die Lebensmittel werden dehydriert. Auch (möglichst fettarmes) Fleisch kann übrigens durch Trocknen bzw. Dörren (oder Räuchern) haltbar gemacht werden.

Es ist bei dem Trocknen bzw. Dörren also nicht die Einwirkung der Wärme, die die Haltbarkeit verbessert, sondern der Wasserentzug, der die Lebensbedingungen der Mikroorganismen verschlechtert. Durch starke Hitze aber kann man diese Mikroorganismen auch abtöten, was z. B. bei dem Kochen geschieht. Wie wir wissen, halten gekochte Nahrungsmittel aber nicht unbedingt länger als ungekochte, und zwar deswegen, weil überall Heerscharen von anderen Mikroorganismen nur darauf lauern, nach dem Ende des Kochvorgangs das verlorene Terrain zurückzuerobern. Nur wenn es gelingt, sie fernzuhalten, ist das Abtöten ihrer Brüder und Schwestern durch Hitzeeinwirkung sinnvoll, und das ist erst seit der Jahrhundertwende möglich.

Bei der Konservierung durch Erhitzen bedienen wir uns heute allgemein der Erfindung eines gewissen Johann Weck, dem nach ihm benannten *Einwecken,* das etwas mißverständlich auch oft als Einkochen bezeichnet wird. Das Prinzip beruht darauf, einen Behälter – meistens ein Einkochglas oder eine Dose – mit Obst, Gemüsen, Fertiggerichten oder Fleisch zu füllen, einen Gummiring und den Deckel aufzulegen, den Deckel durch eine Klammer anzudrücken und dann den Behälter im Wasserbad zu kochen. Durch die Hitze werden nicht nur die Mikroorganismen abgetötet, sondern die Luft im Glas dehnt sich aus und wird teilweise am Gummiring vorbei aus dem Glas gedrückt.

Kühlt das Glas dann später ab, entsteht durch die verdünnte Luft ein Sog, der den Deckel auch dann noch luftdicht auf den Gummiring preßt, wenn die Klammer entfernt wird. Durch die Dauer der Einkochzeit wird gleichzeitig das im Rohzustand ungenießbare Kochgut zubereitet, sodaß schließlich ein Zug am Gummiring genügt, um zu jeder Zeit den Behälter zu öffnen und dessen Inhalt sofort essen zu können.

In jedem Haushalt, der sich nicht völlig von gekaufter Ware abhängig machen will, wird zumindest Obst zu Kompott eingeweckt, während durch das Tiefkühlen Fleisch und teilweise auch Gemüse heute weniger oft eingeweckt werden. Dennoch ist das Einwecken von Gemüse und Fleisch keineswegs überholt, weil auch das Tiefkühlen, wie wir noch sehen werden, seine Nachteile hat, sodaß das Einwecken weiterhin eine brauchbare Alternative bleibt.

Es würde zu weit führen, in diesem Buch die Technik des Einweckens für alles Obst, Gemüse und Fleisch detailliert zu beschreiben, deshalb sollten die nachstehenden Einführungen vor der praktischen Anwendung durch umfassendere Informationen ergänzt werden.

Obst wird bei einer Temperatur zwischen 80 und 90 Grad Celsius etwa eine halbe Stunde lang im Glas gekocht, nachdem es vorher meistens reichlich eingezuckert worden ist. Kernobst muß eventuell vorgekocht werden. Das Resultat ist das als Nachtisch beliebte Kompott.

Gemüse muß länger als Obst gekocht werden, um genießbar zu sein. Deshalb wird es entweder halbfertig vorgekocht und erst anschließend im Glas eingeweckt, oder es wird vor dem Einwecken lediglich blanchiert. Dabei wird das Gemüse nur zwei oder drei Minuten in kochendes Wasser geworfen. Das solcherart vorbereitete Gemüse ist nach dem Einwecken noch nicht gebrauchsfertig, sondern muß nach dem Öffnen des Glases erst fertiggekocht werden, was aber kein großer Nachteil ist, da es ja ohnehin erwärmt werden müßte. Die Einkochtemperatur liegt bei 100 Grad Celsius, also etwas höher als bei Obst, und auch die Einkochzeit ist mit 90 bis 120 Minuten (für Gläser) recht lang.

Das Einwecken von Fleisch ist vor allem dann sinnvoll, wenn geschlachtet wurde, keine Tiefkühltruhe vorhanden ist und nicht alles Fleisch zu Wurst und Schinken verarbeitet wird; auch das ist ein Konservierungsverfahren, aber eines, das wir wohl besser dem Hausschlachter überlassen. Die Einkoch-Zeit und -Temperatur von Fleisch entspricht weitgehend jener von Gemüse, ggf. ist das Fleisch nach dem Öffnen des Glases noch kurz zu braten oder zu kochen.

Eintopf-Gerichte lassen sich sehr gut einwecken. Es wird eine größere Menge zubereitet, was kaum länger dauert als eine einzige Mahlzeit. Die überschüssige Menge wird eingeweckt und braucht bei Bedarf nur noch aufgewärmt zu werden.

Es ist auch möglich, Obst ohne den Kunstgriff des Einweckens haltbar einzukochen, und zwar durch den Zusatz von sehr viel *Zucker.* Als Faustformel gilt die Verwendung von ebensoviel Zucker wie Obst, also ein Verhältnis von 1 : 1! Dann nämlich geliert die dünnbreiige Masse, d. h. sie wird streichfähig. Das Resultat ist der als Marmelade, Konfitüre oder Gelee bekannte Brotaufstrich. Während bei Marmelade die Früchte zu Mus verkocht werden, sind in der Konfitüre noch ganze Früchte vorhanden; Gelee besteht aus geliertem Obstsaft, auf dessen Bereitung wir sofort zurückkommen. Der solcherart gewonnene Brotaufstrich kommt in ein Glas und wird durch ein angefeuchtetes Cellophanpapier verschlossen.

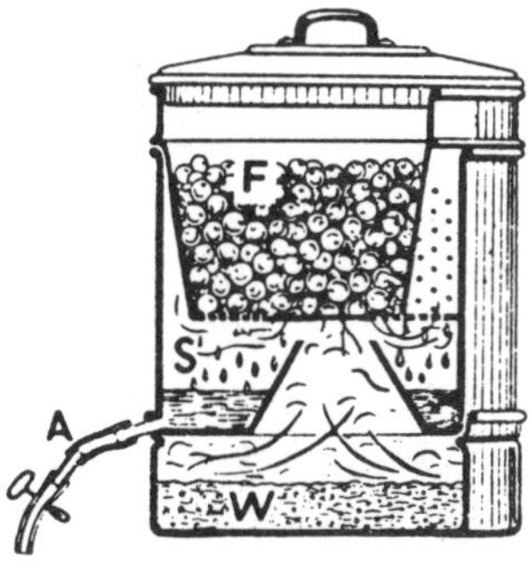

W = Wasserbehälter
F = Fruchtbehälter
S = Saftauffanggefäß
A = Ablaufröhrchen

Die Saftbereitung aus Obst, gelegentlich auch aus Gemüse, kann auf zwei grundsätzlich verschiedene Arten erfolgen, nämlich heiß oder kalt. Bei der (heißen) Dampfentsaftung bedient man sich zweckmäßigerweise eines speziellen Dampfentsafter-Topfes, den es in mehreren Größen gibt. Durch die Hitze platzen die Zellwände des Obstes, der Dampf laugt den Saft aus, und dieser Saft läuft durch das Abflußrohr in Flaschen. Diese Flaschen müssen peinlich sauber sein und werden unmittelbar nach dem Einfüllen des heißen Saftes mit einer sterilisierten Gummikappe verschlossen. Auf diese Weise ist der Saft haltbar, insbesondere bei Zuckerzusatz. Die Reste lassen sich noch zu Marmelade verarbeiten. Mit dem Dampfentsafter wird auch der Saft für die Geleeebereitung gewonnen.
Für den Frischgenuß besser geeignet, weil schmackhafter und gesünder, ist kalt gepreßter Most. Allerdings ist seine Gewinnung und Konservierung wesentlich umständlicher. Das nachstehend beschriebene Verfahren setzt zudem eine Grundausstattung voraus, die nicht billig ist.

Der im Obst enthaltene Saft wird in den von Selbstversorgern benötigten Mengen mit einer Spindelpresse gewonnen. Solche Spindelpressen gibt es in allen denkbaren Größen. Im Prinzip handelt es sich um ein Gefäß, in das das Preßgut eingefüllt wird. Eine Spindel wird durch eine Scheibe abgeschlossen, die genau in das Gefäß paßt. Dreht man die Spindel, wird die Scheibe immer stärker auf das Obst gepreßt und der Saft läuft aus. So einfach klappt das allerdings nur mit Erdbeeren und Himbeeren, alles andere Obst muß zuvor zerkleinert werden, insbesondere natürlich Äpfel, von denen wohl die größten Mostmengen gewonnen werden können. Es bietet sich an, eine Obstmühle (Obstschaber) direkt über der Presse so anzubauen, daß das zerkleinerte Obst in die Presse fällt.
Frisch gepreßter Saft schmeckt ganz vorzüglich und ist sehr gesund, aber nicht lange – er ist nämlich nicht haltbar. Deshalb müssen wir ihn

pasteurisieren, also nach einem von Louis Pasteur entwickelten Verfahren durch Erhitzen auf maximal 75 Grad Celsius keimfrei machen. Am einfachsten geschieht das, wenn man die sorgfältig gereinigten Flaschen bis dicht unter den Rand füllt und dann im Wasserbad auf 72–75 Grad erhitzt. Dann werden sie herausgenommen und luftdicht verschlossen, am besten wohl mit sterilisierten Gummikappen. Viel eleganter ist die „Baumannsche Entkeimungsglocke", bei der der Most durch eine Doppelwandung läuft und dabei im Wasserbad erhitzt wird. Für kleinere Mengen dürfte sich die Anschaffung aber kaum lohnen. Eventuell muß der Most vor dem Pasteurisieren noch gefiltert werden – für Selbstversorger dürfte es genügen, ihn durch ein Tuch zu gießen, sodaß er naturtrüb bleibt.
Wird frisch gepreßter Saft nicht durch Pasteurisieren haltbar gemacht, kann man Wein oder Essig davon machen. Für die Weinbereitung setzt man am besten in Drogerien erhältliche Weinhefe zu, ebenso Zucker, der ja durch die Gärung in Alkohol umgewandelt wird. Nach abgeschlossener Gärung wird der Wein vom Bodensatz abgehoben und auf Flaschen gezogen, in denen er längere Zeit reifen sollte. Essig entsteht, wenn man Wein längere Zeit der Luft aussetzt, ganz von selbst. Der Vorgang läßt sich beschleunigen, wenn man mit Essig getränkte Hartholzspäne zusetzt, die später wieder entfernt werden.
Alkohol und *Essig* sind Zusätze, mit denen ebenso wie mit Zucker konserviert werden kann. Allerdings genügt dafür nicht der geringe Alkoholgehalt unseres selbst bereiteten Weines. Wohl ist es nicht schwierig, hochprozentigen Alkohol zu destillieren, aber das ist streng verboten und soll deshalb nicht beschrieben werden. Käuflicher Alkohol ist wegen der Branntweinsteuer derart teuer, daß er als Konservierungsmittel für uns praktisch keine Rolle spielt (allenfalls ein Rumtopf wird als besonderer Luxus angesetzt).
In Essig werden vor allem Gurken eingelegt, aber auch anderes Gemüse und Obst, meistens kombiniert mit Salz, gelegentlich auch zusammen mit Zucker zu einer süßsauren Konservierung, z. B. Pflaumen. Von grundlegender Bedeutung für die Vorratswirtschaft im Selbstversorger-Haushalt ist aber auch das Einlegen in Essig nicht.
Außerordentlich wichtig ist hingegen das Konservieren in Salz, bzw. mit Hilfe von Salz. Tatsächlich ist es neben dem Trocknen zumindest die einfachste Konservierungsmethode, und für eine ausreichende Grundernährung im Winter unentbehrlich. Das Prinzip ist der teilweise Austausch des in den Nahrungsmitteln vorhandenen Wassers durch eine konzentrierte Salzlake, die das einzulegende Nahrungsmittel vollständig bedeckt. Auch das wechselweise Einlegen von Gemüse und Salz

ist bei manchen Gemüsen, wie grünen, kleingeschnittenen Bohnen, üblich.
Das wohl wichtigste mit Hilfe von Salz zu konservierende Gemüse ist aber Weißkraut bzw. Weißkohl. Es wird kleingeschnitten und mit verhältnismäßig wenig Salz (20–30 Gramm auf ein Kilo Kraut) in einem Behälter – einem Faß oder einem Steingut-Gefäß – eingestampft. Das Salz zieht Wasser, und das Wasser muß stets das Kraut bedecken; notfalls muß Salzwasser nachgegossen werden. In das Gefäß und auf das Kraut kommt ein sauberes Brett oder ein in der Größe passender Teller, der mit einem Stein beschwert wird, um das Kraut zusammenzudrükken. Von Zeit zu Zeit rührt man alles um, und nach etwa zwei Monaten ist die Milchsäuregärung so weit abgeschlossen, daß der Behälter abgedeckt werden kann und sein Inhalt jederzeit gebrauchsfertig zu entnehmen ist: als Sauerkraut! Man kann durch Einlegen von Kräutern, Wacholderbeeren usw. versuchen, den Geschmack etwas zu beeinflussen. Die meisten Vitamine, insbesondere Vitamin C, bleiben nicht nur erhalten, sondern werden verstärkt, und Sauerkraut ist im Winter vor allem zu fettem Schweinefleisch eine hervorragende Ergänzung; auch dieses fette Schweinfleisch schmeckt übrigens sehr gut, wenn es in Salzlake eingelegt wurde. Wenn in einem Selbstversorger-Haushalt jeweils ein Faß mit Sauerkraut, mit eingesalzenen grünen Bohnen und mit Mischgemüse eingelegt wird, sollte damit eine solide Ernährungsgrundlage vorhanden sein.
Das Tiefgefrieren ist verhältnismäßig jung, hat aber bereits unsere gesamte Vorratshaltung revolutioniert. Nur bei dem Tiefgefrieren bleiben die Wirkstoffe, der Geschmack und – meistens – die Zellstruktur weitgehend erhalten, ohne durch das Konservierungsverfahren beeinflußt zu werden. Tiefkühlware ist sehr lange haltbar, das Tiefgefrieren mit recht wenig Aufwand verbunden, insbesondere im Vergleich mit dem konkurrierenden Verfahren des Einweckens. Eine ganze Industrie hat sich bereits auf die Herstellung und den Vertrieb tiefgekühlter Nahrungsmittel konzentriert – es gibt kaum etwas, was sich nicht einfrieren läßt, und es gibt kaum etwas, was nicht als Tiefkühlkost verkauft wird und damit Frischkost praktisch gleichwertig ist. Nur die Vitamine werden etwas beeinträchtigt.
Bei aller Euphorie darf aber nicht übersehen werden, daß mit dieser Form der Vorratshaltung auch einige Nachteile verbunden sind. Eine auch für einen Selbstversorger-Haushalt ausreichend große Tiefkühltruhe (100 Liter pro Person gelten als Anhalt) ist nicht billig und hat, wie jedes technische Gerät, eine begrenzte Lebensdauer; evtl. werden auch Reparaturen erforderlich. Der Betrieb kostet ständig Energie und

damit Geld. Schlimmer noch: wenn der Strom lange genug ausbleibt oder das Gerät defekt ist (vielleicht sogar unbemerkt), kann der gesamte Inhalt der Truhe verderben! Etwa 24 Stunden lang sollte sich Gefriergut auch ohne Strom in einer geschlossenen Truhe ohne Beeinträchtigung halten, danach verdirbt es. Einmal aufgetautes Gefriergut kann nicht noch einmal eingefroren werden.
Weitere Nachteile: die gefrorenen Vorräte sind nicht jederzeit kurzfristig verfügbar, sondern müssen jedesmal längere Zeit – bis zu einem Tag – vorher zum Auftauen herausgenommen werden; man muß portionsweise einfrieren, und es gibt Schwierigkeiten, trotz reichlicher Vorräte unverhofften Besuch zu bewirten; es ist nicht einfach, die Übersicht zu behalten und das gewünschte Gefriergut jederzeit rasch zu finden, das irgendwo in der Tiefe der Truhe liegt; die Truhe bedarf einer gewissen Pflege.
Ist also die Tiefkühltruhe für Selbstversorger abzulehnen? Gewiß nicht, sie ist im Gegenteil auch für uns sehr wertvoll und eine Ergänzung der bekannten Konservierungs-Verfahren, auf die wir nur ungern verzichten werden. Allerdings sollten wir vor Begeisterung über die Vorteile des Tiefgefrierens nicht diese anderen Konservierungs-Verfahren vergessen und uns völlig vom Tiefgefrieren abhängig machen. Die totale Abhängigkeit von nur einem Verfahren ist immer problematisch. Wir werden uns der Truhe in ähnlicher Weise bedienen wie der motorisierten Hilfsgeräte zur Bodenbearbeitung, ohne uns aber ausschließlich darauf zu verlassen.
Was geschieht bei dem Tiefgefrieren? Die Mikroorganismen müssen nicht unbedingt abgetötet werden – etwa durch Hitze, sondern sie können auch bei niedrigen Temperaturen in eine Starre verfallen, in der sie ebenso wenig Schaden an den Nahrungsmitteln anzurichten vermögen. Je kälter es ist, um so geringer wird die Aktivität der Mikroorganismen, bis sie bei einer Temperatur von minus 18 Grad Celsius völlig ruht.
Nun bestehen aber die meisten Lebensmittel überwiegend aus Wasser (deswegen sind sie ja verderblich), und Wasser erstarrt bei Minustemperaturen zu Eis. Dabei dehnt es sich aus und bildet große Eiskristalle, die die Zellwände sprengen. Taut das Gefriergut anschließend wieder auf, läuft das Wasser samt den löslichen Nähr- und anderen Inhaltsstoffen ab, die Konsistenz wird durch die gesprengten Zellwände schlaff. Um das zu vermeiden, liegt die Temperatur in unseren normalen Kühlschränken ja auch deutlich über dem Gefrierpunkt – bei etwa sechs bis sieben Grad plus. Leider genügt diese Temperatur aber noch nicht, um die Aktivität der Mikroorganismen völlig zu unterbinden; sie wird nur

verlangsamt, weshalb die Haltbarkeit im Kühlschrank verbessert ist, aber nicht an das Tiefgefrieren heranreicht.
Der Trick beim eigentlichen Tiefgefrieren besteht darin, durch schockartige, sehr niedrige Temperaturen das Wasser in den Zellen schlagartig erstarren zu lassen. Statt der bei langsamer Abkühlung entstehenden großen Kristalle bilden sich dann nur winzig kleine Eiskristalle, die die Zellwände nicht sprengen. Es wird also nicht nur die Tätigkeit der Mikroorganismen radikal unterbunden und damit eine theoretisch unbegrenzte Haltbarkeit erreicht, sondern nach dem Auftauen aus dem Tiefschlaf ist das Gefriergut praktisch unverändert und damit dem Frischzustand gleichzusetzen – bis auf sehr wenige Ausnahmen.
Um die Flüssigkeit in den Zellen schlagartig erstarren zu lassen, ist eine Minustemperatur von 35 Grad Celsius erforderlich. Das schockgefrorene Kühlgut kann dann bei einer Temperatur von „nur" 18 Grad minus lange gelagert werden. Diese Temperatur genügt also nicht für das eigentliche Einfrieren, das meistens in einem Vorgefrierfach der Truhe erfolgt, sondern nur zur Lagerung. Das Dreisterne-Gefrierfach von Kühlschränken ersetzt keine Tiefkühltruhe, da es wohl eine Minustemperatur von beachtlichen 18 Grad erreicht und damit für das Lagern tiefgefrorener Lebensmittel ausreicht, nicht jedoch für das eigentliche Einfrieren.
Es gibt Tiefkühl-Truhen und Tiefkühl-Schränke. Praktischer sind wohl die Schränke, in denen Schubladen übereinander angeordnet sind und es erleichtern, Ordnung zu halten. Bei einer Truhe mit Deckel ist es nicht immer einfach, in der Tiefe irgendwo jene Portion Schnitzel oder Bohnen zu finden, die gemäß Buchführung noch vorhanden sein müßte und deren Lagerzeit jetzt abgelaufen ist. Andererseits läßt sich in einer Truhe (bei gleichem Volumen) mehr verstauen, insbesonder auch einmal sperriges Gut, wie eine Weihnachtsgans oder eine Schweinehälfte. Außerdem hält die Truhe besser die Kälte, wenn der Deckel geöffnet wird, weil Kälte bekanntlich nach unten sinkt und bei der geöffneten Tür eines Gefrierschrankes leichter entweichen kann. Eine Truhe benötigt also weniger Strom.
Am rationellsten arbeiten Schrank oder Truhe, wenn sie möglichst voll sind. Die Menge des Gefriergutes, die auf einmal tiefgefroren werden kann, ist aber begrenzt und der jeweiligen Betriebsanleitung zu entnehmen. Mindestens einmal jährlich muß die Eisschicht, die sich allmählich an den Wänden niederschlägt, abgetaut werden, am besten vor der Haupt-Erntezeit. Dazu wird alles Kühlgut dick in Zeitungspapier gewikkelt und neben der Truhe aufeinandergelegt. Um den Abtauprozeß zu

beschleunigen, kann man Schüsseln mit heißem Wasser in die (natürlich abgeschaltete) Truhe stellen, die gelegentlich ausgetauscht werden. Ein elektrischer Heizlüfter ist nur dann vertretbar, wenn zuverlässig verhindert wird, daß das Tauwasser einen Kurzschluß verursacht. Recht gut geeignet ist ein Infrarotstrahler, wie er vielleicht ohnehin für die Aufzucht von Küken und anderen Jungtieren vorhanden ist.

Das Kühlgut muß, wie erwähnt, immer in familiengerechten Portionen eingefroren werden. Koteletts oder Schnitzel sollten durch ein Stück Plastikfolie oder dergleichen getrennt werden, weil sie sonst zusammenfrieren und sich nur schwer wieder trennen lassen, wodurch die Auftauzeit verlängert wird. Grundsätzlich wird alles Kühlgut in Plastikbeutel gesteckt oder in Folie eingewickelt und die Luft möglichst vollständig herausgedrückt, um ein Austrocknen zu verhindern. Obst wird gewaschen und ggf. entsteint, aber ansonsten unbehandelt eingefroren, während Gemüse fast immer vorher blanchiert werden muß. Auch Brot kann man einfrieren; wenn man es nach dem Auftauen kurz im Backofen aufbäckt, wird es knusprig wie frisch gebacken. Bei Erdbeeren hängt die Tiefkühltauglichkeit entscheidend von der Sorte ab, Senga Sengana war als erste wirklich geeignet. Weniger geeignet sind stark wasserhaltige Gemüse, wie Gurken oder Tomaten, die besser verarbeitet eingefroren werden sollten.

Wie lang halten tiefgefrorene Lebensmittel? Theoretisch unbegrenzt, wie schon festgestellt wurde. Demgegenüber werden allgemein Haltbarkeits-Tabellen benutzt, und auch in diesem Kapitel wurden Lebensmittel erwähnt, deren Haltbarkeit abgelaufen ist. Was stimmt? Die Tabellenwerte sind sehr vorsichtig angesetzt und geben Mindestwerte unter ungünstigen Bedingungen an. Der Autor hat manche Tabellenwerte schon um das Mehrfache (!) überschritten, aber noch nie Probleme mit der Haltbarkeit gehabt. Es werden in Jahresfrist wohl ohnehin alle Lebensmittel aufgebraucht sein, und so lange dürften sie alle halten. Fettes Fleisch gilt als besonders problematisch, weil es ranzig werden kann. Abgesehen davon aber, daß auch fettes Fleisch den Winter über ohne weiteres hält, wird man es zumindest teilweise nach anderen Methoden konservieren können. Natürlich ist mit längerem Einfrieren auch ein höherer Vitaminverlust verbunden.

15. Weiterführende Literatur

Aubert: Das große Buch der Biologisch gesunden Ernährung, Stuttgart–Wien
Beba/Andrä: Hügelkultur, Mannheim
Behrens u. a.: Lehrbuch der Schafzucht, Hamburg
Franck: Gesunder Garten durch Mischkultur, München
Gruhl: Ein Planet wird geplündert, Frankfurt
Haase: Ratgeber für den praktischen Landwirt, München
Howard: Mein landwirtschaftliches Testament, München
Köhlein: Gartenarbeiten, Stuttgart
Koehler: Das praktische Gartenbuch, München
Könemann: Biologische Düngung, Mannheim
Könemann: Gartenbaufibel, Wien
Könemann: Ernte 3mal durch Mischkultur, Wien
Maedows: Die Grenzen des Wachstums, Stuttgart
Neuburger: Die Technik des Altertums, Leipzig
Seiffert: Gärtnern, Ackern – ohne Gift, München
Siebeneicher: Neues Großes Gartenlexikon, München
Schwintzer: Das Milchschaf, Stuttgart
Voitl/Guggenberger/Willi: Das große Buch vom Biologischen Land- und Gartenbau, Stuttgart–Wien
Voitl/Guggenberger: Nahrungsmittel Milch und Fleisch, Stuttgart–Wien
Voitl/Guggenberger: Der biologische Landbau, Stuttgart–Wien
Voitl/Guggenberger: Vernünftige Ernährung, Stuttgart–Wien
Fachzeitschrift „Garten Organisch“, Ulm
Informationsschriften der IMA, Hannover
Informationsschriften der AID, Bonn
Taschenbücher aus dem Philler-Verlag, u. a.:

Kaninchenzucht; Kaninchenställe, Kaninchenrassen; Das Schaf – Haltung im Kleinbetrieb; Taubenzucht und Taubenschläge; Geflügelhaltung; Obstbau; Gemüsebau; Das Frühbeet; Gewächshausbau; Konservieren im Haushalt; Fruchtsaft- und Süßmost-Bereitung; Obst- und Beerenwein-Bereitung; Praktische Bienenzucht.